云计算前沿实战丛书

Kubernetes 企业级云原生运维实战

李振良 编著

清华大学出版社
北京

内 容 简 介

本书是一本实用性很强的 Kubernetes 运维实战指南,旨在为容器云平台的建设、应用和运维过程提供全面的指导。作者结合丰富的生产环境经验,深入探讨作为一名 Kubernetes 工程师必备的核心技能,包括部署、存储、网络、安全、日志、监控、CI/CD 等方面的技术。本书结合大量的实际案例,深入解析各个知识点,帮助读者更轻松地理解 Kubernetes,并掌握在真实应用场景中的使用方法、技巧以及工作原理。通过学习本书,读者可以熟练运用这些知识来构建高效、稳定、安全的企业级 Kubernetes 容器平台,提高自身的运维能力和竞争力。

本书适用于云计算工程师、运维工程师、DevOps 工程师、开发工程师、测试工程师、架构师以及备考 CKA 认证人员,也适合作为高等院校计算机专业云计算及容器技术方面的教材和教学参考书。

本书封面贴有清华大学出版社防伪标签,无标签者不得销售。
版权所有,侵权必究。举报: 010-62782989, beiqinquan@tup.tsinghua.edu.cn。

图书在版编目(CIP)数据

Kubernetes 企业级云原生运维实战 / 李振良编著. —北京:清华大学出版社,2024.6
(云计算前沿实战丛书)
ISBN 978-7-302-66351-5

Ⅰ. ①K… Ⅱ. ①李… Ⅲ. ①Linux 操作系统—程序设计 Ⅳ. ①TP316.85

中国国家版本馆 CIP 数据核字(2024)第 107731 号

责任编辑:王秋阳
封面设计:秦 丽
版式设计:文森时代
责任校对:马军令
责任印制:刘 菲

出版发行:清华大学出版社
　　　　网　　址:https://www.tup.com.cn,https://www.wqxuetang.com
　　　　地　　址:北京清华大学学研大厦 A 座　　邮　　编:100084
　　　　社 总 机:010-83470000　　　　　　　　　邮　　购:010-62786544
　　　　投稿与读者服务:010-62776969,c-service@tup.tsinghua.edu.cn
　　　　质量反馈:010-62772015,zhiliang@tup.tsinghua.edu.cn
印 装 者:河北盛世彩捷印刷有限公司
经　　销:全国新华书店
开　　本:185mm×230mm　　　　印　张:26.75　　　　字　数:584 千字
版　　次:2024 年 7 月第 1 版　　　　　　　　　　　印　次:2024 年 7 月第 1 次印刷
定　　价:119.00 元

产品编号:105233-01

前言
Preface

在当今互联网时代，Kubernetes 已经成为新一代的基础设施标准，如何设计一个高效、稳定、安全的 Kubernetes 容器云平台成为行业的重要课题。

作为从事多年 DevOps 领域的实践者和教育者，我一直希望着运维人员能够更多地专注于业务架构，而不是被烦琐的基础设施管理所困扰。如今，容器技术的尘埃落定，使得这一期望成为现实。

目前 Kubernetes 容器化运维以及 DevOps 和云原生建设成为运维工作重中之重。然而，由于 Kubernetes 功能丰富且复杂，涉及操作系统、网络、存储、调度、分布式等各个方面的知识，这使得许多初学者在面对 Kubernetes 时，要么知识储备不足，要么不知该怎么学，很难真正地"掌握"这门主流技术！

本书旨在帮助您成为一名合格的 Kubernetes 工程师，并提升您的职场竞争力。本书将深入浅出地解读 Kubernetes 的方方面面，从基础概念到实际应用，再到项目案例，从简单操作到复杂场景，一步步引导您进入 Kubernetes 的世界，从而获得在真实场景中解决问题的能力，成为 Kubernetes 领域的专业人才。

本书内容

本书分为 15 章，每一章都有多个实操案例，帮助读者更好地理解和运用所学的知识。

第 1 章：讲解容器技术的优势、容器编排系统出现的背景和 Kubernetes 的概念、功能和集群架构。

第 2 章：讲解 Kubernetes 的集群搭建和部署应用程序的多种方式，以及 kubectl 工具的基本用法和常用操作命令。

第 3 章：讲解 Pod 资源的概念、设计模式、基本管理、常用功能配置和生命周期管理等。

第 4 章：讲解管理 Pod 的工作负载资源 Deployment、DaemonSet、Job 和 CronJob，以及它们在不同应用场景中的应用和特点。

第 5 章：讲解 Service 资源的概念、功能、公开类型和实现原理，以及 Service 在生产环境中的架构。

第 6 章：讲解 Ingress 资源的概念、Ingress 控制器部署、对外公开 HTTP/HTTPS 服务、自定义配置、灰度发布和实现原理，以及 Ingress 在生产环境中的架构。

第 7 章：讲解卷和持久卷（PV 与 PVC）出现的背景和意义，如何为 Pod 提供存储服务。

第 8 章：讲解 StatefulSet 资源如何管理有状态应用程序和实践，以及 Operator 的工作机制。

第 9 章：讲解 Kubernetes 常用的调度策略，将 Pod 调度到预期的节点上。

第 10 章：讲解 Kubernetes 安全方面的配置，包括 RBAC 授权访问、Pod 安全上下文以提高 Pod 安全和网络策略资源限制网络通信的实践。

第 11 章：讲解 Kubernetes 引入网络插件的背景，深入剖析 Calico 的工作原理以及管理方法。

第 12 章：讲解 Helm 的概念、基本使用、Chart 模板以及 Chart 仓库。

第 13 章：重点讲解如何基于 Jenkins 构建一套 CI/CD 平台，以及 Jenkins 的核心功能和使用方法。

第 14 章：重点讲解如何基于 Prometheus+Grafana 构建一套监控平台，以及 Prometheus 的核心功能和使用方法。

第 15 章：重点讲解如何基于 ELK Stack 构建一套日志管理平台，以及 ELK Stack 的核心功能和使用方法。

本书特点

- ☑ 实战导向：本书采用"重实操、轻理论"的实战模式，强调读者通过实际操作来学习，边学边练。
- ☑ 由浅入深：从基础概念出发，逐步深入解读 Kubernetes 的各个层面。通过渐进式的学习路径，读者可以轻松地对 Kubernetes 有全面理解。
- ☑ 丰富的案例和架构图：通过丰富的案例和架构图，读者可以更好地将所学的知识应用到实际工作中。
- ☑ 强调方法和技巧：着重介绍在使用 Kubernetes 过程中的实际操作方法和技巧，使读者可以学到更多的实战经验，提高在实战中的应用水平。

读者服务

读者可扫描封底的二维码访问本书专享资源官网或代码仓库获取案例实战源码、软件包及其他学习资料，也可以加入读者群，下载最新的学习资源或反馈书中的问题。

勘误和支持

　　本书在编写过程中历经多次勘校、查证,力求减少差错,尽善尽美,但由于作者水平有限,书中难免存在疏漏之处,欢迎读者批评指正,也欢迎读者来信一起探讨。

编者

目 录
Contents

第 1 章　Kubernetes 概述 1
1.1　容器技术概述 1
1.2　Kubernetes 介绍 3
1.3　Kubernetes 架构与组件 4
1.4　Kubernetes 核心资源 5
1.5　本章小结 6

第 2 章　Kubernetes 快速入门 7
2.1　Kubernetes 集群部署 7
　　2.1.1　准备服务器环境 7
　　2.1.2　系统初始化配置 8
　　2.1.3　安装 Docker 10
　　2.1.4　安装 cri-docker 10
　　2.1.5　安装 kubeadm 和 kubelet 11
　　2.1.6　部署 Master 节点 12
　　2.1.7　部署 Node 节点 14
　　2.1.8　部署网络插件 14
　　2.1.9　部署 Dashboard 16
　　2.1.10　清空 Kubernetes 环境 18
2.2　部署第一个应用程序 18
　　2.2.1　通过 Dashboard 部署应用程序 18
　　2.2.2　通过 kubectl 命令行部署应用程序 20
　　2.2.3　通过定义资源文件部署应用程序 21
2.3　kubectl 管理工具 23
　　2.3.1　kubectl 子命令概要 23
　　2.3.2　kubectl 工具常用操作 28

2.4　本章小结 30

第 3 章　Pod 资源对象 31
3.1　Pod 存在的意义 31
3.2　Pod 实现原理 32
　　3.2.1　容器之间网络通信 32
　　3.2.2　容器之间文件共享 35
3.3　Pod 资源常见字段及值类型 37
3.4　Pod 管理常用命令 38
3.5　容器运行命令与参数 39
　　3.5.1　command 39
　　3.5.2　args 40
3.6　镜像拉取策略 40
3.7　声明端口 41
3.8　容器健康检查 42
　　3.8.1　存活探针 42
　　3.8.2　就绪探针 44
　　3.8.3　启动探针 46
　　3.8.4　tcpSocket 和 exec 检查方法 ... 47
3.9　容器资源配额 49
　　3.9.1　资源请求与资源限制 49
　　3.9.2　资源请求对 Pod 调度的影响 51
　　3.9.3　理想的资源配额是多少 52
　　3.9.4　服务质量 53
3.10　容器环境变量 55
3.11　初始化容器 56

3.12 容器生命周期回调 58
　3.12.1 postStart 59
　3.12.2 preStop 60
3.13 Pod 生命周期 61
　3.13.1 创建 Pod 61
　3.13.2 启动 Pod 62
　3.13.3 销毁 Pod 62
3.14 本章小结 63

第 4 章 工作负载资源对象 64
4.1 工作负载资源概述 64
4.2 Deployment 64
　4.2.1 获取源代码 65
　4.2.2 构建镜像 66
　4.2.3 推送镜像到镜像仓库 67
　4.2.4 部署应用 68
　4.2.5 应用升级 71
　4.2.6 应用回滚 74
　4.2.7 应用扩容与缩容 77
　4.2.8 应用下线 77
　4.2.9 实现灰度发布 77
4.3 DaemonSet 79
4.4 Job 与 CronJob 83
　4.4.1 Job 83
　4.4.2 ConJob 84
4.5 本章小结 86

第 5 章 Service 资源对象 87
5.1 Service 概述 87
5.2 Service 定义 87
5.3 Service 公开类型 90
　5.3.1 ClusterIP 90
　5.3.2 NodePort 91

　5.3.3 LoadBalancer 93
　5.3.4 ExternalName 94
5.4 Endpoints 对象 95
5.5 Service 服务发现 97
　5.5.1 环境变量 97
　5.5.2 DNS 97
5.6 Service 代理模式 102
　5.6.1 iptables 102
　5.6.2 ipvs 104
5.7 生产环境架构 107
5.8 本章小结 108

第 6 章 Ingress 资源对象 109
6.1 Ingress 概述 109
6.2 Ingress 控制器部署 110
6.3 Ingress 对外公开 HTTP 服务 110
6.4 基于请求路径转发不同服务 113
6.5 Ingress 配置 HTTPS 114
6.6 Ingress 自定义配置 115
　6.6.1 增加代理超时时间 115
　6.6.2 设置客户端请求体大小 116
　6.6.3 重定向 116
　6.6.4 会话保持 117
　6.6.5 自定义规则 117
6.7 Ingress 灰度发布 118
　6.7.1 基于权重的流量切分 119
　6.7.2 基于客户端请求的流量切分 124
　6.7.3 常见发布策略总结 128
6.8 Ingress 工作原理 128
6.9 生产环境架构 129
6.10 本章小结 131

第 7 章 Kubernetes 存储管理 132
7.1 卷 132

- 7.1.1 emptyDir ... 132
- 7.1.2 hostPath ... 134
- 7.1.3 nfs ... 136
- 7.1.4 容器存储接口 ... 139
- 7.2 持久卷 ... 140
  - 7.2.1 创建 PV ... 141
  - 7.2.2 创建 PVC ... 142
  - 7.2.3 Pod 使用 PVC ... 143
  - 7.2.4 PV 动态供给 ... 144
  - 7.2.5 PV 生命周期 ... 148
- 7.3 内置存储对象 ... 149
  - 7.3.1 ConfigMap ... 149
  - 7.3.2 Secret ... 153
  - 7.3.3 配置文件自动重新加载方案 ... 156
- 7.4 本章小结 ... 156

第 8 章 有状态应用管理 ... 157

- 8.1 StatefulSet 工作负载资源 ... 157
  - 8.1.1 稳定的网络标识符 ... 157
  - 8.1.2 稳定的独享存储 ... 160
- 8.2 MySQL 主从复制集群实践 ... 162
  - 8.2.1 MySQL 集群拓扑规划 ... 162
  - 8.2.2 MySQL 集群容器化实现 ... 163
  - 8.2.3 MySQL Slave 扩展与缩减 ... 167
  - 8.2.4 MySQL 版本升级与回滚 ... 170
- 8.3 Operator ... 170
  - 8.3.1 Operator 介绍 ... 170
  - 8.3.2 自定义资源定义 ... 171
  - 8.3.3 控制器 ... 173
  - 8.3.4 MySQL Operator ... 174
- 8.4 本章小结 ... 178

第 9 章 Kubernetes 调度管理 ... 179

- 9.1 节点选择器 ... 179
- 9.2 节点亲和性 ... 180
- 9.3 Pod 亲和性和反亲和性 ... 184
  - 9.3.1 亲和性 ... 184
  - 9.3.2 反亲和性 ... 186
- 9.4 污点与容忍 ... 187
  - 9.4.1 污点 ... 187
  - 9.4.2 容忍 ... 188
- 9.5 nodeName ... 190
- 9.6 本章小结 ... 190

第 10 章 Kubernetes 安全配置 ... 192

- 10.1 Kubernetes API 访问控制 ... 192
  - 10.1.1 Kubernetes 安全框架 ... 192
  - 10.1.2 RBAC 介绍 ... 193
  - 10.1.3 面向用户授权案例 1 ... 195
  - 10.1.4 面向用户授权案例 2 ... 202
  - 10.1.5 内置集群角色 ... 204
  - 10.1.6 面向应用程序授权案例 ... 204
- 10.2 Pod 安全上下文 ... 207
  - 10.2.1 容器以普通用户运行 ... 208
  - 10.2.2 容器启用特权 ... 209
  - 10.2.3 容器设置只读文件系统 ... 210
- 10.3 网络策略 ... 210
  - 10.3.1 网络策略实现 ... 210
  - 10.3.2 网络策略资源 ... 211
  - 10.3.3 默认策略 ... 212
  - 10.3.4 Pod 级别限制 ... 213
  - 10.3.5 命名空间级别限制 ... 214
  - 10.3.6 细粒度限制 ... 215
  - 10.3.7 IP 段限制 ... 216
  - 10.3.8 出站流量限制 ... 217
- 10.4 本章小结 ... 218

第 11 章　Kubernetes 网络插件之 Calico 219

11.1　Docker 网络模型 219
11.1.1　容器之间以及容器与宿主机之间的通信 219
11.1.2　容器访问外部网络 221
11.1.3　外部网络访问容器 221

11.2　Kubernetes 网络模型 222
11.3　Calico 介绍 224
11.4　Calico 部署 226
11.5　calicoctl 管理工具 226
11.6　Calico 工作模式 227
11.6.1　覆盖网络：VXLAN 模式 229
11.6.2　覆盖网络：IPIP 模式 233
11.6.3　路由网络：BGP 模式 235
11.6.4　工作模式优缺点 236

11.7　路由反射器 237
11.8　本章小结 240

第 12 章　Kubernetes 部署利器 Helm 241

12.1　Helm 介绍 241
12.2　Helm 安装 241
12.3　Helm 命令概述 242
12.4　Helm 基本使用 243
12.4.1　制作 Chart 243
12.4.2　安装 Chart 246
12.4.3　更新 Release 248
12.4.4　回滚 Release 249
12.4.5　卸载 Release 249

12.5　深入理解 Chart 模板 249
12.5.1　缩进函数 250
12.5.2　toYaml 函数 250
12.5.3　条件判断 251
12.5.4　循环 252
12.5.5　变量作用域 253
12.5.6　读取文件 254
12.5.7　自定义模板 255

12.6　自建 Chart 仓库 257
12.6.1　搭建 Chart 仓库服务器 257
12.6.2　推送本地 Chart 到远程仓库 257
12.6.3　通过远程仓库安装 Chart 258

12.7　公共 Chart 仓库 258
12.7.1　部署 MySQL 集群 259
12.7.2　部署 Redis 集群 262

12.8　本章小结 263

第 13 章　基于 Jenkins 的 CI/CD 平台 265

13.1　CI/CD 简介 265
13.1.1　持续集成 265
13.1.2　持续交付和持续部署 266

13.2　CI/CD 流程设计 267
13.3　相关软件环境准备 267
13.3.1　部署 GitLab 代码仓库 268
13.3.2　部署 Harbor 镜像仓库 269
13.3.3　部署 Jenkins 发布系统 271

13.4　Jenkins 初体验 275
13.4.1　流程设计 275
13.4.2　提交代码 275
13.4.3　创建项目 278
13.4.4　项目配置 278
13.4.5　验证与测试 281

13.5　Jenkins 参数化构建 283

- 13.6 Jenkins 主从架构 ... 284
- 13.7 Jenkins Pipeline ... 287
  - 13.7.1 Pipeline 语法 ... 287
  - 13.7.2 基于 Kubernetes 动态创建代理 ... 288
  - 13.7.3 常用指令 ... 292
  - 13.7.4 片段生成器 ... 296
- 13.8 案例：Pipeline 实现网站项目的自动发布 ... 297
  - 13.8.1 Pipeline 脚本基本结构 ... 297
  - 13.8.2 拉取代码阶段 ... 299
  - 13.8.3 代码编译阶段 ... 302
  - 13.8.4 构建镜像阶段 ... 303
  - 13.8.5 部署到 K8s 集群阶段 ... 306
  - 13.8.6 反馈阶段 ... 309
  - 13.8.7 验证与测试 ... 311
- 13.9 Argo CD 增强持续交付 ... 316
  - 13.9.1 Argo CD 部署 ... 317
  - 13.9.2 Argo CD 实践 ... 319
- 13.10 本章小结 ... 323

第 14 章 基于 Prometheus+Grafana 的监控平台 ... 324

- 14.1 Prometheus 和 Grafana 简介 ... 324
- 14.2 Prometheus 架构 ... 324
- 14.3 部署 Prometheus 和 Grafana ... 326
  - 14.3.1 部署 Prometheus ... 326
  - 14.3.2 部署 Grafana ... 327
  - 14.3.3 在 Grafana 中添加 Prometheus 作为数据源 ... 328
- 14.4 Prometheus 监控案例 ... 329
  - 14.4.1 监控 Linux 服务器 ... 329
  - 14.4.2 监控 Docker 服务器 ... 332
  - 14.4.3 监控 MySQL 服务器 ... 334
  - 14.4.4 监控应用程序 ... 336
- 14.5 Alertmanager 告警通知 ... 342
  - 14.5.1 部署 Alertmanager ... 342
  - 14.5.2 Prometheus 指向 Alertmanager ... 344
  - 14.5.3 定义告警规则 ... 344
  - 14.5.4 企业微信告警通知 ... 349
  - 14.5.5 自定义告警内容模板 ... 351
- 14.6 Prometheus 监控 Kubernetes ... 353
  - 14.6.1 Prometheus 服务发现简介 ... 353
  - 14.6.2 Kubernetes 关注的指标 ... 354
  - 14.6.3 在 Kubernetes 中搭建 Prometheus 监控系统 ... 355
  - 14.6.4 监控 Node ... 356
  - 14.6.5 监控 Pod ... 363
  - 14.6.6 监控资源对象 ... 366
  - 14.6.7 监控 Service 和 Ingress 对象 ... 368
  - 14.6.8 监控集群中应用程序 ... 371
  - 14.6.9 监控 Kubernetes 组件 ... 374
- 14.7 本章小结 ... 383

第 15 章 基于 ELK Stack 的日志管理平台 ... 384

- 15.1 ELK Stack 简介 ... 384
- 15.2 部署 Elasticsearch 和 Kibana ... 386
- 15.3 Nginx 日志收集案例 ... 387
  - 15.3.1 部署 Filebeat ... 387
  - 15.3.2 Kibana 查看索引 ... 388
  - 15.3.3 创建数据视图 ... 389
- 15.4 数据处理管道 Logstash ... 391

15.4.1 部署 Logstash 391
15.4.2 定义数据处理规则..................... 393
15.4.3 配置 Filebeat 发送到 Logstash 395
15.5 Kibana 仪表板 396
　15.5.1 PV 统计 397
　15.5.2 PV 趋势图 398
　15.5.3 客户端 IP TOP10 399
　15.5.4 URI TOP10 401
　15.5.5 HTTP 状态码分布 401

15.6 收集 Kubernetes 集群中的应用日志 403
　15.6.1 如何收集这些日志 403
　15.6.2 在 Kubernetes 中搭建 ELK 日志系统 404
　15.6.3 收集 Pod 日志 405
　15.6.4 收集 Pod 中的日志文件 410
15.7 本章小结 415

第 1 章
Kubernetes 概述

在过去的十年中,"容器技术"无疑是一个备受瞩目的焦点。它的兴起可以追溯到 2013 年,当时 DotCloud 公司发布了 Docker 开源容器引擎,这一创新技术获得了运维人员和开发人员的青睐,并在 IT 领域迅速普及,掀起了容器化的浪潮。

Docker 之所以被广泛认可和采用,主要原因在于它引入了"容器镜像"的功能,这一功能将操作系统、依赖环境和应用程序进行打包和分发,有效地解决了软件在交付过程中可能出现的配置复杂性、环境不一致性、可移植性等问题。通过容器镜像,应用开发者可以轻松地构建、打包和部署应用程序,大大提高了开发效率和交付质量。

1.1 容器技术概述

随着基础架构的不断发展,应用程序的部署环境也经历了从物理机到虚拟机,再到容器的转变,如图 1-1 所示。

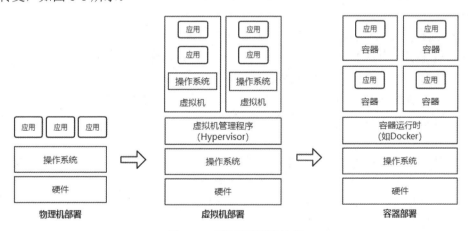

图 1-1 应用部署环境转变

1. 物理机时代

早期,应用程序被部署在物理机上,为了提高物理机的资源利用率,每台物理机都会运行多个应用程序。当一个应用程序占用大量资源时，它会影响其他应用程序的性能和稳定性。如果每台物理机仅运行一个应用程序，那么这可能会导致资源利用率低，从而增加经济成本和维护成本。

2. 虚拟机时代

为了解决资源利用率低和资源隔离性的问题，引入了虚拟化技术。虚拟化技术允许在物理机上运行多个虚拟机（VM），每个虚拟机都具有独立的操作系统、硬件资源（CPU、内存等）等配置。因此，它们之间是完全隔离的，大大提高了物理机的资源利用率、隔离性和安全性。

3. 容器时代

随着业务的多样化、复杂性，一个应用程序可能由多个服务组成，并依赖多个第三方服务（如数据库、缓存、消息队列），还可能需要随时被部署到不同的环境中（如开发环境、测试环境、生产环境），在这些环境中，主机可能使用不同的操作系统、软件版本、配置参数等。因此，软件交付可能产生大量的工作，即开发人员需要考虑不同的运行环境，运维人员则需要配置这些环境。

运维人员为了提高工作效率，通常会编写脚本或使用工具进行自动化部署和配置。但这种方式仍然存在环境不兼容引发的问题，主要原因在于无法做到"系统级别的打包和分发"。在虚拟机环境中，可以制作镜像以将虚拟机的整个状态、配置和数据打包到一个文件或一组文件中，以便在其他虚拟机环境中恢复这个虚拟机。但这些打包的文件体积比较大，少则几个 GB，多则上百 GB，不易于迁移，并且受底层虚拟化平台的限制，尤其在公有云环境。

相比之下，Docker 容器在应用管理方面具有显著的优势。

- ☑ 轻量级：容器不需要运行整个操作系统，而是与宿主机共享内核，这使得容器更加轻巧，开销更小，可以秒级启动。
- ☑ 镜像管理：通过 Dockerfile 文件灵活定义容器镜像的组成（包括文件系统、依赖环境、应用程序等），这样每个容器镜像都可以具有特定的环境，并且支持版本管理。
- ☑ 环境一致性：容器镜像可以在任意 Docker 主机上创建容器，并确保容器的状态与镜像保持一致，从而消除了不同环境的差异。
- ☑ 可移植性：容器由于与基础架构是分离的，因此可以跨"云"和操作系统进行无缝迁移。
- ☑ 应用环境隔离：Docker 利用 Linux namespace 技术来隔离容器进程，使每个容器具备独立的视图，互不干扰，增强了安全性和可维护性。
- ☑ 应用资源限制：Docker 利用 Linux cgroup 技术来限制容器资源（如 CPU、内存、硬盘 I/O 等）的使用，可以很方便地控制应用程序资源的使用。

Docker 容器技术的变革不仅提高了软件交付效率，还使应用程序的管理更加灵活、可扩展和高效。

1.2　Kubernetes 介绍

Docker 非常适合单机管理多个容器，但在生产环境中，为了保障应用程序的高可用性和高并发性，我们通常在一个应用程序上部署多个实例（即创建多个容器），并将它们分布在不同的 Docker 主机上，同时对外提供服务，如图 1-2 所示。

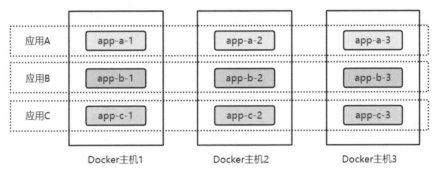

图 1-2　多台 Docker 主机

在这种环境下，如何高效地管理容器成为一项新的挑战。这项挑战包括但不限于如何更有效地管理和调度容器、如何确保容器升级的平滑进行以及如何管理容器网络问题等。

为了解决这些问题，容器编排系统应运而生。容器编排系统可以对多个 Docker 主机进行统一管理和调度，协调容器化应用程序的部署、伸缩、发现和管理。主流的容器编排系统如下所示。

- Docker Swarm：Docker 官方提供的容器编排系统，用于将一组 Docker 主机组建成一个集群，提供容器化集群管理服务。
- Mesos：Apache 开源的分布式资源管理框架，支持 Docker 容器管理，可用于构建大规模的容器集群。
- Kubernetes：Google 开源的容器编排系统由内部运行数十年的 Borg 集群管理系统演变而来，凝聚了生产环境中大规模容器运维的经验。

Kubernetes 旨在简化容器化应用程序的部署和管理，它提供了许多功能，例如自动上线与回滚、容器自我修复、水平扩展、存储编排、配置管理等，以满足应用程序容器化管理多方面的需求。Kubernetes 拥有庞大的社区和生态系统，支持各种插件和工具的扩展，包括监控、日志、CI/CD 等，这些功能和工具使得 Kubernetes 成为一种强大的容器编排平台。

随着容器化技术的不断发展，Kubernetes 在容器编排和容器管理领域成为领头羊，并被全球一线互联网公司（如阿里、腾讯、百度、华为、京东、奇虎 360 等）广泛应用，越来越多的企业正在向 Kubernetes 迁移。

1.3 Kubernetes 架构与组件

Kubernetes 架构由管理节点和工作节点，以及一个键值存储系统（etcd）组成，如图 1-3 所示。

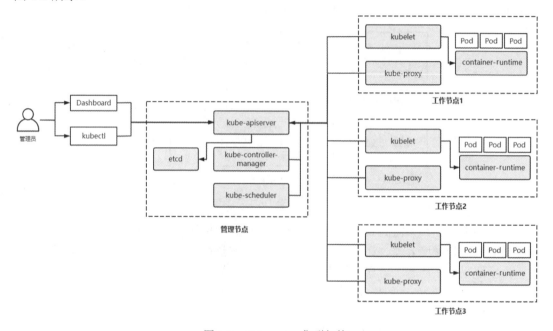

图 1-3 Kubernetes 集群架构

1. 管理节点

管理节点（master node，以下简称 Master）是 Kubernetes 集群的控制中心，负责监控整个集群的状态、资源调度和响应集群事件等。其主要组件如下所示。

（1）kube-apiserver：提供 Kubernetes API 服务，负责处理外部和内部组件的请求，并将这些操作存储到 etcd 中。

（2）etcd：一个分布式键值存储系统，用于存储 Kubernetes 集群的数据。etcd 是由 CoreOS 开源的，它并不属于 Kubernetes 集群本身，因此 etcd 可以独立于集群进行部署。

（3）kube-controller-manager：负责管理多个控制器的程序。这些控制器包括但不限于以下控制器。

- Node Controller（节点控制器）：负责监控节点状态，并在节点出现故障时进行响应。
- Replication Controller（副本控制器）：负责确保在集群中运行特定数量的 Pod 副本。
- Job Controller（任务控制器）：负责监控 Job 对象，并生成相应的 Pod 来执行任务。
- Endpoint Controller（端点控制器）：负责管理与 Service 相应的 Endpoint 对象，确保 Endpoint 关联正确的 Pod IP 地址。

这些控制器负责维护集群的不同方面，确保整个集群的状态符合预期。

（4）kube-scheduler：根据预定的算法，将未指定节点的 Pod 分配到合适的节点上。

2．工作节点

工作节点（worker node，以下简称 Node）是 Kubernetes 集群的工作节点，它提供运行容器所需的资源和环境。它的主要组件如下所示。

- kubelet：运行在每个节点上，负责管理 Pod 和容器的生命周期，如启动容器、挂载数据卷、获取容器状态以及向管理节点汇报等。
- kube-proxy：也是运行在每个节点上，负责实现集群内部的网络代理和负载均衡器功能。
- container-runtime（容器运行时）：实际运行和管理容器的服务。Kubernetes 支持多种容器运行时，如 docker、containerd、cri-o 等，以及其他支持 Kubernetes CRI（Container Runtime Interface，容器运行时接口）的实现。

1.4　Kubernetes 核心资源

Kubernetes 提供了多种抽象的资源，通过定义这些资源，你可以部署和管理应用程序的不同方面，如容器配置、网络代理、存储等。以下是一些常见的资源。

- Pod（容器组）：Pod 是 Kubernetes 中最小的可部署单元，它可以包含一个或多个容器，这些容器可以相互共享网络和存储资源。
- Deployment（部署）：部署和管理应用程序，监控相关 Pod 的状态，以确保其与用户定义的期望状态保持一致。
- Service（服务）：定义一组 Pod 的访问方式，通过负载均衡将请求转发到这些 Pod 上。
- Namespace（命名空间）：用于将集群划分为多个独立的工作环境，不同命名空间中的资源相互隔离，从而方便组织和管理资源。

例如：在 Kubernetes 集群中，可以根据项目创建相应的命名空间，如 project-a、project-b 和 project-c；在每个命名空间中，创建资源（如 Deployment、Service 等）以部署相应的应用程序，如应用 A、应用 B、应用 C，如图 1-4 所示。

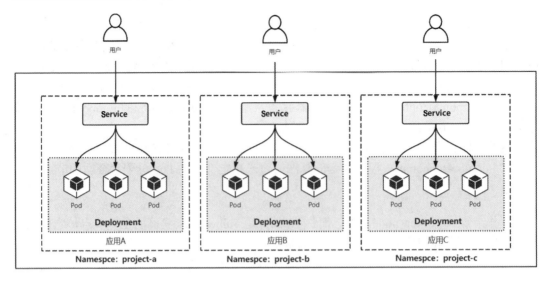

图 1-4 Kubernetes 核心资源关系

此外，还可以根据以下情况创建命名空间。

- ☑ 如果一个集群由多个团队使用，则可以根据团队创建命名空间，如 team-a、team-b。
- ☑ 如果一个集群具有多个部署环境，则可以根据环境创建命名空间，如 test、dev、prod。

1.5 本章小结

本章介绍了容器技术的发展历史和 Kubernetes 的背景、功能、架构及核心概念，具体如下：

- ☑ 从物理机时代演变到虚拟机时代，再进一步发展到容器时代，旨在提升资源利用率、简化应用程序的部署与管理，加速软件开发和交付流程。
- ☑ Kubernetes 集群架构由 Master 和 Node 两类节点组成。Master 节点包括 kube-apiserver、kube-controller-manager、kube-scheduler 和 etcd 组件，其中 kube-apiserver 是整个集群的访问入口。Node 节点包括 kubelet、kube-proxy 和容器运行时组件。
- ☑ 通过定义如 Pod、Deployment、Service 等资源来部署和管理应用程序。

第 2 章 Kubernetes 快速入门

部署和体验 Kubernetes 集群的基本功能是理解 Kubernetes 的重要步骤。本章将使用 kubeadm 工具快速部署一个 Kubernetes 集群,并在该集群上通过多种方式部署你的第一个应用程序,并进一步熟悉 kubectl 集群管理工具的使用。

2.1 Kubernetes 集群部署

Kubernetes 支持跨平台部署,可以被灵活地部署在各种主机环境中,包括云主机、虚拟机和物理机。

Kubernetes 集群部署主要有以下 3 种方式。

- ☑ Minikube:一款可以轻松在本地运行单机版 Kubernetes 的工具,专为开发人员更快捷地体验 Kubernetes 的功能而设计。它通常用于在个人计算机上搭建开发和测试环境。
- ☑ Kubeadm:官方推出的工具,用于在服务器上快速搭建 Kubernetes 集群。
- ☑ 二进制文件:通过获取官方发布的二进制包,并将相应的二进制文件分别部署到每台服务器上,从而组建一个 Kubernetes 集群。相比之下,这种方式配置较为复杂,比较适合对 Kubernetes 有一定基础的用户。

2.1.1 准备服务器环境

Kubernetes 集群节点规划如表 2-1 所示。

表 2-1 Kubernetes 集群节点规划

集群角色	主机名	操作系统	IP 地址
Master	k8s-master	CentOS7.9_x64	192.168.1.71
Node	k8s-node1	CentOS7.9_x64	192.168.1.72
Node	k8s-node2	CentOS7.9_x64	192.168.1.73

集群节点运行的组件如图 2-1 所示。

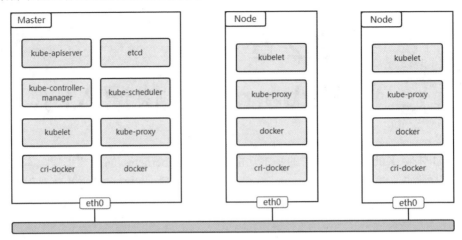

图 2-1　集群节点运行的组件

在上述环境中，我们选择 Docker 作为 Kubernetes 的容器运行时。因此，除了部署 Kubernetes 组件，还需部署 Docker 相关服务。

同时，需要确保这些服务器满足以下条件。

- ☑ 可以访问互联网，因为在部署过程中会联网下载容器镜像。
- ☑ 服务器之间的网络必须互通。

当服务器处于一个防火墙环境中时，需要开放相关端口，Kubernetes 涉及的端口如表 2-2 所示。

表 2-2　Kubernetes 涉及的端口

角色	协议	方向	端口范围	组件	使用者
Master	TCP	入站	6443	kube-apiserver	所有
	TCP	入站	2379-2380	etcd	kube-apiserver、etcd
	TCP	入站	10250	kubelet	kube-apiserver、自身
	TCP	入站	10259	kube-scheduler	自身
	TCP	入站	10257	kube-controller-manager	自身
Node	TCP	入站	10250	kubelet	kube-apiserver、自身
	TCP	入站	30000-32767	Service NodePort	所有

2.1.2　系统初始化配置

在搭建 Kubernetes 集群之前，需要对操作系统进行一系列配置，以满足环境要求。根据表 2-1，对所有节点执行以下操作。

1．清空 Iptables 默认规则

Iptables 默认会生成一些规则。Iptables 配置不正确，则会影响节点之间的通信。建议先清空这些规则。清空 Iptables 默认规则：

```
[root@localhost ~]# iptables -F
```

2．关闭 SELinux

SELinux 是 Linux 的一种安全机制，但它使用起来复杂并且存在兼容性问题，因此通常选择关闭它。临时关闭 SELinux：

```
[root@localhost ~]# setenforce 0
```

该命令为临时生效。为了确保该命令在重启系统后继续有效，需要将配置文件"/etc/selinux/config"中的"SELINUX"字段值设置为"disabled"。

3．关闭 Swap 交换分区

Swap 是一种虚拟内存技术，它允许系统将部分内存数据写入硬盘的特定分区中，从而释放更多物理内存。由于硬盘读写性能相比物理内存低，因此使用 Swap 会影响系统处理性能。Kubelet 组件默认要求关闭 Swap，以提高系统的稳定性和可靠性。关闭 Swap 交换分区：

```
[root@localhost ~]# swapoff -a
```

该命令为临时生效。为了确保重启系统后关闭 Swap 继续有效，需要注释系统表文件"/etc/fstab"中文件系统类型为"swap"的行。

4．设置主机名

根据表 2-1，设置主机名：

```
[root@localhost ~]# hostnamectl set-hostname <主机名>
```

5．配置内核参数

某些 Kubernetes 网络插件可能使用网络桥接（Bridge），为了确保网络桥接的数据包经过 Iptables 处理，需要启用相关的内核参数：

```
[root@localhost ~]# sysctl net.bridge.bridge-nf-call-ip6tables=1
[root@localhost ~]# sysctl net.bridge.bridge-nf-call-iptables=1
```

该命令为临时生效。为了确保该命令在重启系统后继续有效，需要将这两个内核参数

保存到"/etc/sysctl.d"目录下名为"k8s.conf"的文件中,该文件包含以下内容:

```
net.bridge.bridge-nf-call-ip6tables = 1
net.bridge.bridge-nf-call-iptables = 1
```

2.1.3 安装 Docker

在所有节点上安装并启动 Docker。

但 Docker 新版软件包未被包含在系统默认软件源中,需要额外配置 Yum 软件源,如下载阿里云 Yum 软件源文件:

```
[root@localhost ~]# wget https://mirrors.aliyun.com/docker-ce/linux/centos/docker-ce.repo -O /etc/yum.repos.d/docker-ce.repo
```

安装指定版本 Docker:

```
[root@localhost ~]# yum install -y docker-ce-24.0.0
```

启动并设置开机启动项:

```
[root@localhost ~]# systemctl start docker
[root@localhost ~]# systemctl enable docker
```

2.1.4 安装 cri-docker

在 Kubernetes 的早期版本中,Docker 被作为默认容器运行时,Kubernetes 的早期版本在 kubelet 程序中开发了一个名为"Dockershim"的代理程序,负责 kubelet 与 Docker 之间的通信,如图 2-2 所示。

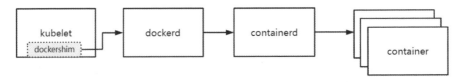

图 2-2 Kubernetes 1.24 版本之前的工作流程

随着 Kubernetes 生态系统的发展,涌现出多种容器运行时,如 containerd、cri-o、rkt 等。为了支持这些容器运行时,Kubernetes 引入了 CRI 标准,该标准允许第三方容器运行时只需与 CRI 对接即可与 Kubernetes 进行集成。

后来,在 Kubernetes 1.20 版本发布时宣布:为了优化核心代码,减少维护负担,将在 1.24 版本中正式移除"Dockershim",而当时 Docker 不支持 CRI,这就意味着 Kubernetes 无法再将 Docker 作为容器运行时。Docker 官方为了解决这个问题,与 Mirantis 公司合作,开发了一个名为"cri-dockerd"的代理程序，负责 kubelet 与 Docker 之间的通信，如图 2-3 所示。

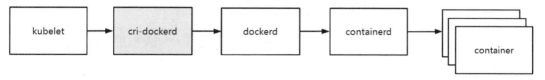

图 2-3　Kubernetes 1.24 版本之后的工作流程

因此，从 Kubernetes 1.24 版本及更高版本开始，使用 Docker 作为容器运行时，需要安装 cri-dockerd。你可以在 GitHub Releases 页面（https://github.com/Mirantis/cri-dockerd/releases）上找到适用于你系统平台版本的安装包，下载该安装包，然后将其上传到所有节点上并进行安装：

```
[root@localhost ~]# rpm -ivh cri-dockerd-0.3.2-3.el7.x86_64.rpm
```

安装完成后，修改 Systemd 服务文件，将依赖的 Pause 镜像指定为阿里云镜像地址：

```
[root@localhost ~]# vi /usr/lib/systemd/system/cri-docker.service
...
ExecStart=/usr/bin/cri-dockerd --container-runtime-endpoint fd:// --pod-infra-container-image=registry.aliyuncs.com/google_containers/pause:3.9
...
```

启动并设置开机启动项：

```
[root@localhost ~]# systemctl start cri-docker
[root@localhost ~]# systemctl enable cri-docker
```

2.1.5　安装 kubeadm 和 kubelet

在所有节点上安装 kubeadm 和 kubelet 组件。

但这些软件包未被包含在系统默认软件源中，需要额外配置 Yum 软件源，如配置阿里云的软件源：

```
[root@localhost ~]# vi /etc/yum.repos.d/kubernetes.repo
[kubernetes]
name=Kubernetes
baseurl=https://mirrors.aliyun.com/kubernetes/yum/repos/kubernetes-el7-x86_64
enabled=1
gpgcheck=0
repo_gpgcheck=0
```

```
gpgkey=https://mirrors.aliyun.com/kubernetes/yum/doc/yum-key.gpg
       https://mirrors.aliyun.com/kubernetes/yum/doc/rpm-package-key.gpg
```

安装指定版本的 kubeadm 和 kubelet：

```
[root@localhost ~]# yum install -y kubeadm-1.28.0 kubelet-1.28.0
```

kubeadm 仅是一个集群搭建工具，不涉及启动。kubelet 是一个守护进程程序，由 kubeadm 在搭建过程中自动启动，这里仅设置开机启动即可：

```
[root@localhost ~]# systemctl enable kubelet
```

2.1.6 部署 Master 节点

在 Master 节点上执行以下命令以初始化 Kubernetes 管理节点：

```
[root@k8s-master ~]# kubeadm init \
 --apiserver-advertise-address=192.168.1.71 \
 --image-repository=registry.aliyuncs.com/google_containers \
 --kubernetes-version=v1.28.0 \
 --pod-network-cidr=10.244.0.0/16 \
 --service-cidr=10.96.0.0/12 \
 --cri-socket=unix:///var/run/cri-dockerd.sock
```

该命令中各参数含义如下。

- ☑ --apiserver-advertise-address：指定 API Server 监听的 IP 地址。如果没有设置，则将使用默认的网络接口。
- ☑ --image-repository：指定镜像仓库地址。默认值为 "registry.k8s.io"，但该仓库在中国无法访问，因此这里指定阿里云仓库。
- ☑ --kubernetes-version：指定 Kubernetes 版本。
- ☑ --pod-network-cidr：指定 Pod 网络的 CIDR 地址范围。
- ☑ --service-cidr：指定 Service 网络的 CIDR 地址范围。
- ☑ --cri-socket：指定 kubelet 连接容器运行时的 UNIX 套接字文件。

执行命令后，kubeadm 会执行一系列任务，具体如下：

- ☑ [preflight]：该阶段执行一系列检查，验证当前系统环境是否满足 Kubernetes 的安装要求，包括：
  - ➢ CPU 和内存是否满足最低要求。
  - ➢ 网络是否正常。
  - ➢ 操作系统版本是否满足要求。
  - ➢ 容器运行时是否可以连接。
  - ➢ 内核参数是否正确配置。

- ➢ 下载所需的容器镜像。
- ☑ [certs]：生成 Kubernetes 组件所需的 HTTPS 证书和密钥，并将其存储到"/etc/kubernetes/pki"目录中。
- ☑ [kubeconfig]：生成 kubeconfig 文件，其中包含 API Server 地址、客户端证书等信息，并将其存储在"/etc/kubernetes"目录中。
- ☑ [kubelet-start]：生成 kubelet 配置文件"/var/lib/kubelet/config.yaml"并启动 kubelet 服务。
- ☑ [control-plane]：为 kube-apiserver、kube-controller-manager 和 kube-scheduler 创建静态 Pod 资源文件，并将其存储到"/etc/kubernetes/manifests"目录中。
- ☑ [etcd]：为 etcd 创建静态 Pod 资源文件，并将其存储在"/etc/kubernetes/manifests"目录中。
- ☑ [wait-control-plane]：等待 kubelet 从目录"/etc/kubernetes/manifest"中以静态 Pod 的形式启动 Master 组件。
- ☑ [apiclient]：检查 Master 组件是否健康。
- ☑ [upload-config]：将 kubeadm 配置存储在 ConfigMap 对象中。
- ☑ [kubelet]：将 kubelet 配置存储在 ConfigMap 对象中。
- ☑ [upload-certs]：提示用户跳过证书上传。
- ☑ [mark-control-plane]：给 Master 节点添加标签和污点。
- ☑ [bootstrap-token]：生成引导令牌，供 Node 节点在加入集群时使用。
- ☑ [kubelet-finalize]：更新 kubelet 配置文件（/etc/kubernetes/kubelet.conf）。
- ☑ [addons]：安装 CoreDNS 和 kube-proxy 插件。

紧接着，输出初始化成功的信息：

```
Your Kubernetes control-plane has initialized successfully!

To start using your cluster, you need to run the following as a regular user:

  mkdir -p $HOME/.kube
  sudo cp -i /etc/kubernetes/admin.conf $HOME/.kube/config
  sudo chown $(id -u):$(id -g) $HOME/.kube/config

Alternatively, if you are the root user, you can run:

  export KUBECONFIG=/etc/kubernetes/admin.conf

You should now deploy a pod network to the cluster.
Run "kubectl apply -f [podnetwork].yaml" with one of the options listed at:
  https://kubernetes.io/docs/concepts/cluster-administration/addons/
```

```
Then you can join any number of worker nodes by running the following on
each as root:

kubeadm join 192.168.1.71:6443 --token oxsywh.bww6xonfj416rgcf \
    --discovery-token-ca-cert-hash
sha256:19eb37a4ca09b292d77b332e54fe4fc40657a620c4e898888a2d6486a1dc5f48
```

根据上述提示，执行以下命令开始使用集群：

```
mkdir -p $HOME/.kube
sudo cp -i /etc/kubernetes/admin.conf $HOME/.kube/config
sudo chown $(id -u):$(id -g) $HOME/.kube/config
```

这些命令是将文件"/etc/kubernetes/admin.conf"复制到"$HOME/.kube/config"中，以便 kubectl 根据该配置文件连接和管理 Kubernetes 集群。

2.1.7　部署 Node 节点

在两个工作节点上执行上述返回的"kubeadm init"命令，并添加"--cri-socket"参数，以将这些工作节点添加到集群中：

```
kubeadm join 192.168.1.71:6443 --token oxsywh.bww6xonfj416rgcf \
    --discovery-token-ca-cert-hash
sha256:19eb37a4ca09b292d77b332e54fe4fc40657a620c4e898888a2d6486a1dc5f48 \
    --cri-socket=unix:///var/run/cri-dockerd.sock
```

命令执行后，将看到以下内容：

```
Run 'kubectl get nodes' on the control-plane to see this node join the
cluster.
```

可以在 Master 节点上执行"kubectl get nodes"命令来查看节点，结果如下：

```
NAME         STATUS     ROLES           AGE     VERSION
k8s-master   NotReady   control-plane   16m     v1.28.0
k8s-node1    NotReady   <none>          8m38s   v1.28.0
k8s-node2    NotReady   <none>          8m35s   v1.28.0
```

两个工作节点已被成功地添加到集群中。kubeadm 默认根据主机名来设置节点名称，你还可以添加"--node-name"参数自定义节点名称。

2.1.8　部署网络插件

在上述结果中，节点状态显示为"NotReady"，表示该节点尚未准备就绪。这是由于 kubelet 服务未发现网络插件导致的，kubelet 日志中也对此进行了说明（"network plugin is not ready"）。

Kubernetes 网络插件主要用于实现集群内部 Pod 通信，负责配置和管理 Pod 的网络。常见的网络插件包括 Calico、Flannel、Cilium 等，这里选择使用 Calico 作为 Kubernetes 网络插件，安装 Calico 网络插件：

```
[root@k8s-master ~]# kubectl create -f https://raw.githubusercontent.com/projectcalico/calico/v3.26.0/manifests/tigera-operator.yaml
[root@k8s-master ~]# wget https://raw.githubusercontent.com/projectcalico/calico/v3.26.0/manifests/custom-resources.yaml
[root@k8s-master ~]# vi custom-resources.yaml
apiVersion: operator.tigera.io/v1
kind: Installation
metadata:
  name: default
spec:
  calicoNetwork:
    ipPools:
    - blockSize: 26
      cidr: 10.244.0.0/16    # 修改此值，与"kubeadm init"命令中指定的 Pod 网络 CIDR 地址范围保持一致
      encapsulation: VXLANCrossSubnet
      natOutgoing: Enabled
      nodeSelector: all()
...
[root@k8s-master ~]# kubectl create -f custom-resources.yaml
```

等待片刻，查看 Pod 对象：

```
[root@k8s-master ~]# kubectl get pods -n calico-system
NAME                                       READY   STATUS    RESTARTS   AGE
calico-kube-controllers-6bb86c78b4-72j7t   1/1     Running   0          38m
calico-node-5hlbr                          1/1     Running   0          38m
calico-node-jv7bg                          1/1     Running   0          38m
calico-node-qqqfl                          1/1     Running   0          38m
calico-typha-6c9f86b48-7x692               1/1     Running   0          38m
calico-typha-6c9f86b48-mt4g2               1/1     Running   0          38m
csi-node-driver-djppj                      2/2     Running   0          38m
csi-node-driver-jgc8p                      2/2     Running   0          38m
csi-node-driver-v4drl                      2/2     Running   0          38m
```

所有 Pod 的状态均显示为"Running"，说明 Calico 安装成功。再通过"kubectl get nodes"命令查看节点，状态转为"Ready"，表示节点准备就绪。

需要注意的是，Kubernetes 考虑到安全性，"kubeadm join"命令中的 Token 有效期为 24 小时，过期后不可再使用。但是，你可以使用"kubeadm token create --print-join-command"

命令创建新的 Token，以添加新的工作节点。

2.1.9 部署 Dashboard

Dashboard 是官方开发的一个 Web 管理系统。通过它，你可以管理集群资源、查看应用概览、查看容器日志和访问容器等操作。

下载 Dashboard 的资源文件：

```
[root@k8s-master ~]# wget https://raw.githubusercontent.com/kubernetes/dashboard/v2.7.0/aio/deploy/recommended.yaml
```

将 Service 的类型设置为 "NodePort" 类型并指定访问端口，以便将其暴露到集群外部进行访问，修改如下：

```
[root@k8s-master ~]# vi recommended.yaml
...
kind: Service
apiVersion: v1
metadata:
  labels:
    k8s-app: kubernetes-dashboard
  name: kubernetes-dashboard
  namespace: kubernetes-dashboard
spec:
  type: NodePort # 指定 NodePort 类型
  ports:
    - port: 443
      targetPort: 8443
      nodePort: 30001 # 指定访问端口
  selector:
      k8s-app: kubernetes-dashboard
...
```

在集群中创建资源：

```
[root@k8s-master ~]# kubectl apply -f recommended.yaml
```

查看 Pod 对象：

```
[root@k8s-master ~]# kubectl get pods -n kubernetes-dashboard
NAME                                         READY   STATUS    RESTARTS   AGE
dashboard-metrics-scraper-5657497c4c-qbnrr   1/1     Running   0          48s
kubernetes-dashboard-78f87ddfc-m9kkq         1/1     Running   0          48s
```

所有 Pod 的状态都显示为 "Running"，说明 Dashboard 安装成功。在浏览器中访问 "https://<节点 IP 地址>:30001"，你将看到登录页面，如图 2-4 所示。

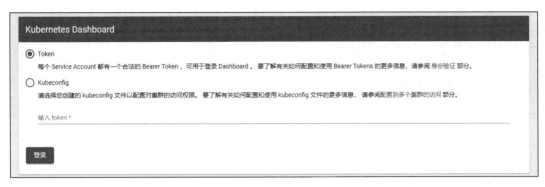

图 2-4　Dashboard 登录页面

创建一个服务账号并授予集群管理员权限：

```
[root@k8s-master ~]# kubectl create serviceaccount admin-user -n kubernetes-dashboard
[root@k8s-master ~]# kubectl create clusterrolebinding admin-user --clusterrole=cluster-admin --serviceaccount=kubernetes-dashboard:admin-user
```

根据服务账号创建 Token：

```
[root@k8s-master ~]# kubectl create token admin-user -n kubernetes-dashboard
```

将输出的 Token 复制到输入框中，然后单击登录，进入 Dashboard 首页，如图 2-5 所示。

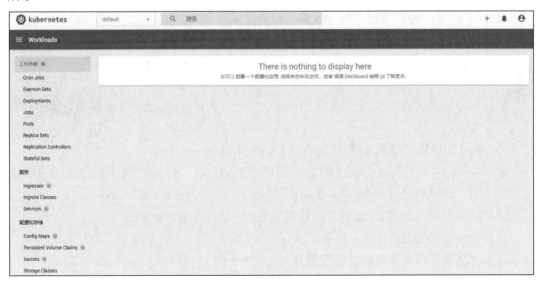

图 2-5　Dashboard 首页

2.1.10 清空 Kubernetes 环境

如果需要重新部署或者卸载 Kubernetes 集群环境，可以使用以下命令：

```
kubeadm reset --cri-socket=unix:///var/run/cri-dockerd.sock
```

该命令将清空当前节点上由 kubeadm 生成的所有操作和配置。

2.2 部署第一个应用程序

Kubernetes 集群搭建完成后，你可以通过以下方式部署第一个应用程序。

2.2.1 通过 Dashboard 部署应用程序

本节将通过 Dashboard 部署应用程序。在首页上单击右上角的"+"号，将呈现 3 种创建资源的方法，如下所示。

（1）输入并创建：输入 YAML 或 JSON 内容以完成创建。
（2）从文件创建：将编写的 YAML 或 JSON 文件进行上传以完成创建。
（3）从表单创建：通过表单形式输入相关配置以完成创建。

这里使用"从表单创建"的方式，输入以下表单。

- ☑ 应用名称（必填）：这里输入"nginx-1"，将作为 Deployment 和 Service 资源对象的名称。
- ☑ 容器镜像（必填）：这里输入"nginx:1.23"，表示从 Docker Hub 镜像仓库中获取镜像。
- ☑ Pod 的数量（必填）：这里输入"3"，表示创建 3 个 Pod。
- ☑ Service（可选）：这里选择"External"，表示定义一个外部 Service，将设置的"端口"映射到"目标端口"。当值为"None"时，表示不创建 Service。
- ☑ 命名空间（必填）：选择部署的命名空间，这里选择"default"。

从表单创建的配置如图 2-6 所示。

单击"部署"按钮完成创建。等待片刻，相关的 Pod 启动成功，如图 2-7 所示。

图 2-6 从表单创建的配置

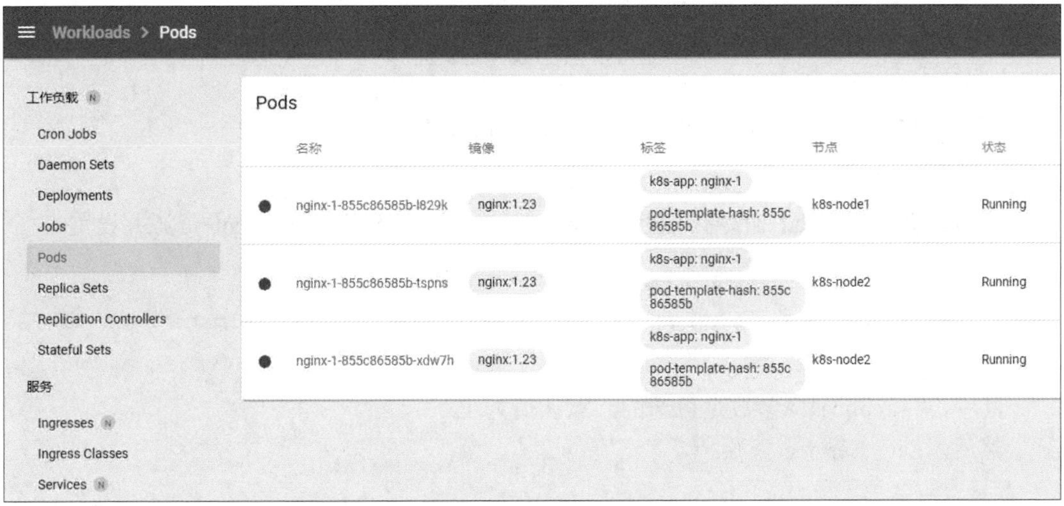

图 2-7 Pod 对象

查看 Service 对外暴露的端口，如图 2-8 所示。

在浏览器中访问"http://<节点 IP 地址>:31112"，将看到 Nginx 欢迎页面，如图 2-9 所示。

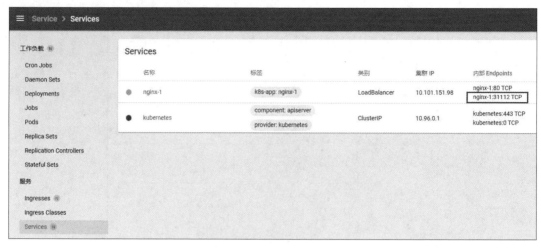

图 2-8　Service 对象

图 2-9　Nginx 欢迎页面

2.2.2　通过 kubectl 命令行部署应用程序

本节将通过 kubectl 命令行部署应用程序。首先，创建 Deployment 资源并设置 3 个 Pod 副本：

```
[root@k8s-master ~]# kubectl create deployment nginx-2 --image=nginx:1.23 --replicas=3
```

其中，"--replicas"参数是可选的，默认值为 1。

然后，创建 Service 资源：

```
[root@k8s-master ~]# kubectl create service nodeport nginx-2 --tcp=80:80
```

接下来，查看 Service 对外暴露的端口：

```
[root@k8s-master ~]# kubectl get service
NAME      TYPE       CLUSTER-IP      EXTERNAL-IP   PORT(S)        AGE
nginx-2   NodePort   10.104.142.28   <none>        80:30353/TCP   3s
```

在浏览器中访问"http://<节点 IP 地址>:30353",你将看到 Nginx 欢迎页面。

2.2.3 通过定义资源文件部署应用程序

本节将通过 YAML 格式的资源文件部署应用程序。首先,创建一个名为"deployment-nginx-3.yaml"的资源文件,内容如下:

```
apiVersion: apps/v1           # API 版本
kind: Deployment              # 资源类型
metadata:                     # 资源元数据
  name: nginx-3               # 资源名称
spec:                         # 资源规格
  replicas: 3                 # Pod 副本数量
  selector:                   # 标签选择器
    matchLabels:              # 选择标签,与下面 Pod 标签保持一致
      app: nginx-3
  template:                   # 定义 Pod 模板
    metadata:                 # Pod 元数据
      labels:                 # Pod 标签,与上面选择标签保持一致
        app: nginx-3
    spec:                     # Pod 规格
      containers:             # Pod 容器配置
      - image: nginx:1.23     # 容器镜像地址
        name: web             # 容器名称
```

创建 Deployment 资源:

```
[root@k8s-master ~]# kubectl create -f deployment-nginx-3.yaml
```

查看 Deployment 和 Pod 对象:

```
[root@k8s-master ~]# kubectl get deployment,pods
NAME                         READY   UP-TO-DATE   AVAILABLE   AGE
deployment.apps/nginx-3      3/3     3            3           25s

NAME                              READY   STATUS    RESTARTS   AGE
pod/nginx-3-5976c5698d-6zqrv      1/1     Running   0          25s
pod/nginx-3-5976c5698d-dtgd7      1/1     Running   0          25s
pod/nginx-3-5976c5698d-h2jl7      1/1     Running   0          25s
```

接下来,创建一个名为"service-nginx-3.yaml"的资源文件,内容如下:

```
apiVersion: v1                # API 版本
kind: Service                 # 资源类型
metadata:                     # 资源元数据
  name: nginx-3               # 资源名称
```

```
spec:                                # 资源规格
  ports:                             # 公开的端口列表
  - name: http                       # 端口名称
    port: 80                         # 公开的端口
    protocol: TCP                    # 端口协议
    targetPort: 80                   # 容器中服务运行端口
  selector:                          # 标签选择器，与上面 Pod 标签保持一致
    app: nginx-3
  type: NodePort                     # Service 类型，表示如何公开
```

创建 Service 资源：

```
[root@k8s-master ~]# kubectl create -f service-nginx-3.yaml
```

查看 Service 对象：

```
[root@k8s-master ~]# kubectl get service
NAME      TYPE       CLUSTER-IP      EXTERNAL-IP   PORT(S)        AGE
nginx-3   NodePort   10.104.94.113   <none>        80:32006/TCP   7m
```

在浏览器中访问"http://<节点 IP 地址>:32006"，你将看到 Nginx 欢迎页面。

小结：有多种方式可以在 Kubernetes 集群上部署应用程序，如下所示。

（1）Dashboard：通过图形界面进行应用程序的部署和管理，它支持一些常见资源的操作。Dashboard 仅支持图形界面创建 Deployment 和 Service 资源。

（2）kubectl 命令行：kubectl 工具专用于管理 Kubernetes 集群，几乎支持所有资源类型的管理。在创建资源方面，kubectl 命令行仅支持部分常见资源及有限的参数设置，适用于简单、快速的部署场景。

（3）定义资源文件：通过定义 YAML 格式的资源文件进行应用程序的部署和管理，支持所有资源类型的配置，适用于复杂的部署场景。

这些方式不是相互排斥的，可以根据具体情况和个人偏好进行结合使用。目前，定义资源文件方式应用最为广泛。由于在定义资源文件时涉及的字段较多，初次接触可能会感到一定的难度。其实，定义资源文件也是有一些技巧的，如下所示。

☑ 在官方文档（https://kubernetes.io/zh-cn/docs/home/）进行搜索。以资源类型（如 deployment、service）作为关键字，在结果的文章中获取资源配置的示例代码，然后可以参考编写、复制或修改。

☑ 使用"kubectl create"命令结合"--dry-run=client -o yaml"参数导出相应的资源配置。该命令在没有实际应用的情况下执行模拟操作，并以 YAML 格式输出创建资源的配置，然后可以参考这些配置进行编写、复制或修改。以下是导出 Deployment 和 Service 资源配置的示例：

```
kubectl create deployment web --image=nginx --replicas=3 --dry-run=client
```

```
-o yaml > deployment-template.yaml
   kubectl create service nodeport web --tcp=80:80  --dry-run=client -o yaml >
service-template.yaml
```

关于"--dry-run"参数，有以下 3 个取值。

（1）none：默认值，等同于不使用"--dry-run"，kubectl 将正常执行。

（2）client：kubectl 在本地客户端验证请求并返回验证结果，不在集群中实际执行。

（3）server：kubectl 将请求发送到 API Server，由 API Server 验证请求并返回验证结果，不在集群中实际执行。

在定义资源文件时，如果不了解某些字段的作用，你可以使用"kubectl explain"命令来获取资源的文档。例如查看 Deployment 资源的文档，示例如下：

```
# 查看顶级字段说明
kubectl explain deployment
# 查看资源规格下的字段说明
kubectl explain deployment.spec
# 查看 Pod 规格下的字段说明
kubectl explain deployment.spec.template.spec
# 查看 Pod 容器配置下的字段说明
kubectl explain deployment.spec.template.spec.containers
```

2.3　kubectl 管理工具

kubectl 是 Kubernetes 集群管理的命令行工具，用于与集群进行交互和执行各种操作，如查看、创建、更新和删除资源。默认情况下，kubectl 从配置文件（$HOME/.kube/config）和环境变量"KUBECONFIG"中读取与集群的连接信息。你还可以使用"--kubeconfig"参数明确指定配置文件的路径。

通常情况下，kubectl 用于 Master 节点。你如果希望在其他节点或集群外的主机上使用 kubectl 进行集群管理，只需将配置文件（$HOME/.kube/config）和 kubectl 二进制文件（/usr/bin/kubectl）复制到目标主机的相应目录中即可。

2.3.1　kubectl 子命令概要

1．kubectl 子命令用法

kubectl 命令格式如下：

```
kubectl [command] [TYPE] [NAME] [flags]
```

- command：指定对一个或多个资源执行的操作，如 get、create、delete。
- TYPE：指定资源类型，如 pod、deployment、service，不区分大小写；可以指定单数、复数或缩写形式。例如，以下命令会输出相同的结果：

```
kubectl get pods test-pod
kubectl get pod test-pod
kubectl get po test-pod
```

你可以通过"kubectl api-resources"命令（第三列）获取所有资源类型及其缩写别名。
- NAME：指定资源名称，名称区分大小写。如果省略名称，则显示所有资源。
- flags：指定可选的参数。你可以通过"kubectl options"命令查看更多参数。

kubectl 提供了丰富的管理命令，你可以通过"kubectl --help"命令查看这些命令。kubectl 所有子命令的概要如表 2-3 所示。

表 2-3 kubectl 所有子命令的概要

类型	命令	语法	描述
基础命令	create	kubectl create -f FILENAME [flags]	通过文件或标准输入创建一个或多个资源
	expose	kubectl expose (-f FILENAME | TYPE NAME | TYPE/NAME) [--port=port] [--protocol=TCP|UDP] [--target-port=number-or-name] [--name=name] [--external-ip=external-ip-of-service] [--type=type] [flags]	将现有的资源（如 Pod、Deployment 等）公开为新的 Service
	run	kubectl run NAME --image=image [--env="key=value"] [--port=port] [--dry-run=server | client | none] [--overrides=inline-json] [flags]	创建一个 Pod 并运行特定的镜像
	set	kubectl set SUBCOMMAND [options]	配置现有应用程序的资源
	explain	kubectl explain [--recursive=false] [flags]	获取资源的文档，如 Pod、Deployment、Service 等
	get	kubectl get (-f FILENAME | TYPE [NAME | /NAME | -l label]) [--watch] [--sort-by=FIELD] [[-o | --output]=OUTPUT_FORMAT] [flags]	列出一个或多个资源
	edit	kubectl edit (-f FILENAME | TYPE NAME | TYPE/NAME) [flags]	编辑一个资源，通过系统编辑器打开资源的配置
	delete	kubectl delete (-f FILENAME | TYPE [NAME | /NAME | -l label | --all]) [flags]	根据提供的条件（如文件、标准输入、资源标签等）删除资源
部署命令	rollout	kubectl rollout SUBCOMMAND [options]	管理 Deployment、DaemonSet 和 StatefulSet 资源的发布，如状态、发布记录、回滚等

续表

类型	命令	语法	描述
部署命令	scale	kubectl scale (-f FILENAME | TYPE NAME | TYPE/NAME) --replicas=COUNT [--resource-version=version] [--current-replicas=count] [flags]	设置 Deployment、StatefulSet 等资源的 Pod 副本数
	autoscale	kubectl autoscale (-f FILENAME | TYPE NAME | TYPE/NAME) [--min=MINPODS] -- max=MAXPODS [--cpu-percent=CPU] [flags]	创建一个自动缩放器（HPA 资源），该缩放器根据指定的指标自动调整 Pod 的副本数
集群管理命令	certificate	kubectl certificate SUBCOMMAND [options]	修改证书资源
	cluster-info	kubectl cluster-info [flags]	显示集群信息
	top	kubectl top [flags] [options]	显示资源（CPU、内存）的使用情况，该功能依赖于 metrics-server 服务
	cordon	kubectl cordon NODE [options]	标记节点不可调度
	uncordon	kubectl uncordon NODE [options]	标记节点可调度
	drain	kubectl drain NODE [options]	驱逐节点上 Pod 并设置不可调度，为节点维护做准备
	taint	kubectl taint NODE NAME KEY_1=VAL_1: TAINT_EFFECT_1 ... KEY_N=VAL_N:TAINT_ EFFECT_N [options]	更新一个或多个节点上的污点
故障诊断和调试命令	describe	kubectl describe (-f FILENAME | TYPE [NAME_ PREFIX | /NAME | -l label]) [flags]	显示一个或多个资源的详细信息
	logs	kubectl logs POD [-c CONTAINER] [--follow] [flags]	输出 Pod 中容器的日志
	attach	kubectl attach POD -c CONTAINER [-i] [-t] [flags]	连接到运行中的容器
	exec	kubectl exec POD [-c CONTAINER] [-i] [-t] [flags] [-- COMMAND [args...]]	在容器中执行命令。常用于进入容器终端
	port-forward	kubectl port-forward POD [LOCAL_PORT:] REMOTE_PORT [...[LOCAL_PORT_N:] REMOTE_ PORT_N] [flags]	将本地端口转发到指定的 Pod 端口
	proxy	kubectl proxy [--port=PORT] [--www=static-dir] [--www-prefix=prefix] [--api-prefix=prefix] [flags]	创建一个 HTTP 代理，通过该代理可以访问 Kubernetes API
	cp	kubectl cp <file-spec-src> <file-spec-dest> [options]	从容器中复制文件或目录，或者将文件或目录复制到容器中
	auth	kubectl auth [flags] [options]	检查授权

续表

类型	命令	语法	描述
故障诊断和调试命令	debug	kubectl debug (POD | TYPE[[.VERSION].GROUP]/NAME) [-- COMMAND [args...]] [options]	启动一个与现有 Pod 共享命名空间的临时 Pod，以便进行调试和诊断
	events	kubectl events	列出事件
高级命令	diff	kubectl diff -f FILENAME [flags]	比较两个资源（在用资源配置与资源文件）之间的差异
	apply	kubectl apply -f FILENAME [flags]	通过文件或标准输入创建或更新资源
	patch	kubectl patch (-f FILENAME | TYPE NAME | TYPE/NAME) --patch PATCH [flags]	更新资源的字段
	replace	kubectl replace -f FILENAME	通过文件或标准输入替换资源
	wait	kubectl wait ([-f FILENAME] | resource.group/resource.name | resource.group [(-l label | --all)]) [--for=delete|--for condition=available] [options]	实验性：等待资源到达指定的条件。可用于确保在执行后续操作之前，某些资源已经达到了期望的状态
	kustomize	kubectl kustomize [flags] [options]`	将 Kustomization 目录中的配置转换为 Kubernetes YAML 格式的资源配置
设置命令	label	kubectl label (-f FILENAME | TYPE NAME | TYPE/NAME) KEY_1=VAL_1 ... KEY_N=VAL_N [--overwrite] [--all] [--resource-version=version] [flags]	更新资源上的标签
	annotate	kubectl annotate (-f FILENAME | TYPE NAME | TYPE/NAME) KEY_1=VAL_1 ... KEY_N=VAL_N [--overwrite] [--all] [--resource-version=version] [flags]	更新资源上的注释
	completion	kubectl completion SHELL [options]	为指定 Shell 生成自动补全脚本
其他命令	api-resources	kubectl api-resources [flags]	输出支持的 API 资源
	api-versions	kubectl api-versions [flags]	以 "group/version" 的形式输出支持的 API 版本
	config	kubectl config SUBCOMMAND [flags]	修改 kubeconfig 文件
	plugin	kubectl plugin [flags] [options]	提供与插件交互的实用程序
	version	kubectl version [--client] [flags]	查看客户端和 Kubernetes 版本

2. 输出选项

在查看资源对象时,可以使用 "-o" 参数指定输出的格式。支持输出的格式如表 2-4 所示。

表 2-4 支持输出的格式

输 出 格 式	描 述
-o custom-columns=<spec>	自定义列配置输出
-o custom-columns-file=<filename>	从指定文件中读取自定义列配置输出
-o json	以 JSON 格式输出
-o jsonpath=<template>	使用 JSONPath 模板输出
-o jsonpath-file=<filename>	从指定文件中读取 JSONPath 模板输出
-o name	仅输出资源名称
-o wide	输出更多信息
-o yaml	以 YAML 格式输出

以下是关于 "-o" 参数的使用示例:

1)自定义列和标题

例如,仅输出 Pod 名称和状态:

```
kubectl get pod -o custom-columns=NAME:.metadata.name,STATUS:.status.phase
```

2)以 JSON 格式输出特定字段

JSONPath 是一种用于从 JSON 数据中选择或过滤数据的表达式语言。以下是 JSONPath 的使用示例:

```
# 获取第一个 Pod 对象
kubectl get pod -o jsonpath='{.items[0]}'
# 获取第一个 Pod 对象的名称
kubectl get pod -o jsonpath='{.items[0].metadata.name}'
# 获取列出的所有 Pod 对象名称和状态
kubectl get pod -o jsonpath="{.items[*]['metadata.name','status.phase']}"
# 获取列出的所有 Pod 对象名称和启动时间
kubectl get pod -o jsonpath='{range .items[*]}{.metadata.name}{"\t"}{.status.startTime}{"\n"}{end}'
# 获取指定 Service 对象的 NodePort 端口
kubectl get service <名称> -o jsonpath='{.spec.ports[0].nodePort}'
```

3)将资源对象配置为以 YAML 或 JSON 格式输出

例如,将单个 Pod 对象配置为以 YAML 格式输出:

```
kubectl get pod <Pod 名称> -o yaml
```

将单个 Pod 对象配置为以 JSON 格式输出：

```
kubectl get pod <Pod 名称> -o json
```

4）输出详细信息

例如，查看 Pod 对象更多信息：

```
kubectl get pod -o wide
```

3．输出排序

在查看资源对象时，可以使用 "--sort-by" 参数来指定用于排序的字段。

例如，根据 Pod 名称进行排序输出：

```
kubectl get pods --sort-by=.metadata.name
```

2.3.2　kubectl 工具常用操作

以下是一些常用的 kubectl 操作示例。

1．创建资源

```
# 通过资源文件创建资源
kubectl create -f <资源文件>
# 通过资源文件创建或更新资源
kubectl apply -f <资源文件>
# 通过指定目录下以 ".yaml、.yml 或.json" 为后缀的文件来创建或更新资源
kubectl apply -f <directory>
# 创建一个 Pod
kubectl run <Pod 名称> --image=<容器镜像地址>
# 创建一个 Deployment
kubectl create deployment <名称> --image=<容器镜像地址> --replicas=<Pod 副本数>
# 为 Deployment 创建 Service
kubectl expose deployment <Deployment 名称> --port=<服务端口> --target-port=<容器端口> --type=<服务类型> --name=<Service 名称>
# 为指定的 Pod 创建 Service
kubectl expose pod <Pod 名称> --port=<服务端口> --target-port=<容器端口> --type=<服务类型> --name=<Service 名称>
# 创建一个 Service
kubectl create service <服务类型> <名称> --tcp=<服务端口>:<容器端口>
```

2．查看资源

```
# 查看当前命名空间中的所有资源对象
kubectl get all
```

```
# 查看所有命名空间中的 Pod 对象
kubectl get pods -A
# 查看当前命名空间中的 Pod 对象列表
kubectl get pods
# 查看指定命名空间中的 Pod 对象列表
kubectl get pods -n kube-system
# 查看多个资源类型的对象列表
kubectl get pods,services
# 查看指定 Pod 对象的详情信息
kubectl describe pod <Pod 名称>
# 查看指定 Deployment 对象的详情信息
kubectl describe deployment <名称>
# 查看指定 Service 对象的详情信息
kubectl describe service <名称>
# 查看资源对象标签
kubectl get <资源类型> --show-labels
# 根据标签过滤资源对象
kubectl get <资源类型> -l <标签键>=<标签值>
```

3. 修改资源

```
# 更新 Deployment 的镜像地址
kubectl set image deployment <名称> <容器名称>=<镜像地址>
# 扩展或减少 Deployment 的副本数
kubectl scale deployment <名称> --replicas=<Pod 副本数>
# 添加或修改 Service 标签选择器,多个标签之间用逗号分隔
kubectl set selector service <名称> <标签键>=<标签值>
# 添加或修改资源的标签
kubectl label <资源类型> <资源名称> <标签键>=<标签值>
```

4. 删除资源

```
# 通过资源文件删除资源
kubectl delete -f <资源文件>
# 删除 Deployment 对象,多个名称之间用空格分隔
kubectl delete deployment <名称>
# 删除 Service 对象
kubectl delete service <名称>
# 删除 Deployment 和 Service 对象
kubectl delete deployment/<名称> service/<名称>
# 删除 Pod 对象
kubectl delete pod <名称>
# 删除当前命名空间中的所有 Pod 对象
kubectl delete pod --all
# 删除当前命名空间中的所有 Deployment 对象
kubectl delete deployment --all
```

2.4 本章小结

本章主要讲解了 Kubernetes 集群的部署和管理，其中包括在集群中应用程序的部署、暴露和访问，以及 kubectl 工具的基本用法和常用操作命令。具体如下：

- ☑ 使用 kubeadm 工具快速部署 Kubernetes 集群，并使用 Docker 作为容器运行时。除了基础组件，还需要安装 CoreDNS、Calico 以及可选的 Dashboard 组件。
- ☑ 可以通过多种方式来部署应用程序，包括 Dashboard、kubectl 以及定义资源文件。
- ☑ kubectl 是管理集群的主要工具，读者需要熟练掌握它。

第 3 章
Pod 资源对象

Kubernetes 提供的一系列资源和功能都是以 Pod 为中心展开的，旨在高效地管理和编排这些 Pod。

Pod 是 Kubernetes 中最小的调度单元，一个 Pod 可以包含一个或多个容器，这些容器运行在同一节点上，从而可以共享网络、存储以及其他资源。这种设计使得 Pod 能够满足复杂的应用程序部署需求。

3.1 Pod 存在的意义

Pod 概念源自谷歌内部 Borg 集群管理系统。Borg 在设计中发现，一些应用程序之间存在密切的协作关系，这将它们部署在同一台主机上。例如，某个服务由两个程序组成，这两个程序通过 UNIX 套接字文件进行通信。如果将它们部署在不同主机上，那么将无法访问 UNIX 套接字文件，从而导致无法正常工作。如果将这两个程序容器化部署，并且每个程序都运行各自的容器，那么在集群中会面临同样的问题。Pod 的引入巧妙地解决了这一难题，通过在 Pod 中定义这两个容器，它们始终会运行在同一节点上，在节点级别可以轻松实现各种文件的共享。

这类容器之间的关系可以被称为"密切协作关系"，具有以下特征：
- ☑ 容器之间需要进行文件交互，如数据文件、UNIX 套接字文件等。
- ☑ 容器之间需要进行网络通信，如使用本地回环地址（127.0.0.1）访问对方。
- ☑ 容器之间访问频繁，期望提高访问性能。

这并不意味着所有具备这种"关系"的容器都必须被定义在同一个 Pod 中。例如，一个网站由 Web 服务和数据库服务组成，尽管 Web 服务经常调用数据库服务进行读写数据，但并非必须被部署在同一节点上，更适合分别运行在两个独立的 Pod 中。

3.2　Pod 实现原理

Pod 是一个逻辑概念，不是一个隔离的环境。引入 Pod 目的是满足容器之间"密切协作关系"所需的环境，尤其是网络通信和文件共享的需求。

3.2.1　容器之间网络通信

假设有一个 Nginx 应用程序，启用了"http_stub_status_module"模块，以提供关于 Nginx 运行状态的统计信息。同时，获取这些统计信息的访问路径被配置为"/nginx_status"，内容如下：

```
location /nginx_status {
    stub_status on;        # 启用 Nginx 性能指标收集和展示
    access_log off;        # 关闭日志记录
    allow 127.0.0.1;       # 只允许本地访问
    deny all;              # 禁止其他 IP 访问
}
```

为了能够定期将"/nginx_status"路径提供的统计信息存储到数据库中，开发了一个"指标采集程序"来完成这项任务，如图 3-1 所示。

这两个应用程序之间存在"密切协作关系"，因此它们被定义在同一个 Pod 中，如图 3-2 所示。

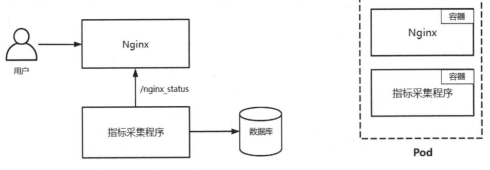

图 3-1　Nginx 指标采集流程　　　　图 3-2　Pod 中定义的多个容器

在这种环境下，我们会想到一个问题：指标采集程序是否可以访问"http://127.0.0.1/nginx_status"？

你的答案可能是否定的，因为这两个容器的网络命名空间是隔离的。

不过，这在 Pod 中是可以的。这是因为 Kubernetes 将这两个容器共享了网络命名空间，使其在一个网络协议栈中。具体来说，当创建一个 Pod 时，Kubernetes 首先会创建一个"Pause 容器"，这是一个特殊的容器，在创建后即刻进入"暂停"状态，仅用于创建一个容器环境。接着，我们定义的容器会被创建并加入"Pause 容器"的网络命名空间中，如图 3-3 所示。

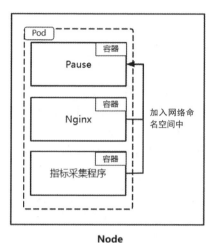

图 3-3　Pod 中容器之间的共享网络

这样，Pod 中所有的容器都处于同一个网络命名空间中，应用程序就像被部署在同一台主机上，可以通过本地回环地址（127.0.0.1）访问彼此。

接下来，运行一个 Pod 来验证这个结论。创建一个名为"pod-network.yaml"的文件，内容如下：

```
apiVersion: v1              # API 版本
kind: Pod                   # 资源类型
metadata:                   # 资源元数据
  labels:                   # Pod 标签
    app: pod-network
  name: pod-network         # Pod 名称
  namespace: default        # 指定命名空间
spec:
  containers:               # Pod 中的容器列表
  # 第一个容器（应用容器）
  - image: nginx:1.23       # 容器镜像地址
    name: web               # 容器名称
  # 第二个容器（指标采集容器）
  - image: centos:7
```

```
    name: collect
    command: ["/bin/bash", "-c", "while true; do sleep 1; done"]# 容器执
行的命令
```

创建 Pod 资源：

```
[root@k8s-master ~]# kubectl apply -f pod-network.yaml
```

查看 Pod 对象：

```
[root@k8s-master ~]# kubectl get pods -l app=pod-network
NAME              READY    STATUS     RESTARTS    AGE
pod-network       2/2      Running    0           43s
```

在上述结果中，第二列 "READY" 值为 "2/2"，其中左侧的 2 表示目前正在运行的容器数量，右侧的 2 表示定义的容器数量，当两个数值相等时则表示 Pod 内所有容器均正常运行。这里仅显示我们定义的两个容器，而不会显示 "Pause 容器"，这是因为它是由 Kubernetes 内部管理的，对用户不可见。不过，可以在 Pod 所在节点上看到它，查看 Pod 所在节点：

```
[root@k8s-master ~]# kubectl get pods pod-network -o wide
 NAME             READY   STATUS    RESTARTS   AGE    IP                 NODE
NOMINATED NODE    READINESS GATES
pod-network       2/2     Running   0          70m    10.244.169.138     k8s-node2    <none>
    <none>
```

该 Pod 被分配到 "k8s-node2" 节点上。进入该节点中并执行 docker 命令查看容器：

```
 [root@k8s-node2 ~]# docker ps |grep pod-network
d0f0fa264e9f    busybox                                            "/bin/sh -c 'while
t…"    About an hour ago    Up About an hour           k8s_test_pod-
network_default_2ccb3b78-cb89-4205-a61d-022cf25a3206_0
   8caf00f3e501    nginx                                           "/docker-
entrypoint.…"   About an hour ago    Up About an hour          k8s_web_pod-
network_default_2ccb3b78-cb89-4205-a61d-022cf25a3206_0
   fef50739333f    registry.aliyuncs.com/google_containers/pause:3.9 /pause"
About       an       hour      ago             Up       About       an      hour
k8s_POD_pod-network_default_2ccb3b78-cb89-4205-a61d-022cf25a3206_0
```

最后一个则是 "Pause 容器"，它由 "registry.aliyuncs.com/google_containers/pause:3.9" 镜像创建。

进入 "web" 容器中，执行 curl 命令测试访问，你将看到统计信息：

```
[root@k8s-master ~]# kubectl exec -it pod-network -c web -- bash
root@pod-network:/# curl http://127.0.0.1/nginx_status
Active connections: 1
```

```
server accepts handled requests
 3 3 3
Reading: 0 Writing: 1 Waiting: 0
```

同样，在 "collect" 容器中也可以访问 "http://127.0.0.1/nginx_status"：

```
[root@k8s-master ~]# kubectl exec -it pod-network -c collect -- bash
root@pod-network:/# curl http://127.0.0.1/nginx_status
Active connections: 1
server accepts handled requests
 3 3 3
Reading: 0 Writing: 1 Waiting: 0
```

这说明 "web" 和 "collect" 容器在同一个网络协议栈中共享 "Pause 容器" 的网络。

3.2.2　容器之间文件共享

假设有一个 Nginx 应用程序和一个用于采集 Nginx 访问日志的日志采集程序。这两个应用程序之间存在 "密切协作关系"，因此将它们定义在同一个 Pod 中，如图 3-4 所示。

在这种环境下，我们会想到一个问题：日志采集程序是否可以读取到 Nginx 的访问日志文件呢？

你的答案可能是否定的，因为这两个容器的文件系统是隔离的。

不过，在 Pod 中，我们可以通过配置 "Volume"（卷）轻松实现数据的共享。具体来说，当创建一个 Pod 时，Kubernetes 首先在 Pod 所在节点的文件系统上创建一个空目录，然后将该目录挂载到容器的日志目录中，如图 3-5 所示。

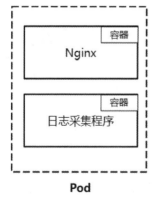
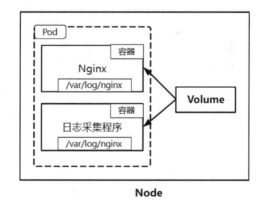

图 3-4　Pod 中定义的多个容器　　　图 3-5　Pod 中容器之间的数据共享

通过这种方式，在 Nginx 容器的 "/var/log/nginx" 目录写入文件后，日志采集程序容器的 "/var/log/nginx" 目录中也可以访问和使用该文件。

接下来,运行一个 Pod 来验证这个结论。创建一个名为"pod-volume.yaml"的文件,内容如下:

```yaml
apiVersion: v1
kind: Pod
metadata:
  labels:
    app: pod-volume
  name: pod-volume
  namespace: default
spec:
  containers:
  # 第一个容器（应用容器）
  - image: nginx:1.23
    name: web
    volumeMounts:                             # 卷挂载
    - name: log                               # 挂载的卷名称
      mountPath: /var/log/nginx               # 将卷挂载到容器的路径中
  # 第二个容器（日志采集容器）
  - image: centos:7
    name: collect
    command: ["/bin/bash", "-c", "while true; do sleep 1; done"]
    volumeMounts:                             # 卷挂载
    - name: log                               # 挂载的卷名称
      mountPath: /var/log/nginx               # 将卷挂载到容器的路径中
  volumes:                                    # 定义卷
  - name: log                                 # 卷名称
    emptyDir: {}                              # 卷类型
```

创建 Pod 资源:

```
[root@k8s-master ~]# kubectl apply -f pod-volume.yaml
```

查看 Pod 对象:

```
[root@k8s-master ~]# kubectl get pods -l app=pod-volume
NAME                 READY   STATUS    RESTARTS   AGE
pod-volume           2/2     Running   0          43s
```

进入"web"容器中,在挂载目录下创建一个文件:

```
[root@k8s-master ~]# kubectl exec -it pod-volume -c web -- bash
[root@pod-volume /]# cd /var/log/nginx/
[root@pod-volume /]# touch file.log
```

同样,你也可以在"collect"容器的挂载目录下看到创建的文件:

```
[root@k8s-master ~]# kubectl exec -it pod-volume -c collect -- bash
[root@pod-volume /]# ls /var/log/nginx/
access.log  error.log  file.log
```

这说明"web"和"collect"容器共享"/var/log/nginx"日志目录。

小结：通过创建一个"Pause 容器"并将应用容器加入该容器的网络命名空间中，实现了网络共享。通过将"Volume"挂载到应用容器的数据目录中，实现了数据共享。实现这两种共享机制的前提是必须确保 Pod 中的所有容器都运行在同一节点上，这也说明了为什么 Pod 是最小调度单元。

3.3　Pod 资源常见字段及值类型

Pod 资源包含许多配置字段，以提供更多的功能。以下是一些常见的配置字段和作用：

```
apiVersion: v1                          # API 版本
kind: Pod                               # 资源类型
metadata: <Object>                      # 资源元数据
  labels:                               # Pod 标签
    key: value
  name: <string>                        # Pod 名称
  namespace: <string>                   # 指定命名空间
spec:
  containers: <[]Object>                # Pod 中的容器列表
  - image: <string>                     # 镜像地址
    imagePullPolicy: <string>           # 镜像下载策略
    name: <string>                      # 容器名称
    args: <[]string>                    # entrypoint 参数
    command: <[]string>                 # 执行命令
    ports: <[]Object>                   # 容器公开的端口
    env: <[]Object>                     # 环境变量
    resources: <Object>                 # 容器所需的计算资源
    livenessProbe: <Object>             # 存活探针
    readinessProbe: <Object>            # 就绪探针
    startupProbe: <Object>              # 启动探针
    volumeMounts: <[]Object>            # 卷挂载
    securityContext: <Object>           # 安全上下文
    lifecycle: <Object>                 # 容器生命周期回调
  volumes: <[]Object>                   # 卷来源
```

其中字段类型（见表 3-1）表示不同的数据结构。

表 3-1　字段类型

字段类型	描述	示例
<string>	表示一个字符串	name: my-pod
<[]string>	表示一个字符串的数组	command: ["/bin/sh", "-c", "while true; do sleep 1; done"]
<Object>	表示一个对象	metadata: 　labels: 　　project: ec 　　app: nginx
<[]Object>	表示一个对象的数组，即每个元素都是对象	containers: - image: nginx:1.23 　name: web - image: centos:7 　name: test

3.4　Pod 管理常用命令

以下是一些常用的 Pod 管理命令：

```
# 创建一个 Pod
kubectl run <Pod 名称> --image=<容器镜像地址>
# 查看当前命名空间中的 Pod 对象
kubectl get pods
# 查看指定命名空间中的 Pod 对象
kubectl get pods -n <命名空间>
# 查看所有命名空间中的 Pod 对象
kubectl get all -A
# 查看 Pod 日志，默认来自第一个容器
kubectl logs <Pod 名称>
# 查看 Pod 中指定容器的日志
kubectl logs <Pod 名称> -c <容器名称>
# 在 Pod 容器中执行命令，默认为第一个容器
kubectl exec -it <Pod 名称> -- date
# 在 Pod 指定的容器中执行命令
kubectl exec -it <Pod 名称> -c <容器名称> -- date
# 在 Pod 中启动一个交互式 Bash 终端，默认为第一个容器
kubectl exec -it <Pod 名称> -- bash
# 在 Pod 指定的容器中启动一个交互式 Bash 终端
kubectl exec -it <Pod 名称> -c <容器名称> -- bash
# 删除 Pod 对象
kubectl delete pod <名称>
```

```
# 删除当前命名空间中的所有 Pod 对象
kubectl delete pod --all
```

3.5 容器运行命令与参数

在 Pod 配置中，"command"和"args"字段用于定义容器的命令和参数。

3.5.1 command

"command"字段用于定义容器启动时要执行的命令，并覆盖镜像中默认的启动命令。它的值是一个字符串列表类型，其中第一个元素视为命令名称，后续元素视为命令的参数。

"command"配置示例如下：

```
[root@k8s-master ~]# vi pod-example1.yaml
apiVersion: v1
kind: Pod
metadata:
  labels:
    app: pod-example1
  name: pod-example1
spec:
  containers:
  - image: centos:7
    name: test
    command: ["echo", "Hello, World!"]
```

在上述配置中，容器启动时执行"echo Hello, World!"命令。

创建 Pod 资源：

```
[root@k8s-master ~]# kubectl apply -f pod-example1.yaml
```

查看 Pod 日志，将看到输出的"Hello, World!"，如下所示：

```
[root@k8s-master ~]# kubectl logs pod-example1
Hello, World!
```

当再次查看 Pod 对象时，你会发现 Pod 不断地重新启动，如下所示：

```
[root@k8s-master ~]# kubectl get pods -l app=pod-example1
NAME           READY   STATUS             RESTARTS        AGE
pod-example1   0/1     CrashLoopBackOff   4 (69s ago)     2m39s
```

第 4 列"RESTARTS"记录了重启次数。这是正常现象，因为"centos:7"镜像是一个系统镜像，默认情况下，前台没有运行的进程，容器在启动后则会退出。因此，应用程序通常被放在前台启动，或者执行一个无限循环 Shell 语句，以保持运行而不退出，例如执行一个无限循环：

```
command: ["/bin/sh", "-c", "while true; do sleep 1; done"]
```

其中，"/bin/sh" 是 Shell 解释器的可执行文件，"-c" 是一个选项，用于指定要执行的命令，"while true; do sleep 1; done" 是执行的具体命令。

3.5.2 args

"args" 字段用于指定容器启动时的命令参数。它的值是一个字符串列表类型，每个元素被视为 "command" 的一个参数。

"args" 配置示例如下：

```
[root@k8s-master ~]# vi pod-example2.yaml
apiVersion: v1
kind: Pod
metadata:
  labels:
    app: pod-example2
  name: pod-example2
spec:
  containers:
  - image: centos:7
    name: test
    command: ["echo"]
    args: ["Hello", "World!"]
```

在上述配置中，容器启动时执行 "echo" 命令，而该命令后跟的参数是通过 "args" 字段传递的，最终输出为 "Hello, World!"。

创建 Pod 并查看 Pod 日志：

```
[root@k8s-master ~]# kubectl apply -f pod-example2.yaml
[root@k8s-master ~]# kubectl logs pod-example2
Hello, World!
```

3.6 镜像拉取策略

在 Pod 配置中，"imagePullPolicy" 字段用于设置镜像拉取策略，有以下可选项。

☑ Always：默认值，始终从镜像仓库拉取最新的镜像。

- ☑ IfNotPresent：优先使用节点上的镜像。如果节点上的镜像不存在，则从镜像仓库拉取。
- ☑ Never：仅使用节点上的镜像。如果节点上的镜像不存在，则 Pod 将处于错误状态。

"imagePullPolicy"配置示例如下：

```
apiVersion: v1
kind: Pod
metadata:
  labels:
    app: nginx-pod
  name: nginx-pod
spec:
  containers:
    - name: web
      image: nginx:1.23
      imagePullPolicy: IfNotPresent
```

在上述配置中，"imagePullPolicy"字段的值为"IfNotPresent"，这表示创建 Pod 时优先使用节点上的"nginx:1.23"镜像。

3.7 声明端口

在 Pod 配置中，"ports"字段用于定义容器公开的端口列表。该字段的值是一个对象列表类型，其中每个元素（对象）对应一个端口规则，每个端口规则由以下字段组成。
- ☑ name：端口名称。仅定义一个端口时，该字段可选。
- ☑ containerPort：容器端口，即容器内应用程序监听的端口。
- ☑ protocol：端口使用的协议，支持 TCP、UDP 和 SCTP，默认为 TCP。

"ports"配置示例如下：

```
apiVersion: v1
kind: Pod
metadata:
  labels:
    app: nginx-pod
  name: nginx-pod
spec:
  containers:
  - name: web
    image: nginx:1.23
    ports:
      - containerPort: 80
```

在上述配置中,"ports"字段定义了一个端口规则,指定容器内应用程序使用 80 端口。

3.8 容器健康检查

当 Pod 状态显示为"Running"时,这表明 Pod 中所有容器都已经运行,但这并不意味着 Pod 中的应用程序已经准备好提供服务。实际上,"Running"状态仅仅表示容器的启动状态,与应用程序是否准备好提供服务无直接关系。可能由于以下原因,应用程序不能提供服务。

- ☑ 应用程序启动慢:容器已运行,但容器中的服务还在启动中,这时容器仍然无法提供服务。
- ☑ 应用程序假死:应用程序由于某种原因(如死锁、代码 Bug),无法继续执行后面的工作。

为了解决这类问题,Kubernetes 提供了探针机制。探针被配置为周期性检查容器中应用程序的健康状态。如果应用程序工作异常,则 Kubernetes 将采取相应的措施。容器探针支持以下 3 种类型。

- ☑ livenessProbe(存活探针):检查容器中应用程序是否运行。如果存活探针失败,Kubernetes 将重新启动容器,以尝试恢复应用程序的运行状态。
- ☑ readinessProbe(就绪探针):检查容器中应用程序是否准备好接收流量。如果就绪探针失败,Kubernetes 将 Pod 标记为"未准备就绪",从而防止将新的流量转发到该 Pod。
- ☑ startupProbe(启动探针):检查容器中应用程序是否启动。它仅用于在容器启动阶段确定应用程序是否运行,一旦启动探针成功,它就不会再继续执行。

探针支持三种检查方法:

- ☑ httpGet:向容器中指定路径发送 HTTP 请求来判断健康状态。如果 HTTP 响应的状态码大于或等于 200 且小于 400,则表示成功,其他状态码则表示失败。
- ☑ tcpSocket:向容器中指定端口建立 TCP 连接来判断健康状态。如果 TCP 建立成功,则表示成功,否则表示失败。
- ☑ exec:在容器中执行命令,根据命令的退出状态码来判断健康状态。如果命令的退出状态码为 0,则表示成功,非 0 则表示失败。

3.8.1 存活探针

存活探针用于周期性监控应用程序是否运行。存活探针配置如下:

```
[root@k8s-master ~]# vi pod-liveness.yaml
```

```yaml
apiVersion: v1
kind: Pod
metadata:
  labels:
    app: pod-liveness
  name: pod-liveness
spec:
  containers:
  - name: web
    image: nginx:1.23
    livenessProbe:
      httpGet:
        path: /index.html
        port: 80
      initialDelaySeconds: 10
      periodSeconds: 20
```

在上述配置中，"livenessProbe"部分定义了存活探针，各字段含义如下。

- ☑ httpGet：发送 HTTP 请求来判断健康状态。
  - ➢ path：访问路径，默认是"/"。
  - ➢ port：请求端口。

  此外，还可以指定：
  - ➢ host：请求的 IP 地址，默认是 Pod IP。
  - ➢ scheme：请求协议，支持 HTTP 和 HTTPS，默认是 HTTP。
  - ➢ httpHeaders：自定义 HTTP 头。
- ☑ initialDelaySeconds：容器启动后等待多少秒开始执行探针，这通常根据应用程序的启动时间来设置。
- ☑ periodSeconds：执行探针的时间间隔（单位秒），默认是 10 秒。

综上所述，kubelet 将在容器启动 10 秒后发送第一个探针，该探针向地址"http://<Pod IP>:80/index.html"发送 HTTP 请求。如果响应的 HTTP 状态码不是 200～400，则 kubelet 组件判定探针失败，触发重新启动容器。随后，每间隔 20 秒执行一次存活探针。

创建 Pod 资源：

```
[root@k8s-master ~]# kubectl apply -f pod-liveness.yaml
```

通过"kubectl logs pod-liveness"命令查看 Pod 日志，将看到探针发送的 HTTP 请求日志，如下所示：

```
192.168.1.73 - - [12/Jun/2023:06:06:20 +0000] "GET /index.html HTTP/1.1" 200 615 "-" "kube-probe/1.26" "-"
```

我们尝试模拟应用程序故障，看看会发生什么。

删除容器中的"index.html"文件，使其无法被访问：

```
[root@k8s-master ~]# kubectl exec -it pod-liveness -- rm -f /usr/share/nginx/html/index.html
```

在 Pod 日志中，你将看到访问请求失败的日志，如下所示：

```
192.168.1.72 - - [22/Dec/2023:02:27:26 +0000] "GET /index.html HTTP/1.1" 404 153 "-" "kube-probe/1.28" "-"
```

查看 Pod 事件，你也可以看到探针执行失败并触发重新启动容器：

```
[root@k8s-master ~]# kubectl describe pod pod-liveness
...
  Warning  Unhealthy  23s (x3 over 63s)  kubelet            Liveness probe failed: HTTP probe failed with statuscode: 404
  Normal   Killing    23s                kubelet            Container web failed liveness probe, will be restarted
```

同时，Pod 对象中记录了重新启动的次数：

```
[root@k8s-master ~]# kubectl get pods -l app=pod-liveness
NAME           READY   STATUS    RESTARTS      AGE
pod-liveness   1/1     Running   1 (66s ago)   2m48s
```

如果下一次探针仍然失败，则继续执行相同的操作。

实际上，重新启动容器的过程就是销毁并重新创建当前容器，以将其恢复到初始状态。

3.8.2 就绪探针

就绪探针用于周期性监控应用程序是否准备好接收流量，尤其适用于 Pod 通过 Service 对外暴露的场景。Service 代理 Pod 如图 3-6 所示。

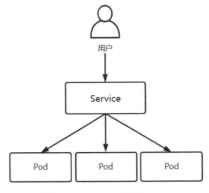

图 3-6 Service 代理 Pod

当用户访问 Service 时，该 Service 会将流量转发到后端 Pod。思考一个问题：Service

在什么情况下才会将流量转发给 Pod？

答案是 Pod 为准备就绪状态时，即当"READY"值两侧相等时。

如果 Pod 准备就绪，但应用程序出现异常，那么用户将访问失败。为了避免这样的问题，可以为容器配置就绪探针，根据"探针结果"来决定 Pod 是否准备就绪，而不是单纯地根据"容器状态"来决定。

就绪探针配置如下：

```
[root@k8s-master ~]# vi pod-readiness.yaml
apiVersion: v1
kind: Pod
metadata:
  labels:
    app: pod-readiness
  name: pod-readiness
spec:
  containers:
  - name: web
    image: nginx:1.23
    readinessProbe:
      httpGet:
        path: /index.html
        port: 80
      initialDelaySeconds: 10
      periodSeconds: 20
```

在上述配置中，"readinessProbe"部分定义了就绪探针。kubelet 组件将在容器启动 10 s 后发送第一个探针，该探针向地址"http://<Pod IP>:80/index.html"发送 HTTP 请求。如果响应的 HTTP 状态码不是 200~400，则 kubelet 组件判定探针失败，并将该 Pod 标记为"未准备就绪"，这样 Service 就会自动从后端移除该 Pod，而无须为其转发流量。随后，每间隔 20 s 执行一次就绪探针。

创建 Pod 资源：

```
[root@k8s-master ~]# kubectl apply -f pod-readiness.yaml
```

为该 Pod 创建一个 Service：

```
[root@k8s-master ~]# kubectl expose pod pod-readiness --port=80 --target-port=80
```

查看 Service IP 地址：

```
[root@k8s-master ~]# kubectl get service
NAME         TYPE        CLUSTER-IP    EXTERNAL-IP   PORT(S)   AGE
kubernetes   ClusterIP   10.96.0.1     <none>        443/TCP   8d
```

```
pod-readiness    ClusterIP    10.110.172.152    <none>    80/TCP    1m
```

集群中任意节点都可以通过 IP 地址"10.110.172.152"访问后端 Pod。

查看 Endpoints 对象，确认 Service 后端关联的 Pod：

```
[root@k8s-master ~]# kubectl get endpoints
NAME              ENDPOINTS              AGE
kubernetes        192.168.1.71:6443      8d
pod-readiness     10.244.36.69:80        47s
```

Endpoints 对象由 Kubernetes 自动创建，负责动态收集和管理与 Service 相关联的 Pod IP 和端口，以确保后端 Pod 的信息始终保持最新。

我们尝试模拟应用程序故障，删除"index.html"文件：

```
[root@k8s-master ~]# kubectl exec -it pod-readiness -- rm -f /usr/share/nginx/html/index.html
```

随后，kubelet 组件执行探针失败，该 Pod 被标记为"未准备就绪"。同时，Endpoints 对象将移除该 Pod。再次查看 Endpoints 对象，你可以看到"ENDPOINTS"列的值为空：

```
[root@k8s-master ~]# kubectl get endpoints
NAME              ENDPOINTS              AGE
kubernetes        192.168.1.71:6443      8d
pod-readiness                            117s
```

此时，Service 将停止为该 Pod 转发流量。一旦探针成功，Endpoints 对象就会自动添加该 Pod，Service 将重新开始为该 Pod 转发流量。

3.8.3 启动探针

启动探针是在 Kubernetes 1.18 版本中引入的，用于在容器启动时检查应用程序是否启动。与就绪探针和存活探针不同，启动探针是在"容器启动时"进行的，而不是在"容器运行时"进行的。

以下是启动探针的使用场景。

- ☑ 避免不必要的重启：由于某种原因（如节点负载高）导致应用程序启动较慢，使得"initialDelaySeconds"字段的值小于应用程序启动时间，那么初次存活探针必然是失败的。这种情况如果持续存在，则将导致 Pod 频繁的重启。通过配置启动探针，你可以延迟开始执行存活探针的时间，等待启动探针成功后，再由存活探针继续监控。
- ☑ 依赖其他服务的应用：如果应用程序依赖于其他服务（如数据库、消息队列），则需要等待这些服务准备就绪后才能启动应用程序。通过配置启动探针，你可以检查依赖服务是否准备就绪。

启动探针配置示例如下：

```
apiVersion: v1
kind: Pod
metadata:
  labels:
    app: pod-startup
  name: pod-startup
spec:
  containers:
  - name: web
    image: nginx:1.23
    startupProbe:
      httpGet:
        path: /index.html
        port: 80
      failureThreshold: 30
      periodSeconds: 10
```

在上述配置中，"startupProbe"部分定义了启动探针，它通过发送 HTTP 请求来判定应用程序是否启动。其中，"failureThreshold"字段用于设置探针失败的次数，"periodSeconds"字段用于设置探针执行的间隔时间。这两个字段表示应用程序将有 5 min（30×10 = 300 s）的时间来完成启动过程。如果在这段时间内探针成功，则启动探针将不再继续执行，存活探针将接管以进行持续监控；否则，容器会被重新启动。

3.8.4　tcpSocket 和 exec 检查方法

使用"httpGet"检查方法能准确地获取应用程序的健康状态，但该方法并不适用于所有应用程序，如 MySQL、DNS、SSH 等。因此，这类的应用程序则需要使用 tcpSocket 和 exec 检查方法。

1. tcpSocket 检查方法

配置示例如下：

```
apiVersion: v1
kind: Pod
metadata:
  labels:
    app: pod-liveness-tcp
  name: pod-liveness-tcp
spec:
```

```
    containers:
    - name: db
      image: mysql:5.7
      env:
      - name: MYSQL_ROOT_PASSWORD    # 设置MYSQL ROOT用户密码
        value: "123456"
      livenessProbe:
        tcpSocket:
          port: 3306
        initialDelaySeconds: 20
        periodSeconds: 20
```

在上述配置中，定义了一个 MySQL Pod，并配置了存活探针。该探针通过尝试连接 MySQL 的 3306 端口来判断健康状态。

需要了解的是，MySQL 自带一个 "mysqladmin ping" 命令，专用于检查 MySQL 的健康状态。在这种情况下，使用应用程序自带的方法相比 tcpSocket 更为准确。

2. exec 检查方法

配置示例如下：

```
apiVersion: v1
kind: Pod
metadata:
  labels:
    app: pod-liveness-exec
  name: pod-liveness-exec
spec:
  containers:
  - name: db
    image: mysql:5.7
    env:
    - name: MYSQL_ROOT_PASSWORD
      value: "123456"
    livenessProbe:
      exec:
        command:
        - /bin/sh
        - -c
        - "mysqladmin ping -u root -p${MYSQL_ROOT_PASSWORD}"
      initialDelaySeconds: 20
      periodSeconds: 20
```

在上述配置中，容器启动 20 s 后执行 "mysqladmin ping -u root -p123456" 命令。命令如果执行成功，则将输出 "mysqld is alive"，并且该命令的退出状态码为 0，以表示探针成功。命令如果执行失败，则将提示"连接本地 MySQL 服务失败"的错误，并且该命令的退出状态码为非 0，以表示探针失败。

3.9 容器资源配额

3.9.1 资源请求与资源限制

默认情况下，容器可以无限制地使用节点上所有的可用资源（如 CPU、内存）。

假设在一个节点上运行多个 Pod，其中一个 Pod 的访问量突然增加，该 Pod 将不断请求节点资源。最终，该 Pod 可能占用大量资源，导致其他 Pod 缺乏足够的资源可用，从而引发访问速度非常慢，甚至无法正常提供服务的问题。

为了避免出现这类问题，可以对 Pod 中的容器进行资源限制，确保它们不会超出指定的资源配额。资源限制相关配置字段如下：

- resources.limits.cpu：限制容器的 CPU 使用量。你可以指定以 CPU 核心（例如，0.5 表示半个核心，1 表示一个核心）或以 millicores（例如，500 m 表示半个核心，1000 m 表示一个核心）为单位的 CPU 限制。
- resources.limits.memory：限制容器的内存使用量。你可以指定以 Ki、Mi、Gi 等为单位的内存限制。
- resources.limits.hugepages-<size>：用于限制容器的 HugePages 使用量。你可以指定限制的 HugePages 大小（如 2 Mi、1 Gi 等）。

此外，还可以为容器配置资源请求，用于指定容器所需的最小资源量，以确保这个 Pod 被调度到能够满足其最小资源需求的节点上。资源请求相关配置字段如下：

- resources.requests.cpu：指定容器所需的最小 CPU 资源。
- resources.requests.memory：指定容器所需的最小内存资源。
- resources.requests.hugepages-<size>：指定容器所需的最小 HugePages 资源。

资源请求和资源限制配置如下：

```
[root@k8s-master ~]# vi pod-nginx.yaml
apiVersion: v1
kind: Pod
metadata:
  name: pod-nginx
  labels:
    app: nginx
spec:
  containers:
```

```yaml
- name: web
  image: nginx:1.23
  resources:
    # 资源请求
    requests:
      memory: "64Mi"
      cpu: "0.25"
    # 资源限制
    limits:
      memory: "128Mi"
      cpu: "0.5"
```

在上述配置中,"resources"部分定义了容器的资源请求和资源限制,具体配置如下。

- ☑ "requests"定义容器的资源请求。这里告知调度器,这个 Pod 需要被调度到至少满足 64 Mi 内存和 0.25 核 CPU 的节点上。
- ☑ "limits"定义容器的资源限制。这里表示该容器不允许超过 128 Mi 内存和 0.5 核 CPU。容器如果尝试使用更多资源,容器资源将受到限制。

创建 Pod 资源:

```
[root@k8s-master ~]# kubectl apply -f pod-nginx.yaml
```

接下来,使用 stress 工具对该容器进行压力测试,以验证容器的资源限制。

进入容器中,首先安装 stress 工具:

```
[root@k8s-master ~]# kubectl exec -it pod-nginx -- bash
root@pod-nginx:/# apt update
root@pod-nginx:/# apt install stress -y
```

然后,使用 stress 工具对 CPU 进行压力测试:

```
root@pod-nginx:/# stress -c 2
```

其中,"-c"参数用于指定压测时生成的进程数量。这些进程在工作时会持续计算随机数的平方根,从而消耗更多的 CPU。

此时,可以使用"kubectl top"命令查看 Pod 的资源利用率:

```
[root@k8s-master ~]# kubectl top pod
NAME             CPU(cores)   MEMORY(bytes)
pod-nginx        499m         64Mi
```

可以看到,该 Pod 的 CPU 使用受到限制,正常不会超出 500 m,内存也会限制在 128 Mi 范围内。

如果容器内存使用量超过限制值,kubelet 组件会重新启动容器,并将容器的状态标记为"OOMKilled"。当 CPU 使用量超过限制值时,kubelet 组件不会触发容器的重启。这是因为超出内存限制通常会导致应用程序无法正常工作，而重启容器可以简单地解决这种问题。相比之下，超出 CPU 限制并不会直接导致应用程序无法正常工作，只是降低了处理性能，这是一种可接受的情况。

资源限制主要目的是防止容器无限制地占用节点的计算资源。为了保障节点的稳定性和性能，通常不建议限制值超过节点硬件配置的 80%，以确保容器在可接受的最大资源范围内运行，有效地平衡各 Pod 之间的资源利用，从而提高整个集群的可靠性。

需要注意的是，"kubectl top"命令依赖于"metric-server"服务，需要额外地部署（详见 https://github.com/kubernetes-sigs/metrics-server）。

3.9.2 资源请求对 Pod 调度的影响

当容器配置资源请求后，调度器会根据该请求值选择能够满足的节点。如果没有节点能满足，则 Pod 将无法被调度，并且处于"Pending"状态。因此，Kubernetes 中存在一种资源管理机制，这个机制有以下作用。

- ☑ 调度决策：帮助调度器在集群中选择合适的节点，以满足 Pod 的资源需求。
- ☑ 均衡负载：根据资源请求来平衡节点上的资源使用，减少某些节点资源过载而其他节点资源空闲的情况。
- ☑ 资源规划：有助于规划和优化集群的资源分配，提高整体资源利用率。

例如：在 Kubernetes 集群中已创建了 6 个 Pod，其中 3 个 Pod 资源请求为 500 Mi 内存和 0.6 核 CPU，另外 3 个 Pod 资源请求为 1 Gi 内存和 1 核 CPU。这些 Pod 节点分布如图 3-7 所示。

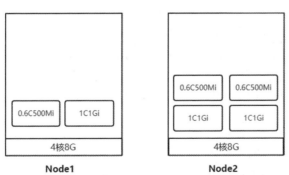

图 3-7 Pod 节点分布 1

在这种情况下，创建一个资源请求为 1 Gi 内存和 1 核 CPU 的 Pod，调度器会将该 Pod 分配给 Node1 节点，如图 3-8 所示。这是因为 Node2 节点总资源请求为 3 Gi 内存和 3.2 核 CPU，其中 CPU 无法满足该 Pod 的需求。

需要了解的是，调度器还会考虑其他因素，如节点资源利用率、污点、亲和性规则等，以做出最终的调度决策，而资源请求只是影响决策的因素之一。

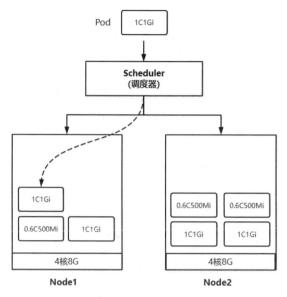

图 3-8　Pod 节点分布 2

如果再创建一个 Pod，资源请求为 2 Gi 内存和 1 核 CPU，那么 Pod 会被调度到哪个节点上呢？

答案是该 Pod 无法被调度。因为这两个节点只能满足 CPU 的需求，不能满足内存的需求。此时，通过"kubectl describe pod <Pod 名称>"命令查看事件，你将看到"Insufficient memory"的提示。

需要注意的是，资源请求并不会直接占用节点资源，而是用于调度和分配。这样可以避免将 Pod 调度到资源不足的节点上，确保 Pod 在运行时能够正常获取所需的计算资源。

3.9.3　理想的资源配额是多少

你可能有疑问：容器资源请求和资源限制的配置为多少合适呢？

很遗憾，这没有具体的答案。因为资源请求和资源限制的配置取决于应用程序的资源使用情况。不过，你可以使用一些技巧来推算出合理的值：

- ☑　limits 值不超过节点硬件配置的 80%。
- ☑　requests 值必须小于 limits 值，否则创建 Pod 时会提示相关错误。
- ☑　requests 值建议小于 limits 值的 20%～30%，这是一个良性参考值。
- ☑　仅配置 limits 值时，则 requests 值默认与 limits 值一样。仅配置 requests 值时，limits 值默认没有限制。

资源请求对整个集群资源利用率和性能有着重要的影响。如果配置不当,可能会引发一些问题。例如,当 Pod 的资源请求值设置过大时,则节点只能容纳较少的 Pod,这会导致节点资源空闲率较高。相反,如果资源请求值设置过小,则节点能容纳更多的 Pod,这也可能导致节点资源利用率的增加,从而降低节点的处理性能。

3.9.4 服务质量

服务质量(quality of service,QoS),是 Kubernetes 用于对 Pod 进行优先级划分的一种机制。通过 QoS,Kubernetes 将 Pod 划分为 3 个等级,如表 3-2 所示。

表 3-2 QoS 等级

QoS	优 先 级	需要满足的条件
Guaranteed	优先级最高	Pod 中每个容器都被设置了 CPU/内存的资源请求和 CPU/内存的资源限制,并且资源请求的值与资源限制的值相等
Burstable	优先级中等	Pod 中至少有一个容器设置了 CPU 或内存的资源请求或资源限制
BestEffort	优先级最低	Pod 中没有容器被设置了资源请求和资源限制

Kubernetes 会为每个 Pod 分配一个 QoS 等级,QoS 等级反映了 Pod 对资源的需求和保证性质。

例如,创建一个 QoS 级别为 "Guaranteed" 的 Pod 并查看它:

```
[root@k8s-master ~]# vi pod-qos1.yaml
apiVersion: v1
kind: Pod
metadata:
  name: pod-qos1
spec:
  containers:
  - name: web
    image: nginx:1.23
    resources:
      requests:
        memory: "500Mi"
        cpu: "200m"
      limits:
        memory: "500Mi"
        cpu: "200m"

[root@k8s-master ~]# kubectl apply -f pod-qos1.yaml
[root@k8s-master ~]# kubectl describe pod pod-qos1 |grep "QoS"
QoS Class:              Guaranteed
```

例如，创建一个 QoS 级别为"Burstable"的 Pod 并查看它：

```
[root@k8s-master ~]# vi pod-qos2.yaml
apiVersion: v1
kind: Pod
metadata:
  name: pod-qos2
spec:
  containers:
  - name: web
    image: nginx:1.23
    resources:
      requests:
        memory: "100Mi"
      limits:
        memory: "500Mi"

[root@k8s-master ~]# kubectl apply -f pod-qos2.yaml
[root@k8s-master ~]# kubectl describe pod pod-qos2 |grep "QoS"
QoS Class:                    Burstable
```

例如，创建一个 QoS 级别为"BestEffort"的 Pod 并查看它：

```
[root@k8s-master ~]# vi pod-qos3.yaml
apiVersion: v1
kind: Pod
metadata:
  name: pod-qos3
spec:
  containers:
  - name: web
    image: nginx:1.23

[root@k8s-master ~]# kubectl apply -f pod-qos3.yaml
[root@k8s-master ~]# kubectl describe pod pod-qos3 |grep "QoS"
QoS Class:                    BestEffort
```

综上所述，Pod 的 QoS 级别是由资源请求和资源限制决定的。了解 Pod 的 QoS 级别对于管理和优化集群资源分配提供了有效的依据，具体有以下作用。

- ☑ 资源分配优化：了解 Pod 的 QoS 级别有助于帮助你更好地理解和规划资源分配。通过针对不同 QoS 级别的 Pod 采取不同的资源调度策略，你可以最大程度地提高集群的资源利用率。
- ☑ 故障恢复：当节点发生故障或资源不足时，Kubernetes 会优先保留"Guaranteed"级别的 Pod，并终止或重启低级别的 Pod，以保护集群的稳定性。因此，QoS 级别可以帮助你预测哪些 Pod 可能受到影响，并相应地设计故障恢复机制。

为了提升应用程序的服务质量,可以根据应用程序的需求设置合适的 QoS 级别,如将核心应用设置为"Guaranteed"级别,将常规应用设置为"Burstable"级别。

3.10　容器环境变量

在 Pod 配置中,"env"字段用于设置容器的环境变量。通过环境变量,你可以向容器中传递数据,如配置信息、授权凭据等。容器中的应用程序可以读取这些环境变量以获取数据并使用。

环境变量配置示例如下:

```
[root@k8s-master ~]# vi pod-env.yaml
apiVersion: v1
kind: Pod
metadata:
  name: pod-env
  labels:
    app: pod-env
spec:
  containers:
  - name: web
    image: nginx
    env:
    - name: API_URL                          # 变量名称
      value: "https://192.168.1.10/api"      # 变量值
    - name: API_KEY
      value: "LGvoUerBG7"
```

在上述配置中,容器中设置了两个环境变量,分别是"API_URL"和"API_KEY"。
创建 Pod 资源:

```
[root@k8s-master ~]# kubectl apply -f pod-env.yaml
```

进入容器中,使用 env 命令查看环境变量:

```
[root@k8s-master ~]# kubectl exec -it pod-env -- bash
root@pod-env:/# env |grep API
API_URL=https://192.168.1.10/api
API_KEY=LGvoUerBG7
```

容器中应用程序可以通过读取这两个环境变量来获取 API 连接信息。
此外,Kubernetes 还提供了"Downward API"功能,该功能允许容器获取与 Pod 相关的元数据信息,如 Pod 的名称、命名空间、IP 地址等。配置示例如下:

```yaml
apiVersion: v1
kind: Pod
metadata:
  name: pod-info-env
  labels:
    app: pod-info-env
spec:
  containers:
  - name: web
    image: nginx:1.23
    env:
      - name: MY_NODE_NAME
        valueFrom:
          fieldRef:
            fieldPath: spec.nodeName
      - name: MY_POD_NAME
        valueFrom:
          fieldRef:
            fieldPath: metadata.name
      - name: MY_POD_NAMESPACE
        valueFrom:
          fieldRef:
            fieldPath: metadata.namespace
      - name: MY_POD_IP
        valueFrom:
          fieldRef:
            fieldPath: status.podIP
```

在上述配置中，将以下 Pod 相关信息注入容器的环境变量中。

- ☑ MY_NODE_NAME：这个环境变量的值来自 Pod 所在的节点名称。
- ☑ MY_POD_NAME：这个环境变量的值来自 Pod 的名称。
- ☑ MY_POD_NAMESPACE：这个环境变量的值来自 Pod 所在的命名空间。
- ☑ MY_POD_IP：这个环境变量的值来自 Pod 的 IP 地址。

容器中的应用程序可以很方便地读取这些环境变量，以获取 Pod 相关信息。

3.11 初始化容器

初始化容器（initContainers）是 Pod 中一种特殊类型的容器，专用于在主容器启动之前执行一些初始化任务和操作，以满足主容器所需的环境。初始化容器在整个 Pod 的生命周期内仅运行一次，并且在主容器启动之前完成它们的任务，即初始化容器一旦任务完成，就必须退出。

初始化容器有以下应用场景。

☑ **数据库初始化**：在主容器启动之前执行数据库的初始化操作，如创建数据库、执行数据迁移、初始化表结构等。

☑ **文件准备**：在主容器启动之前准备好应用程序使用的文件，如二进制文件、配置文件、证书等。

☑ **依赖其他服务**：如果主容器依赖其他服务，你可以在启动主容器之前检查依赖服务是否准备就绪。如果未准备就绪，则初始化容器不退出，以确保依赖的服务启动后再启动主容器。

例如：有一个 Nginx 提供网站服务，其网站程序托管在代码平台上。我们希望在启动容器之前自动将网站程序下载到 Nginx 的网站根目录中，以便提供网站服务。这一需求可以通过配置初始化容器来实现，配置示例如下：

```
[root@k8s-master ~]# vi pod-init.yaml
apiVersion: v1
kind: Pod
metadata:
  name: pod-init
  labels:
    app: nginx
spec:
# 初始化容器
  initContainers:
  - name: clone
    image: bitnami/git
    command: ['/bin/sh', '-c', "git clone https://gitee.com/zhenliangli/web-demo /data"]
    volumeMounts:
    - name: data
      mountPath: /data
# 主容器
  containers:
  - name: web
    image: nginx:1.23
    volumeMounts:
    - name: data
      mountPath: /usr/share/nginx/html
  volumes:
  - name: data
    emptyDir: {}
```

在上述配置中，"initContainers"部分定义了一个初始化容器，该容器使用"bitnami/git"镜像启动。当这个 Pod 被创建时，启动初始化容器并执行"git clone https://gitee.com/zhenliangli/

web-demo/data"命令将网站程序下载到/data 目录中。由于/data 目录通过卷与主容器中的/usr/share/nginx/html 目录是共享的,因此下载的网站程序也能被 Nginx 访问和使用。

创建 Pod 资源：

```
[root@k8s-master ~]# kubectl apply -f pod-init.yaml
```

查看 Pod 对象时,会发现"STATUS"列显示"Init:0/1",这表示 Pod 中有一个初始化容器在工作。当初始化容器执行完成退出后,会继续启动主容器。

Pod 启动后,你会在 Nginx 容器的目录"/usr/local/nginx/html"中看到网站程序文件：

```
[root@k8s-master ~]# kubectl exec -it pod-init -c web -- ls /usr/share/nginx/html
Dockerfile  README.md  css  img  index.html
```

例如：在启动主容器之前,需要确保某 HTTP 服务（访问地址为 http://192.168.1.10）已启动,配置示例如下：

```
initContainers:
- name: check
  image: busybox:1.28
  command: ['/bin/sh', '-c', "while true;do [[ $(curl http://192.168.1.10 -o /dev/null -s -w '%{http_code}') -eq 200 ]] && break || sleep 1;done"]
```

这个初始化容器执行了一个无限循环,每间隔 1 s 向地址"http://192.168.1.10"发送 HTTP 请求,并获取响应的 HTTP 状态码。如果 HTTP 状态码等于 200,则表示该 HTTP 服务已经启动,退出循环,即初始化容器工作完成,继续启动主容器。

3.12 容器生命周期回调

容器生命周期回调是指在容器的生命周期中执行用户定义的操作。Kubernetes 支持以下容器生命周期回调：

- ☑ PostStart（容器启动后）：在容器启动后立即执行的回调。它可以用于执行一些初始化任务。
- ☑ PreStop（容器停止前）：在容器即将停止之前执行的回调。它可以用于执行清理或保存状态的操作。

可以通过使用 exec、httpGet 或 tcpSocket 方法配置回调。有关这些方法的具体用法请参阅 3.8 节。

3.12.1 postStart

postStart 回调在容器启动后立即执行,它有以下应用场景。
- ☑ 执行预热操作:执行一些预热操作,例如加载应用程序所需的数据或缓存数据,以提高应用程序的响应速度。
- ☑ 准备文件:修改容器中已有文件或从外部地址下载文件,以确保应用程序可以使用到正确的文件。
- ☑ 通知其他组件:向其他组件发送通知(如调用 API),以通知它们容器已启动。

postStart 回调配置示例如下:

```
apiVersion: v1
kind: Pod
metadata:
  name: pod-poststart
  labels:
    app: pod-poststart
spec:
  containers:
  - name: web
    image: nginx:1.23
    lifecycle:
      postStart:
        exec:
          command: ["/bin/sh", "-c", "echo $(date) 'Container started' > /tmp/poststart.log"]
```

在上述配置中,"lifecycle"部分定义了一个 postStart 回调,用于在容器启动后执行"echo $(date) 'Container started' > /tmp/poststart.log"命令。

例如:有一个 Python Django 开发的 Web 应用,它要求在启动之前执行数据库同步操作,以确保对 ORM 模型代码的变更应用到数据库中。这一需求可以通过配置 postStart 回调来实现,配置示例如下:

```
[root@k8s-master ~]# vi django-app.yaml
apiVersion: v1
kind: Pod
metadata:
  labels:
    app: django
  name: django-app
spec:
  containers:
    - name: web
```

```yaml
      image: lizhenliang/django-app:v1
      lifecycle:
        postStart:
          exec:
            command:
            - /bin/sh
            - -c
            - |
              python manage.py makemigrations &&
              python manage.py migrate
```

通过这样的配置，Pod 启动时将执行 "python manage.py makemigrations" 与 "python manage.py migrate" 命令分别生成数据库迁移文件，执行数据库同步。

需要注意的是，这里 "command" 字段使用横杠（-）写法，与中括号（[]）等价，当执行复杂的命令时，这种写法更易读。

3.12.2 preStop

preStop 回调在容器终止之前执行，它有以下应用场景。

- ☑ 优雅关闭连接：关闭数据库连接、网络连接等，以确保数据的完整性和资源的正确释放。
- ☑ 保存状态和数据：将应用程序生成的状态和数据写入数据库中或远程存储，以便在下次启动时恢复到之前的状态。
- ☑ 通知其他组件：向其他组件发送通知，以通知它们容器即将终止。

preStop 回调配置示例如下：

```yaml
apiVersion: v1
kind: Pod
metadata:
  name: pod-poststart
  labels:
    app: pod-poststart
spec:
  containers:
  - name: web
    image: nginx:1.23
    lifecycle:
      preStop:
        exec:
          command: ["nginx", "-s", "quit"]
```

在上述配置中，"lifecycle" 部分定义了一个 preStop 回调，用于在容器终止前执行 "nginx -s quit" 命令。该命令向正在运行的 Nginx 进程发送关闭信号，使该进程在处理完当前正在进行的请求后，优雅地停止服务、释放相关资源，并最终关闭与客户端的连接。这种做法确保了正在处理的请求得到正确处理，避免了异常终止或数据丢失，并提高了网站的稳定性和可靠性。

3.13 Pod 生命周期

3.13.1 创建 Pod

当创建一个 Pod 时，它是通过多个组件相互协作来完成的，如图 3-9 所示。

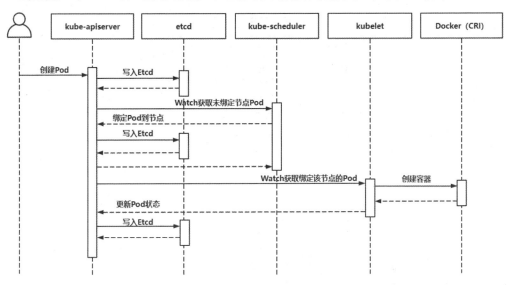

图 3-9 创建一个 Pod 的工作流程

假设通过 "kubectl run nginx --image=nginx" 命令创建一个 Pod，其工作流程如下所示。

（1）kubectl 向 API Server 发起创建 Pod 的请求，请求中包含 Pod 的配置信息。

（2）API Server 接收到请求后，校验字段合法性，如格式、镜像地址不能为空等，校验通过后，将 Pod 配置数据写入 Etcd 中。

（3）Scheduler 通过与 API Server 进行交互感知到新的 Pod 创建。它获取 Pod 的配置信息，根据调度算法选择一个合适的节点，将选择的节点添加到配置中，并响应给 API Server，然后 API Server 将配置数据写入 Etcd 中。

（4）Kubelet 通过与 API Server 进行交互感知到已分配到自身节点的 Pod。因此，将 Pod 配置传递给底层的容器运行时（如 Docker）创建相应的容器，并将容器的状态上报给 API Server，然后 API Server 将状态数据写入 Etcd 中。

在这个创建 Pod 的过程中，你可能会有疑问：为何没有涉及 kube-controller-manager 和 kube-proxy 组件？

这是因为 kube-controller-manager 和 kube-proxy 组件分别负责控制器管理和 Service 网络代理管理。上述创建 Pod 并没有涉及相关工作负载资源（如 Deployment）和 Service 资源，因此这两个组件未参与工作。

3.13.2 启动 Pod

Kubelet 在创建 Pod 过程中会执行一系列任务，以确保 Pod 达到预期的配置和状态。Pod 生命周期如图 3-10 所示。

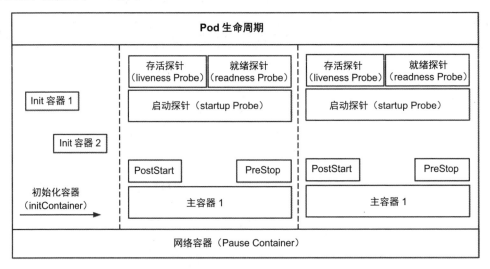

图 3-10 Pod 生命周期

Kubelet 创建 Pod 的过程如下。

（1）Kubelet 调用容器运行时创建 Pause 容器，以建立一个容器环境。

（2）创建初始化容器。如果有多个初始化容器，则按照顺序创建它们，并确保每个初始化容器都是在上一个初始化容器成功运行后创建的。

（3）最后一个初始化容器执行完成后，并行创建主容器。在主容器启动前执行 PostStart 回调，在该回调执行完成前，Pod 处于 Pending 状态。

（4）PostStart 回调执行完成后，主容器启动，开始执行应用程序的健康检查。

最终，一个 Pod 启动。

3.13.3 销毁 Pod

当删除一个 Pod 时，Kubernetes 会执行一系列任务销毁 Pod，具体流程如下。

（1）Kubelet 向 Pod 中的容器发送一个优雅终止信号（SIGTERM），通知容器它即将被终止，并给予容器一些时间来完成清理工作、保存状态、释放资源等操作。

（2）执行容器 PreStop 回调。

（3）从 Endpoints 对象中移除该 Pod，停止 Service 为其转发流量。

（4）如果容器在一定时间内无法正常终止（最多可以容忍的时间由"terminationGracePeriodSeconds"控制，默认为 30 s），Kubelet 向 Pod 中容器发送一个强制终止信号（SIGKILL），用于强制关闭容器进程。

（5）Pod 被终止，Pod 处于"Terminating"状态。

（6）Kubernetes 删除 Pod 相关资源，如网络配置、数据卷等。

最终，一个 Pod 被销毁。

3.14 本章小结

本章讲解了 Pod 资源的概念、设计模式、基本管理操作、常用字段配置以及生命周期管理。具体如下：

- ☑ Pod 允许定义多个容器，这些容器之间通常存在"密切协作关系"。Pod 主要为它们提供可交互的环境，包括共享网络和存储资源。
- ☑ 启动容器时可通过"command"和"args"字段来执行命令或传递参数。
- ☑ 容器探针分为存活探针、就绪探针和启动探针。其中：存活探针用于在应用程序异常时重建容器，使其恢复到初始状态，达到恢复的目的；就绪探针用于在应用程序异常时将 Pod 标记为"未就绪状态"，表明 Pod 未准备好接收流量；启动探针则专用于确定应用程序是否启动，有助于保护慢启动的容器。将它们结合使用可以有效地提高应用程序的可靠性和健壮性。
- ☑ 容器资源配额分为资源请求和资源限制两部分。其中，资源请求确保 Pod 被调度到满足资源需求的节点上，而资源限制则是限制容器可使用的最大资源。
- ☑ 初始化容器的设计模式使得主容器可以专注于应用程序的核心功能，而初始化容器则负责处理与环境、依赖或其他预备工作相关的任务。这样的分离能够提高应用容器的维护性和扩展性。
- ☑ 容器生命周期回调分为 postStart 和 preStop 两种，它们分别在容器启动前和容器终止前执行相应的操作。
- ☑ Pod 生命周期涵盖了创建、启动和销毁，其间会执行一系列任务，以确保达到预期的状态。

第 4 章 工作负载资源对象

在 Kubernetes 中，我们通常不会直接创建 Pod。相反，我们应该使用工作负载资源（如 Deployment、StatefulSet）来创建和管理 Pod。这种方式不仅简化了 Pod 的管理，还提供了诸如多副本、滚动更新、回滚和自动扩展等高级功能，使得部署和管理应用程序变得更加方便和高效。

4.1 工作负载资源概述

工作负载资源是 Kubernetes 中的一种抽象概念，用于更高层次地创建和管理 Pod。通过使用工作负载资源，用户可以定义 Pod 的副本数量、运行规格、调度策略等参数。此外，Kubernetes 可以自动处理 Pod 的创建、更新和删除等操作，简化了用户对应用程序生命周期的管理。常用的工作负载资源如下。

- ☑ Deployment（部署）：管理无状态应用程序的部署，支持 Pod 多副本、滚动更新、副本数扩缩和回滚等功能。
- ☑ StatefulSet（有状态集）：管理有状态应用程序的部署，确保每个 Pod 都有唯一的标识符、稳定的网络标识和独立的存储，并且按照顺序创建、更新和删除 Pod，以满足有状态应用程序部署所需的环境。
- ☑ DaemonSet（守护进程集）：管理节点级别的守护进程，确保在集群中的每个节点上都运行一个 Pod 副本。
- ☑ Job 和 CronJob（任务和定时任务）：管理一次性任务或定期执行的任务。

这些工作负载资源针对不同应用程序的特点，提供了配置选项和管理功能，使得用户能够根据应用程序的具体需求，轻松而灵活地进行部署和管理。

4.2 Deployment

Deployment 是 Kubernetes 中最常用的工作负载资源，具有以下特点和功能。

- ☑ 副本管理：确保指定数量的 Pod 副本在集群中运行。如果 Pod 副本数小于期望值，则会自动创建 Pod；如果 Pod 副本数多于期望值，则删除多余的 Pod。
- ☑ 滚动更新：采用滚动更新策略，逐步进行新旧版本 Pod 的替换，保障业务的连续性。
- ☑ 版本回滚：如果应用程序在升级后出现问题或不符合预期，可以执行回滚操作，以快速恢复到先前的可用版本。

部署和交付是软件生命周期中的重要环节，涵盖部署、升级、回滚等多个阶段，具体如图 4-1 所示。通过使用 Deployment 资源，我们可以高效地管理这一过程，并提高部署和交付的效率。

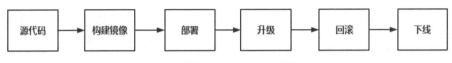

图 4-1 软件生命周期

在图 4-1 中，软件生命周期中各阶段的含义如下。
- ☑ 源代码：在完成应用程序代码的开发后，将其提交到代码仓库进行管理。
- ☑ 构建镜像：使用容器化技术（如 Docker）将应用程序构建成镜像，该镜像包含应用程序及其依赖环境。
- ☑ 部署：使用镜像将应用程序部署到 Kubernetes 集群中，并对外提供服务。
- ☑ 升级：针对应用程序的更新迭代，如新增功能、修复 Bug 等，需要重新构建镜像并将其更新到 Kubernetes 集群中。
- ☑ 回滚：如果在应用程序升级过程中出现问题，则需要回滚到之前的可用版本。
- ☑ 下线：当一个应用程序不再需要提供服务时，需要将其从目标环境中下线。

4.2.1 获取源代码

假设有一个 Python Django 开发的博客网站，该项目源代码仓库地址为 https://gitee.com/zhenliangli/django-web-demo。博客网站架构如图 4-2 所示。

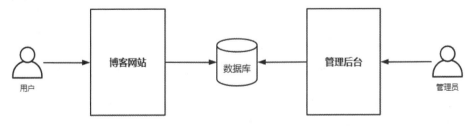

图 4-2 博客网站架构

用户通过访问网站浏览文章，管理员通过管理后台来撰写新的文章或更新现有的文章。

现在需要将这个博客网站部署到 Kubernetes 集群中。首先，将源代码下载到本地：

```
[root@k8s-master ~]# git clone https://gitee.com/zhenliangli/django-web-demo
```

下载完成后，源代码文件在当前目录"django-web-demo"中，其目录结构如下：

```
[root@k8s-master django-web-demo]# tree -L 1
.
├── article           # 项目 APP
├── blog              # 项目目录
├── db.sqlite3        # sqlite 数据库文件
├── Dockerfile        # 构建镜像文件
├── manage.py         # 一个命令行工具，用于与 Django 项目进行交互
├── README.md         # 项目文档
├── static            # 静态文件目录
└── templates         # HTML 页面模板目录
```

4.2.2 构建镜像

在源代码目录中，Dockerfile 文件内容如下：

```
# 使用官方 Python 镜像作为基础镜像
FROM python:3.9
# 作者信息
LABEL author="lizhenliang"
# 将当前目录下的所有内容复制到/app 目录下
COPY blog /app
# 使用 pip 命令安装 Django 模块
RUN pip install Django -i https://mirrors.aliyun.com/pypi/simple
# 将工作目录切换到/app 目录
WORKDIR /app
# 声明容器运行时监听的端口
EXPOSE 8080
# 在容器中运行和启动 Django 应用
CMD python manage.py runserver 0.0.0.0:8080
```

下面通过该 Dockerfile 构建镜像：

```
[root@k8s-master django-web-demo]# docker build -t django-blog:v1 .
```

其中，"-t"参数用于设置镜像名称和可选的标签。如果没有指定标签，则默认为"latest"。标签主要用于镜像版本管理，可以通过多种方式进行定义，如下所示。

- ☑ 根据应用程序的版本定义标签，如 myapp:1.0、myapp:2.0。
- ☑ 根据不同部署环境（如开发、测试和生产）定义标签，如 myapp:dev、myapp:test、

myapp:prod。
- ☑ 根据代码分支名定义标签，如 myapp:master、myapp:dev0617。
- ☑ 根据构建时间定义标签，如 myapp:20240112。

为了更好地识别镜像版本，标签中可以包含上述多个维度，如 myapp:v1-master-20240112。在定义标签时，你可以根据情况自由组合它们，只需确保标签具备易于理解和唯一标识的特性。

执行"docker build"命令后，Docker 会按照 Dockerfile 文件从上到下的顺序进行执行。执行完成后，查看构建的镜像：

```
[root@k8s-master ~]# docker images |grep django-blog
django-blog    v1    e8a50c33919d    13 minutes ago    1.04GB
```

4.2.3　推送镜像到镜像仓库

构建的镜像是存储在本地的，而 Kubernetes 集群是一个多节点环境，这意味着 Pod 可以在任意一台节点上运行。因此，为了成功地创建 Pod，必须确保该镜像在所有节点上都是可访问的；否则，由于无法获取镜像，Pod 将无法被创建。

在企业环境中，为了实现高效地管理镜像，镜像通常会被推送到镜像仓库进行集中管理，Kubernetes 集群中的各个节点只需要能够访问这个镜像仓库。

镜像仓库有以下两种实现方式。

（1）公共镜像仓库：由第三方维护的镜像仓库，如 Docker Hub（https://hub.docker.com）、阿里云镜像仓库等。这些仓库中存储了数以万计的镜像，可供用户下载和使用。例如，之前创建 Pod 时指定的"nginx:1.23"镜像就是从 Docker Hub 镜像仓库下载的。

（2）自建镜像仓库：与使用公共镜像仓库相比，在公司内部环境搭建私有镜像仓库可以提供更高的灵活性、安全性和更快的传输速度。选择 Harbor 开源项目（https://goharbor.io）自建镜像仓库是一个不错的选择，它提供了丰富的管理功能，能满足企业对镜像管理的需求。

在这个阶段，我们将新构建的镜像"django-blog:v1"推送到 Docker Hub 镜像仓库。以已注册的账号名"lizhenliang"为例，登录 Docker Hub：

```
[root@k8s-master ~]# docker login
Username: lizhenliang
Password:
Login Succeeded
```

登录成功后，将镜像地址标记为要推送的镜像仓库服务器地址：

```
[root@k8s-master ~]# docker tag django-blog:v1 lizhenliang/django-blog:v1
```

在 Docker Hub 中，只需指定账号名即可；而对于自建镜像仓库，需要指定相应的 IP 地址或域名。

推送本地镜像到镜像仓库：

```
[root@k8s-master ~]# docker push lizhenliang/django-blog:v1
```

推送成功后，可以在任意 Docker 主机上使用以下命令拉取镜像：

```
docker pull lizhenliang/django-blog:v1
```

4.2.4 部署应用

在 Kubernetes 集群中创建 "blog" 命名空间，将博客网站所需资源放置到该命名空间中：

```
[root@k8s-master ~]# kubectl create namespace blog
```

以下是部署博客网站的资源文件，其中包含 Deployment 和 Service 资源：

```
[root@k8s-master ~]# vi django-blog.yaml
apiVersion: apps/v1                         # API 版本
kind: Deployment                            # 资源类型
metadata:                                   # 资源元数据
  name: django-blog                         # 资源名称
  namespace: blog                           # 指定命名空间
spec:                                       # 资源规格
  replicas: 3                               # Pod 副本数
  selector:                                 # 标签选择器
    matchLabels:                            # 匹配标签
      app: django
  template:                                 # Pod 模板
    metadata:                               # Pod 元数据
      labels:                               # Pod 标签
        app: django
    spec:                                   # Pod 规格
      containers:                           # Pod 容器配置
      - image: lizhenliang/django-blog:v1   # 镜像地址
        name: web                           # 容器名称
        # 声明容器端口
        ports:
        - name: http
          containerPort: 8080
        resources:
          # 资源请求
          requests:
            memory: "128Mi"
```

```yaml
          cpu: "250m"
        # 资源限制
        limits:
          memory: "512Mi"
          cpu: "500m"
      # 启动探针
      startupProbe:
        httpGet:
          path: /healthz
          port: 8080
        failureThreshold: 30
        periodSeconds: 10
      # 存活探针
      livenessProbe:
        httpGet:
          path: /healthz
          port: 8080
        initialDelaySeconds: 10
        periodSeconds: 10
      # 就绪探针
      readinessProbe:
        httpGet:
          path: /healthz
          port: 8080
        initialDelaySeconds: 10
        periodSeconds: 10
---
apiVersion: v1
kind: Service
metadata:
  name: django-blog
  namespace: blog
spec:
  ports:
  - name: http
    port: 80
    protocol: TCP
    targetPort: 8080
  selector:
    app: django
  type: NodePort
```

创建资源：

```
[root@k8s-master ~]# kubectl apply -f django-app.yaml
```

查看 Deployment、Pod 和 Service 对象：

```
[root@k8s-master ~]# kubectl get pods,deployment,service -n blog
NAME                                      READY   STATUS    RESTARTS   AGE
pod/django-blog-6cd75d7567-5qd5k          1/1     Running   0          3m55s
pod/django-blog-6cd75d7567-cj4r6          1/1     Running   0          3m55s
pod/django-blog-6cd75d7567-nbd9h          1/1     Running   0          3m55s

NAME                              READY   UP-TO-DATE   AVAILABLE   AGE
deployment.apps/django-blog       3/3     3            3           3m55s

NAME                      TYPE       CLUSTER-IP      EXTERNAL-IP   PORT(S)        AGE
service/django-blog       NodePort   10.96.208.69    <none>        80:31030/TCP   3m55s
```

在上述结果中：Deployment 管理 3 个 Pod；Service 通过 NodePort 类型对外提供服务，监听端口 31030，并将流量转发到 Pod 中的 8080 端口。Service 与 Deployment 的关系如图 4-3 所示。

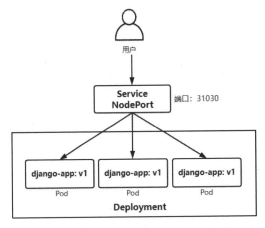

图 4-3　Service 与 Deployment 的关系

浏览器访问 "http://<节点 IP>:31030"，将看到如图 4-4 所示的博客首页。

图 4-4　博客首页

4.2.5 应用升级

当源代码新增功能或修复 Bug 时，需要重新构建镜像并将其更新到 Kubernetes 集群中。有以下两种常见的升级应用版本的方法：

（1）修改资源文件，将 Deployment 资源中的"image"字段修改为新的镜像地址，然后使用"kubectl apply -f <资源文件>"命令将更新后的配置应用到集群中。

（2）使用"kubectl set image"命令更新 Deployment 资源的镜像地址，更加便捷且免交互。该命令格式如下：

```
kubectl set image <资源类型>/<资源名称> <容器名称>=<镜像地址>
```

无论采用以上哪种方式，一旦执行成功，Kubernetes 就会自动触发滚动更新，逐步替换旧版本的 Pod，以保障应用程序在升级过程中的可用性。

假设将源代码文件 django-web-demo/templates/base.html 中的"当前版本：v1"修改为"当前版本：v2"，然后重新构建镜像，将镜像地址设置为"lizhenliang/django-blog:v2"，并将其推送到 Docker Hub 镜像仓库中。

将博客网站从 v1 版本升级到 v2 版本：

```
[root@k8s-master ~]# kubectl set image deployment/django-blog web=lizhenliang/django-blog:v2 -n blog
```

实时监控滚动更新过程：

```
[root@k8s-master ~]# kubectl rollout status deployment/django-blog -n blog
```

升级完成后，将输出"deployment "django-blog" successfully rolled out"。在浏览器中访问"http://<节点 IP>:31030"时，你会看到博客首页，右上角显示"当前版本：v2"，说明升级成功。

可以查看 Deployment 对象了解升级进度：

```
[root@k8s-master ~]# kubectl get deployment django-blog -n blog
NAME          READY   UP-TO-DATE   AVAILABLE   AGE
django-blog   3/3     3            3           32m
```

在上述结果中，部分字段含义如下。

- ☑ READY：准备就绪的 Pod 数量。这里值为"3/3"，斜杠（"/"）左侧表示 3 个 Pod 已准备就绪，斜杠（"/"）右侧表示期望 3 个 Pod。
- ☑ UP-TO-DATE：最新版本的 Pod 数量。在升级期间，该字段会逐渐增加，直到与期望副本数相等，表示升级完成。

☑ AVAILABLE：可用的 Pod 数量。

1. 滚动更新实现

下面通过查看 Deployment 事件来了解具体的升级过程，如下所示：

```
[root@k8s-master ~]# kubectl describe deployment django-blog -n blog
...
Events:
  Type    Reason             Age    From                   Message
  ----    ------             ----   ----                   -------
  Normal  ScalingReplicaSet  17m    deployment-controller  Scaled up replica set django-blog-6cd75d7567 to 3
  Normal  ScalingReplicaSet  4m14s  deployment-controller  Scaled up replica set django-blog-54bccf4c64 to 1
  Normal  ScalingReplicaSet  2m54s  deployment-controller  Scaled down replica set django-blog-6cd75d7567 to 2 from 3
  Normal  ScalingReplicaSet  2m54s  deployment-controller  Scaled up replica set django-blog-54bccf4c64 to 2 from 1
  Normal  ScalingReplicaSet  103s   deployment-controller  Scaled down replica set django-blog-6cd75d7567 to 1 from 2
  Normal  ScalingReplicaSet  103s   deployment-controller  Scaled up replica set django-blog-54bccf4c64 to 3 from 2
  Normal  ScalingReplicaSet  53s    deployment-controller  Scaled down replica set django-blog-6cd75d7567 to 0 from 1
```

在上述事件中，当创建一个 Deployment 时，Kubernetes 会自动创建一个 ReplicaSet（django-blog-6cd75d7567）来管理 Pod 副本数，并将其 Pod 副本数扩展为 3，即第一条记录。此时，Deployment 与 ReplicaSet 的关系如图 4-5 所示。

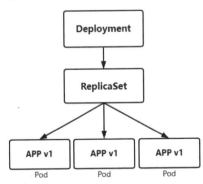

图 4-5 Deployment 与 ReplicaSet 的关系

ReplicaSet（副本集）是 Deployment 的底层机制，负责维护指定数量的 Pod 副本。通常，ReplicaSet 不是直接创建的，而是由 Deployment 自动管理的。

查看 ReplicaSet 对象：

```
[root@k8s-master ~]# kubectl get replicaset -n blog
NAME                      DESIRED   CURRENT   READY   AGE
django-blog-54bccf4c64    3         3         3       47m
django-blog-6cd75d7567    0         0         0       60m
```

当触发滚动更新时，Kubernetes 首先创建一个新 ReplicaSet（django-blog-54bccf4c64），并将其 Pod 副本数扩展为 1；接着将旧 ReplicaSet（django-blog-6cd75d7567）的 Pod 副本数由 3 缩减为 2；然后，将新 ReplicaSet 的 Pod 副本数由 1 扩展为 2，旧 ReplicaSet 的 Pod 副本数由 2 缩减为 1；最后，将新 ReplicaSet 的 Pod 副本数由 2 扩展为 3，将旧 ReplicaSet 的 Pod 副本数由 1 缩减为 0，滚动更新执行完成。滚动更新过程如图 4-6 所示。

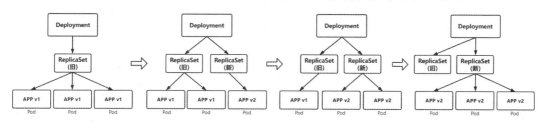

图 4-6　滚动更新过程

在滚动更新过程中，新 ReplicaSet 的 Pod 副本数逐步增加，而旧 ReplicaSet 的 Pod 副本数逐渐减少，以实现平滑的更新过程。在整个过程中，始终保持至少指定数量的 Pod 运行，以确保应用程序持续提供服务。

2．滚动更新策略

Deployment 更新策略的默认配置如下：

```
apiVersion: apps/v1
kind: Deployment
metadata:
  name: django-blog
  namespace: blog
spec:
  replicas: 3
  selector:
    matchLabels:
      app: django
  strategy:
    rollingUpdate:
      maxSurge: 25%
      maxUnavailable: 25%
    type: RollingUpdate
```

在上述配置中，"strategy.rollingUpdate"部分定义了滚动更新策略，其中字段含义如下。

- ☑ maxSurge：在滚动更新期间，超过期望副本数的 Pod 的最大数量，即新版本的 Pod 数量可以超过旧版本的 Pod 数量。该值是一个正整数或期望副本数的百分比，默认值为 25%。例如，期望副本数为 3，则表示总 Pod 数量不超过 4 个，即 3+25%×3=3+0.75=3.75。

- ☑ maxUnavailable：在滚动更新期间，不可用的 Pod 的最大数量，即旧版本不可用的 Pod 数量。该值是一个正整数或期望副本数的百分比，默认值为 25%。例如，如果期望副本数为 3，则表示不可用 Pod 数量不超过 1 个，即 3×25%=0.75。

假设期望副本数为 10，则在滚动更新期间启动的 Pod 的最大数量不超过 12 个，不可用的 Pod 的最大数量不超过 2 个。

因此，当期望副本数比较多时，滚动更新过程会比较慢。这是因为同时停止的 Pod 数量受到"maxUnavailable"的限制，导致每次只升级少量的 Pod。如果希望滚动更新更快完成，可以将"maxUnavailable"的值设置较高，以允许同时停止更多的 Pod。

需要注意的是，如果"maxUnavailable"的值设置过高，那么每次停止的 Pod 数量就会过大，这可能会导致服务短暂中断。

"strategy.type"字段用于指定策略类型，默认值为"RollingUpdate（滚动更新）"策略。此外，它还支持"Recreate（重建）"，在该策略下，Deployment 先停止和删除所有旧版本 Pod，然后创建新版本 Pod，这意味着服务会短暂中断。因此，该策略比较适合快速部署和容忍短暂服务中断的场景。

3. 容器健康检查的重要性

在滚动更新过程中，如果新版本的 Pod 由于某种原因无法启动，如拉取镜像失败、容器中主进程启动失败等，Kubernetes 将会终止更新过程，以防止进一步的升级对现有业务造成更大的影响。

如果新版本的 Pod 启动成功，即使容器中应用程序仍在启动中，Kubernetes 也会继续升级，这可能导致部分用户访问异常。在这种情况下，配置容器就绪探针尤为重要，只有在就绪探针成功后，Kubernetes 才会继续升级。这确保了只有在新版本的 Pod 准备好接收流量之后才会删除相应的旧版本的 Pod，从而避免在滚动更新中服务的短暂中断。

4.2.6 应用回滚

在滚动更新过程中，如果新版本的 Pod 启动失败或者已完成升级，但新版本中存在 Bug，则可以选择回滚到之前的可用版本。"kubectl rollout"命令可以方便地执行回滚和其他滚动更新管理，该命令支持 Deployment、DaemonSet 和 StatefulSet 资源。

查看博客网站的历史版本：

```
[root@k8s-master ~]# kubectl rollout history deployment/django-blog -n blog
deployment.apps/django-blog
REVISION    CHANGE-CAUSE
1           <none>
2           <none>
```

在上述结果中，字段含义如下：
- ☑ REVISION：修订版本，从 0 开始递增。
- ☑ CHANGE-CAUSE：变更原因，它可以通过"kubectl annotate"命令进行设置，例如将最近一次变更原因设置为"v2"。

```
[root@k8s-master ~]# kubectl annotate deployment/django-blog kubernetes.io/
change-cause="v2" -n blog
```

再次查看历史版本：

```
[root@k8s-master ~]# kubectl rollout history deployment/django-blog -n blog
deployment.apps/django-blog
REVISION    CHANGE-CAUSE
1           <none>
2           v2
```

如果想回滚到上一个版本，即 v1 版本，可以执行以下命令：

```
[root@k8s-master ~]# kubectl rollout undo deployment/django-blog -n blog
```

注意：如果想回滚到指定的修订版本，可以使用"--to-revision"参数指定修订版本号。执行回滚操作后，可以通过"kubectl rollout status"子命令实时监控回滚进度。

1. 回滚实现机制

Deployment 通过 ReplicaSet 实现滚动更新，每次触发滚动更新都会创建一个新的 ReplicaSet。完成滚动更新后，旧 ReplicaSet 会被保留。这样做的原因是，旧的 ReplicaSet 保存了对应版本的 Pod 配置信息。"kubectl rollout undo"命令的回滚机制则是基于这些历史 ReplicaSet 实现的。Deployment 与 ReplicaSet 的关系如图 4-7 所示。

在图 4-7 中，如果执行回滚到修订版本号"2"，则 Kubernetes 首先将修订版本号"2"重新标记为"4"，然后根据修订版本号找到对应的 ReplicaSet，接着逐步增加该 ReplicaSet 的 Pod 副本数，同时逐步减少当前 ReplicaSet 的 Pod 副本数，以实现平滑的回滚过程。Deployment 回滚实现如图 4-8 所示。

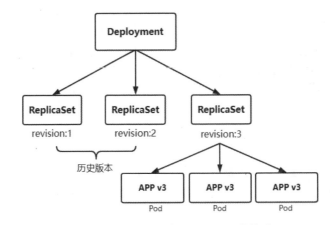

图 4-7　Deployment 与 ReplicaSet 的关系

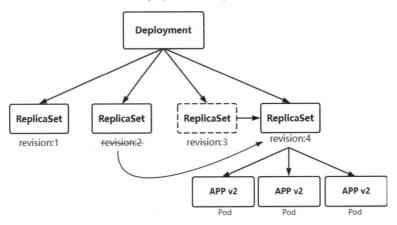

图 4-8　Deployment 回滚实现

需要了解的是，Deployment 默认保留 10 个历史版本，这可以通过 "revisionHistoryLimit" 字段进行设置。

2. 暂停和恢复滚动更新

"kubectl rollout pause" 和 "kubectl rollout resume" 子命令分别用于暂停和恢复滚动更新过程，通常用于解决滚动更新中的问题。例如，当新版本出现问题时，你可以执行暂停操作，然后进行问题排查和修复。问题解决后，执行恢复操作，使其继续进行。这两个子命令的用法如下：

```
# 暂停滚动更新过程
kubectl rollout pause <资源类型>/<资源名称>
# 恢复滚动更新过程
kubectl rollout resume <资源类型>/<资源名称>
```

3. 重启 Pod

在 Kubernetes 1.15 版本后，"kubectl rollout"命令新增了一个子命令"restart"，用于重新启动指定资源的滚动更新过程，这将导致所有 Pod 重建。这对于需要重建 Pod 的场景非常有用，如重新加载配置、重新拉取镜像等。"kubectl rollout restart"子命令的用法如下：

```
kubectl rollout restart <资源类型>/<资源名称>
```

4.2.7 应用扩容与缩容

当应用程序访问量激增时，可以通过扩展 Pod 副本数来提高并发能力。例如，将名为"django-blog"的 Deployment 副本数调整为 5 个：

```
[root@k8s-master ~]# kubectl scale deployment django-blog --replicas=5 -n blog
```

其中，"--replicas"参数用于指定 Pod 副本数。

如果当前 Pod 副本数小于 5 个，则会创建新的 Pod 以达到所需的数量。反之，将会删除相应数量的 Pod 以满足所需的数量。

4.2.8 应用下线

当业务需求发生变化，应用程序不再使用时，可以通过以下方式从 Kubernetes 集群中删除相关资源：

使用相应的资源文件进行删除，命令用法如下：

```
kubectl delete -f <资源文件>
```

直接删除相关资源对象，命令用法如下：

```
kubectl delete deployment/<名称> service/<名称>
```

4.2.9 实现灰度发布

灰度发布是一种主流的发布方案。在灰度发布过程中，一小部分用户流量首先被转发到新版本进行测试和验证。新版本验证通过后，逐步增加流量比例或将全部流量转发到新版本中。这种分阶段的升级方式相比滚动更新更加灵活、风险更小，适用于最小化风险的关键业务场景，而滚动更新更适用于快速升级的场景。

遗憾的是，Kubernetes 未提供原生的灰度发布功能。不过，Kubernetes 提供了足够的条件和资源来实现简单的灰度发布。Deployment 通过两个 ReplicaSet 实现滚动更新，我们也可以采用相同的思路，通过两个独立的 Deployment 实现灰度发布，如图 4-9 所示。

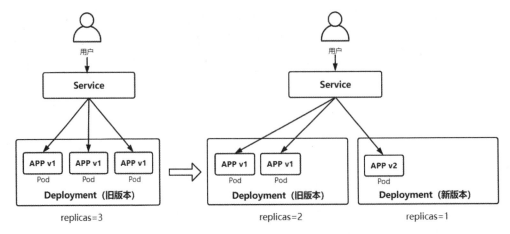

图 4-9 两个 Deployment 实现灰度发布

在图 4-9 中，当一个 Deployment 需要升级时，首先创建一个相同的 Deployment，修改其中资源名称，将"image"字段指定为新版本镜像地址，并将副本数设置为 1。然后，当 Pod 准备就绪时，将旧版本 Deployment 副本数设置为 2。此时，集群中有 1 个新版本 Pod，2 个旧版本 Pod，Service 将 33%的流量转发到新版本。新版本验证通过后，再将新版本 Deployment 副本数设置为 3，将旧版本 Deployment 副本数设置为 0。

假设将博客网站从 v2 版本升级到 v3 版本，创建一个名为"django-blog-v3"的 Deployment：

```
[root@k8s-master ~]# vi django-blog-v3.yaml
apiVersion: apps/v1
kind: Deployment
metadata:
  name: django-blog-v3
  namespace: blog
spec:
  replicas: 1
  selector:
    matchLabels:
      app: django
  template:
    metadata:
      labels:
        app: django
    spec:
      containers:
      - image: lizhenliang/django-blog:v3
```

```
      name: web
[root@k8s-master ~]# kubectl apply -f django-blog-v3.yaml
```

Pod 准备就绪后，将旧版本 Deployment 副本数缩减为 2：

```
[root@k8s-master ~]# kubectl scale deployment django-blog --replicas=2 -n blog
```

此时，访问 Service 将有 33%的流量被转发到新版本（v3）。新版本验证通过后，将新版本 Deployment 副本数扩展为 3：

```
[root@k8s-master ~]# kubectl scale deployment django-blog-v3 --replicas=3 -n blog
```

Pod 准备就绪后，将旧版本 Deployment 副本数缩减为 0：

```
[root@k8s-master ~]# kubectl scale deployment django-blog --replicas=0 -n blog
```

此时，集群中仅有新版本的 Pod，即 Service 将所有流量转发到新版本，完成升级。

通过自定义实现灰度发布机制，我们可以灵活地控制新旧版本的 Pod 副本数，并逐步引入新版本，以确保在更新过程中对用户和系统的影响最小化。

4.3 DaemonSet

DaemonSet 资源用于在集群中的每个节点上运行一个 Pod 副本，它有以下特点：
- ☑ 在每个节点上运行一个 Pod。
- ☑ 当向集群中加入一个新节点或从集群中移除一个节点时，DaemonSet 会自动在新节点上启动一个 Pod 或在移除的节点上删除 Pod。
- ☑ 可以使用节点选择器或节点亲和性来定义 Pod 应该在哪些节点上运行。

这些特点也决定了它的应用场景，如下：
- ☑ 在每个节点上运行日志采集程序，如 Filebeat、Fluentd，以收集节点级别的日志。
- ☑ 在每个节点运行监控代理程序，如 Prometheus Exporter、Zabbix Agent，以收集节点上的监控指标数据。
- ☑ 在每个节点运行存储组件，如 Ceph、GlusterFS，以在每个节点上提供分布式存储能力，供应用程序使用。
- ☑ 在每个节点运行网络插件，如 Calico、Flannel，以在每个节点上实现网络转发功能。

1．创建

假设有一个 Filebeat 日志采集程序，我们需要将其部署到每个节点上来采集系统日志。

要实现这一目标,需要使用 DaemonSet 管理 Filebeat,配置示例如下:

```
[root@k8s-master ~]# vi filebeat-ds.yaml
apiVersion: apps/v1
kind: DaemonSet
metadata:
  name: filebeat
  namespace: kube-system
spec:
  selector:
    matchLabels:
      app: filebeat
  template:
    metadata:
      labels:
        app: filebeat
    spec:
      containers:
      - name: filebeat
        image: docker.elastic.co/beats/filebeat:8.10.1
        volumeMounts:
        - name: logs
          mountPath: /var/log
      volumes:
      - name: logs
        hostPath:
          path: /var/log
```

在上述示例中,定义了一个 hostPath 类型的卷,用于将节点上系统日志目录"/var/log"挂载到容器中,以便 Filebeat 可以读取系统日志文件。

创建 DaemonSet 资源:

```
[root@k8s-master ~]# kubectl apply -f filebeat-ds.yaml
```

查看 DaemonSet 对象:

```
[root@k8s-master ~]# kubectl get daemonset -n kube-system
NAME          DESIRED   CURRENT   READY   UP-TO-DATE   AVAILABLE   NODE SELECTOR            AGE
calico-node   3         3         3       3            3           kubernetes.io/os=linux   14h
filebeat      2         2         2       2            2           <none>                   12m
kube-proxy    3         3         3       3            3           kubernetes.io/os=linux   18d
```

除了刚创建的 filebeat,还有 calico-node 和 kube-proxy,它们也通过 DaemonSet 进行管理。

查看与 Filebeat 相关的 Pod 和运行的节点:

```
[root@k8s-master ~]# kubectl get pods -l app=filebeat -o wide -n kube-system
NAME                READY    STATUS         RESTARTS   AGE     IP
NODE            NOMINATED NODE    READINESS GATES
filebeat-6r7wr      1/1      Running        0          15m     10.244.36.112
k8s-node1       <none>            <none>
filebeat-dx9n4      1/1      Running        0          15m     10.244.169.167
k8s-node2       <none>            <none>
```

可以看到，Pod 分别运行在"k8s-node1"和"k8s-node2"节点上，为什么"k8s-master"节点没有运行呢？

这是因为"k8s-master"节点默认设置了污点，需要配置相应的污点容忍度才能将其调度到该节点上。关于污点的详细内容，第 9 章将对其进行讲解。

2．升级

如果需要更新 Filebeat 版本，可通过更新 DaemonSet 对象中的"image"字段或者通过"kubectl set image"命令来实现。例如将镜像版本从 8.10.1 升级到 8.10.2：

```
kubectl set image daemonset/filebeat filebeat=docker.elastic.co/beats/
filebeat:8.10.2 -n kube-system
```

3．回滚

如果版本升级失败，可通过回滚到上一个稳定版本：

```
kubectl rollout undo daemonset/filebeat -n kube-system
```

与 Deployment 不同，DaemonSet 是通过 ControllerRevision 进行历史版本管理的。每次升级版本时，都会创建一个新的 ControllerRevision 对象，用于保存该版本的完整配置。
查看对象：

```
[root@k8s-master ~]# kubectl get controllerrevision -n kube-system
NAME                    CONTROLLER                  REVISION    AGE
filebeat-54b4998bdc     daemonset.apps/filebeat     1           64m
filebeat-96bd7b554      daemonset.apps/filebeat     2           28m
```

查看对象详情：

```
[root@k8s-master ~]# kubectl describe controllerrevision filebeat-
54b4998bdc -n kube-system
Name:          filebeat-54b4998bdc
Namespace:     kube-system
Labels:        app=filebeat
               controller-revision-hash=54b4998bdc
Annotations:   deprecated.daemonset.template.generation: 1
API Version:   apps/v1
```

```
Data:
  Spec:
    Template:
      $patch:  replace
      Metadata:
        Creation Timestamp:  <nil>
        Labels:
          App:  filebeat
      Spec:
        Containers:
          Image:                    elastic/filebeat:7.10.2
          Image Pull Policy:        IfNotPresent
          Name:                     filebeat
          Resources:
          Termination Message Path:    /dev/termination-log
          Termination Message Policy:  File
          Volume Mounts:
            Mount Path:  /var/log
            Name:        logs
        Dns Policy:      ClusterFirst
        Restart Policy:  Always
        Scheduler Name:  default-scheduler
        Security Context:
        Termination Grace Period Seconds:  30
        Volumes:
          Host Path:
            Path:  /var/log
            Type:
          Name:    logs
Kind:         ControllerRevision
Metadata:
  Creation Timestamp:  2023-12-23T11:38:55Z
  Owner References:
    API Version:            apps/v1
    Block Owner Deletion:   true
    Controller:             true
    Kind:                   DaemonSet
    Name:                   filebeat
    UID:                    37c765b7-7061-486e-851b-a32fb4c3a35e
  Resource Version:    503975
  UID:                 698de806-a656-4345-891f-78ef2e83441e
Revision:  1
Events:                <none>
```

ControllerRevision 对象实际上将更新的完整配置保存在 **Data** 字段中。当执行回滚操作时，会读取 **Data** 字段的内容来应用配置。

4．删除

删除名为"filebeat"的 DaemonSet 资源：

```
[root@k8s-master ~]# kubectl delete daemonset filebeat -n kube-system
```

4.4　Job 与 CronJob

Deployment 和 DaemonSet 资源主要用于部署和管理守护进程型的应用程序，如 Nginx、MySQL 等。这类应用程序的特点是持续运行，通常在没有明确停止或下线的情况下一直保持运行状态。此外，Kubernetes 还提供 Job 和 CronJob 资源，用于管理一次性任务和定时任务，如计算任务、数据备份、数据转换等，这类应用程序通常在需要时运行，并在完成后自动结束。

4.4.1　Job

假设有一项计算圆周率的值的任务，我们可以使用 Job 来完成这项任务。以下是 Job 资源的配置示例：

```
[root@k8s-master ~]# vi job-pi.yaml
apiVersion: batch/v1
kind: Job
metadata:
  name: pi
spec:
  template:
    spec:
      containers:
      - name: pi
        image: perl
        command: ["perl",  "-Mbignum=bpi", "-wle", "print bpi(2000)"]
      restartPolicy: Never
```

在上述示例中，该 Job 定义了一个 Perl 容器。容器启动后，执行命令"perl -Mbignum=bpi -wle 'print bpi(2000)'"来计算圆周率的值（即 3.1415926…），并输出结果。将重启策略"restartPolicy"字段设置为"Never"，表示当容器终止后不会自动重启容器。

创建 Job 资源：

```
[root@k8s-master ~]# kubectl apply -f job-pi.yaml
```

查看 Job 对象：

```
[root@k8s-master ~]# kubectl get job
NAME   COMPLETIONS   DURATION   AGE
pi     0/1           2s         2s
```

查看 Pod：

```
[root@k8s-master ~]# kubectl get pods
NAME         READY   STATUS    RESTARTS   AGE
pi-2jjwr     1/1     Running   0          3s
```

Pod 处于"Running"状态，说明容器在执行任务中。等待约 1 min，任务执行完成，Pod 转为"Completed"状态。此时，我们可以通过查看 Pod 日志获取计算结果：

```
[root@k8s-master ~]# kubectl logs pi-2jjwr
3.1415926...
```

如果 Pod 启动失败，Job 会不断地创建新的 Pod，直到重试次数到达上限，重试次数由"backoffLimit"字段设置，默认值为 6，即最多重试创建 6 个 Pod，每次创建间隔时间呈指数级增加（10 s，20 s，40 s，…），其最长延迟为 5 min。

任务完成后，Job 对象和生成的 Pod 不会自动删除，需要手动删除对应的 Job 对象：

```
[root@k8s-master ~]# kubectl delete job pi
```

4.4.2 ConJob

假设有一项定期执行数据备份的任务，我们可以使用 ConJob 来完成这项任务。以下是 ConJob 资源的配置示例：

```
[root@k8s-master ~]# vi cronjob-mysql-backup.yaml
apiVersion: batch/v1
kind: CronJob
metadata:
  name: mysql-backup
spec:
  schedule: "0 1 * * *"
  jobTemplate:
    spec:
      template:
        spec:
          containers:
          - name: backup
            image: mysql:5.7
            command:
            - /bin/sh
            - -c
```

```
            - mysqldump -h <IP 地址或主机名> -u <用户名> -p<密码> <数据库名称> >
/opt/<数据库名称>_$(date +\%Y\%m\%d_\%H\%M\%S).sql
          restartPolicy: OnFailure
```

在上述示例中，部分字段含义如下。

☑ schedule：设置调度时间的表达式，语法格式与 Linux 系统上的 crontab 相同。Cron 表达式如图 4-10 所示。

*	*	*	*	*
分钟 值范围：0～59	小时 值范围：0～23	日 值范围：1～31	月份 值范围：1～12	星期 值范围：0～6

图 4-10　Cron 表达式

这里值为“0 1 * * *”，表示每天凌晨 1 点执行。

☑ jobTemplate：定义执行的任务模板，其中包含一个 MySQL 容器。容器启动后，执行“mysqldump”命令，将远程 MySQL 数据库导出为 SQL 文件。

☑ restartPolicy：重启策略，这里将其值设置为“OnFailure”，表示当容器异常退出时（退出状态码为非 0）自动重启容器。

创建 ConJob 资源：

```
[root@k8s-master ~]# kubectl apply -f cronjob-mysql-backup.yaml
```

查看 ConJob 对象：

```
[root@k8s-master ~]# kubectl get cronjob
NAME    SCHEDULE      SUSPEND   ACTIVE   LAST SCHEDULE   AGE
hello   0 1 * * *     False     0        <none>           4s
```

在输出结果中，各字段含义如下。

☑ NAME：名称。

☑ SCHEDULE：调度时间。

☑ SUSPEND：是否挂起。

☑ ACTIVE：当前活跃的任务数。

☑ LAST SCHEDULE：最近一次调度时间。

☑ AGE：创建时间。

ConJob 是基于 Job 实现的，它通过定期创建一个新的 Job 对象来执行一次任务。默认情况下，只保留最近成功完成的 3 个 Job 对象，我们可以通过“successfulJobsHistoryLimit”字段来设置要保留成功的 Job 数量。

如果调度间隔时间短,则可能会出现两个 Job 同时存在的情况,即上一个 Job 还没有执行完成,下一个 Job 已启动。ConJob 允许这情况发生,该行为由"concurrencyPolicy"字段控制,并具有以下可选值。

- ☑ Allow:默认值,允许并发执行多个相同的 Job。
- ☑ Forbid:禁止并发执行相同的 Job。如果上一个 Job 没有执行完成,则跳过下一个 Job。
- ☑ Replace:如果上一个 Job 没有执行完成,则新的 Job 会替换正在运行的 Job。

如果不再需要定期执行这个任务,只需删除对应的 ConJob 对象即可:

```
[root@k8s-master ~]# kubectl delete cronjob mysql-backup
```

4.5 本章小结

本章讲解了 Kubernetes 的工作负载资源,以及它们在不同场景下的应用,具体如下:
- ☑ 根据应用程序的特点选择不同的工作负载资源。
- ☑ Deployment 资源适用于管理无状态应用程序,如 Web 服务、微服务和 API 等。它通过 ReplicaSet 来管理 Pod 副本数、滚动升级和回滚。
- ☑ DaemonSet 资源确保在每个节点上运行一个 Pod 副本,适用于管理与主机系统级别相关的守护进程,如日志采集器、监控代理。
- ☑ Job 资源用于执行一次性任务,而 CronJob 资源则根据预定的时间表定期创建 Job。

第 5 章 Service 资源对象

在虚拟机环境中,通常使用虚拟机的 IP 地址访问应用程序,即使虚拟机重启或应用程序重新部署,该 IP 地址也不会发生变化。但 Pod 的特点是"临时性",可以随时启动、停止和删除,它的 IP 地址会随着重建而发生变化,因此无法再通过之前的 IP 地址进行访问。为了解决这个问题,引入 Service 资源。

5.1 Service 概述

Service 是 Kubernetes 中的一种资源对象,用于定义一组 Pod 的网络访问规则,它为 Pod 提供了一个稳定的统一访问入口,允许客户端始终使用同一个 IP 地址进行访问,避免了直接使用 Pod IP 地址导致的不稳定性。

Service 主要有以下两种功能。
- ☑ 负载均衡:当多个 Pod 提供服务时,Service 通过负载均衡算法将请求分发到这些 Pod 上,从而实现应用程序的负载均衡。
- ☑ 服务发现:Service 提供了一种服务发现机制,自动维护后端 Pod IP 的变化,从而保证客户端访问应用程序不受后端 Pod 变化的影响。

5.2 Service 定义

假设集群中有一组由 Deployment 管理的 Pod,这些 Pod 在 TCP 的 80 端口上提供服务,Pod 标签为"app=nginx",如下所示:

```
[root@k8s-master ~]# kubectl get pods --show-labels
NAME                        READY   STATUS    RESTARTS   AGE     LABELS
nginx-547c668f69-cdd52      1/1     Running   0                   3m10s
app=nginx,pod-template-hash=547c668f69
```

```
    nginx-547c668f69-p8jf9        1/1        Running      0        3m10s
app=nginx,pod-template-hash=547c668f69
    nginx-547c668f69-rxf7l        1/1        Running      0        3m10s
app=nginx,pod-template-hash=547c668f69
```

为了将这组 Pod 对外公开，创建一个 Service 资源，配置如下：

```
[root@k8s-master ~]# vi service.yaml
apiVersion: v1
kind: Service
metadata:
  name: nginx
spec:
  ports:
  - port: 80
    protocol: TCP
    targetPort: 80
  selector:
    app: nginx
```

在上述示例中，部分字段含义如下。

- ☑ port：端口映射列表。
- ☑ protocol：端口协议，支持 TCP、UDP 和 SCTP，默认为 TCP。
- ☑ targetPort：目标端口，即容器中应用程序监听的端口。
- ☑ selector：标签选择器（Label Selector），用于定义 Service 应该将流量转发到哪些 Pod 上。这里表示只有带有 "app=nginx" 标签的 Pod 才会被该 Service 转发流量。标签选择器如图 5-1 所示。

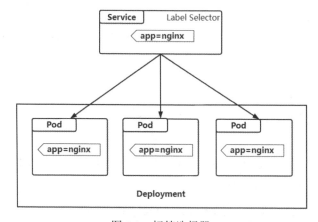

图 5-1 标签选择器

创建 Service 资源：

```
[root@k8s-master ~]# kubectl apply -f service.yaml
```

查看 Service 对象：

```
[root@k8s-master ~]# kubectl get svc nginx
NAME    TYPE        CLUSTER-IP       EXTERNAL-IP   PORT(S)   AGE
nginx   ClusterIP   10.101.31.237    <none>        80/TCP    67s
```

在输出结果中，各字段含义如下。

- ☑ NAME：名称。
- ☑ TYPE：公开类型，默认类型为 ClusterIP。
- ☑ CLUSTER-IP：集群 IP 地址，也称为虚拟 IP 地址。
- ☑ EXTERNAL-IP：外部 IP 地址。当正确使用 LoadBalancer 或 ExternalName 类型时，才会显示外部 IP 地址，否则会显示"none"或者"pending"。
- ☑ PORT(S)：公开端口和协议。
- ☑ AGE：创建时间。

综上所述，该 Service 分配的虚拟 IP 地址是"10.101.31.237"，监听 TCP 协议 80 端口。该 Service 可以在集群中的任意 Pod 或节点上通过地址"10.101.31.237:80"访问这组 Pod。

如果 Pod 在多个端口上提供服务，你可以为每个端口定义一个端口映射规则，并为每个规则指定一个唯一的名称，以便对它们进行区分。配置示例如下：

```
apiVersion: v1
kind: Service
metadata:
  name: nginx
spec:
  ports:
  - name: http
    port: 80
    protocol: TCP
    targetPort: 80
  - name: https
    port: 443
    protocol: TCP
    targetPort: 443
  selector:
    app: nginx
```

在上述示例中，定义了两个端口映射规则。其中，第一个规则将 80 端口映射到 Pod 上的 80 端口，第二个规则将 443 端口映射到目标 Pod 上的 443 端口。

在 Service 对象的"PORT(S)"列也会显示这两个规则公开的端口：

```
[root@k8s-master ~]# kubectl get svc
NAME       TYPE        CLUSTER-IP       EXTERNAL-IP   PORT(S)          AGE
nginx      ClusterIP   10.102.54.169    <none>        80/TCP,443/TCP   3s
```

在集群中任意 Pod 或节点上，访问虚拟 IP 地址"10.102.54.169"的 80 端口将流量转发到目标 Pod 的 80 端口，而访问 443 端口将流量转发到目标 Pod 的 443 端口。Service 多端口映射如图 5-2 所示。

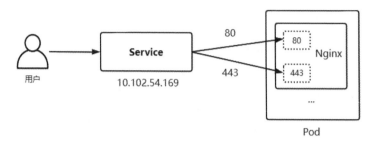

图 5-2 Service 多端口映射

Service 的虚拟 IP 地址是从 Kubernetes 集群的"Service 网络的 CIDR 地址范围"（在"kubeadm init"命令中指定）中分配的。如果想查看该 CIDR 地址范围，可以使用以下命令：

```
kubectl cluster-info dump | grep -i service-cluster-ip-range
```

5.3 Service 公开类型

Service 的公开类型定义了 Service 如何对外部网络公开，并支持四种公开类型：

- ☑ ClusterIP：默认类型。Service 会被分配一个虚拟 IP 地址。集群中的应用程序可以通过该 IP 地址访问 Service。
- ☑ NodePort：在每个节点上开放一个固定端口，并将该端口映射到 Service 上。这允许集群外部的用户可以通过节点 IP 地址和固定端口访问 Service。
- ☑ LoadBalancer：在底层云提供商创建一个负载均衡器，并将外部流量转发到集群中的 Service。
- ☑ ExternalName：将 Service 的名称映射到指定的外部域名。

5.3.1 ClusterIP

ClusterIP 类型适用于应用程序仅需要在集群内部访问的场景。

假设集群中部署了一个搜索接口服务，并且该服务仅由集群中的其他应用程序调用。

在这种情况下,我们可以使用 Service ClusterIP 类型来公开相关 Pod,如图 5-3 所示。

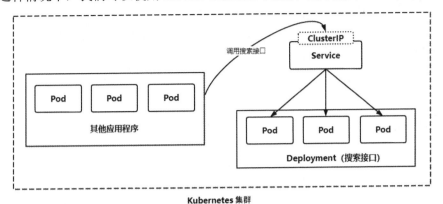

图 5-3　ClusterIP 类型

Service ClusterIP 类型的配置示例如下:

```
apiVersion: v1
kind: Service
metadata:
  name: search-api
spec:
  type: ClusterIP    # 可省略
  ports:
  - port: 80
    protocol: TCP
    targetPort: 8080
  selector:
    app: search-api
```

上述示例定义一个 ClusterIP 类型的 Service。集群中的其他应用程序可以通过访问该 Service 的虚拟 IP 地址来访问搜索接口服务。

5.3.2　NodePort

NodePort 类型适用于应用程序需要集群外部访问的场景。

假设集群中部署了一个网站,该网站对集群外的用户提供了访问权限。在这种情况下,我们可以使用 Service NodePort 类型来公开相关的 Pod,如图 5-4 所示。

Service NodePort 类型的配置示例如下:

```
apiVersion: v1
kind: Service
```

```
metadata:
  name: portal
spec:
  type: NodePort
  ports:
  - port: 80
    protocol: TCP
    targetPort: 80
  selector:
    app: portal
```

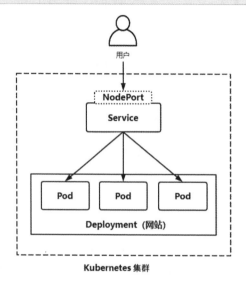

图 5-4 NodePort 类型

创建该 Service 资源后，查看对象：

```
[root@localhost ~]# kubectl get svc portal
NAME     TYPE       CLUSTER-IP      EXTERNAL-IP   PORT(S)        AGE
portal   NodePort   10.106.38.75    <none>        80:32705/TCP   1m
```

在上述结果中，"PORT(S)"列显示的值为"80:32705"，其中冒号（":"）左侧表示访问虚拟 IP 地址对应的端口，右侧表示节点开放的固定端口（即 nodePort 端口）。用户可以通过任意节点的 IP 地址和 32705 端口来访问网站，如"http://192.168.1.72:32705"。

默认情况下，Kubernetes 为 NodePort 类型的 Service 分配一个固定端口。该端口取值为 3000~32767。我们可以通过"nodePort"字段指定端口，如指定 30001 端口，配置示例如下：

```
apiVersion: v1
kind: Service
```

```
metadata:
  name: portal
spec:
  type: NodePort
  ports:
  - port: 80
    protocol: TCP
    targetPort: 80
    nodePort: 30001
  selector:
    app: portal
```

需要注意的是，指定的端口必须在端口范围内且未被其他 Service 使用。

5.3.3　LoadBalancer

LoadBalancer 类型是针对云提供商（如阿里云、AWS、Azure）设计的一种类型。当创建一个 LoadBalancer 类型的 Service 时，云提供商的控制器从 Kubernetes API 中感知到该 Service，然后调用云提供商 API 来创建一个负载均衡器，并将节点 IP 地址和 nodePort 端口作为后端添加到该负载均衡器中，这意味着用户可以通过负载均衡器访问集群中的 Service，如图 5-5 所示。

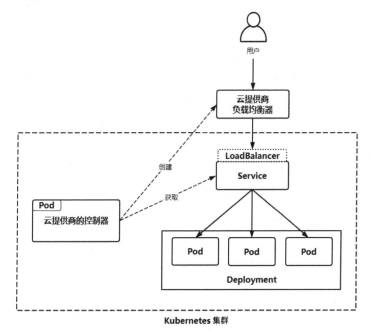

图 5-5　LoadBalancer 类型

Service LoadBalancer 类型的配置示例如下：

```
apiVersion: v1
kind: Service
metadata:
  name: portal
spec:
  type: LoadBalancer
  ports:
  - port: 80
    protocol: TCP
    targetPort: 80
  selector:
    app: portal
```

创建 LoadBalancer 类型的 Service 资源后，Service 对象的"EXTERNAL-IP"列将显示云提供商分配的负载均衡器 IP 地址。通过该 IP 地址，应用程序只能访问 Service 名称，从而访问应用程序。

需要注意的是，使用 LoadBalancer 类型的前提是云提供商的控制器已经被部署在集群中。你可以从你的云提供商处获取有关这个控制器的详细内容。

5.3.4 ExternalName

ExternalName 是一个特殊的类型，与其他类型不同的是，它不提供负载均衡和服务发现功能，而是专用于将 Service 的名称映射到指定的外部域名上。因此，你不需要为 ExternalName 类型的 Service 定义"selector"字段，也不会为它分配虚拟 IP 地址，应用程序只能通过 Service 名称访问该外部域名。ExternalName 类型如图 5-6 所示。

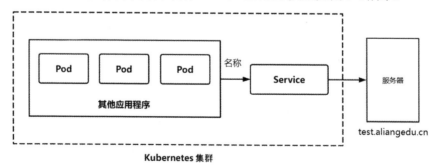

图 5-6 ExternalName 类型

ExternalName 类型只有在集群中需要使用 Service 名称来访问外部域名时才会被用到。Service ExternalName 类型的配置示例如下：

```
apiVersion: v1
kind: Service
metadata:
  name: edu
spec:
  type: ExternalName
  externalName: test.aliangedu.cn
```

通过这样的配置，集群中的应用程序可以通过 Service 名称"edu.default.svc.cluster.local"来访问外部域名"test.aliangedu.cn"。

5.4 Endpoints 对象

当创建一个 Service 时，Kubernetes 会根据 Service 创建一个 Endpoints 对象，该对象负责维护与 Service 相关的后端 Pod 信息，并确保 Service 可以被正确地转发到后端 Pod。它们之间的关系如图 5-7 所示。

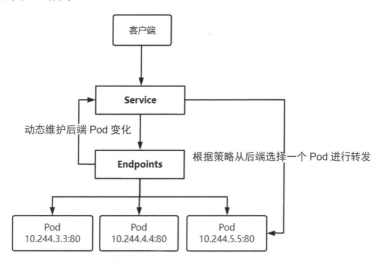

图 5-7　Service 与 Endpoints 对象的关系

查看 Endpoints 对象：

```
[root@k8s-master ~]# kubectl get ep
NAME         ENDPOINTS                                                    AGE
kubernetes   192.168.1.71:6443                                            6d
nginx        10.244.169.135:80,10.244.169.136:80,10.244.36.71:80          148m
```

在上述结果中："NAME"列显示的名称与 Service 名称相对应；"ENDPOINTS"列显

示了关联的 Pod IP 地址和端口,其中超出 3 个显示为省略号。

Endpoints 资源还可以手动创建,自定义关联的 IP 地址和端口,以满足特定网络代理需求。例如,通过 Service 代理集群外部的 MySQL 服务,配置示例如下:

```
[root@k8s-master ~]# vi service-mysql-proxy.yaml
apiVersion: v1
kind: Endpoints
metadata:
  name: mysql-proxy
subsets:
- addresses:
  - ip: 192.168.1.74
  ports:
  - port: 3306
    protocol: TCP
---
apiVersion: v1
kind: Service
metadata:
  name: mysql-proxy
spec:
  ports:
    - port: 3306
      targetPort: 3306
```

上述示例首先定义了一个名为"mysql-proxy"的 Endpoints 资源,其中 subsets(子集)字段包含了一个 MySQL 服务的 IP 地址和端口,然后定义了一个名为"mysql-proxy"的 Service 资源,将访问 3306 端口的流量转发到目标端口 3306。这里不需要定义"selector"字段,表明 Service 不是通过标签选择器来发现 Pod 的。

创建资源:

```
[root@k8s-master ~]# kubectl apply -f service-mysql-proxy.yaml
```

查看 Service 和 Endpoints 对象:

```
[root@k8s-master ~]# kubectl get svc,ep mysql-proxy
NAME                  TYPE       CLUSTER-IP       EXTERNAL-IP   PORT(S)    AGE
service/mysql-proxy   NodePort   10.98.167.154    <none>        3306/TCP   1m48s

NAME                    ENDPOINTS            AGE
endpoints/mysql-proxy   192.168.1.74:3306    1m48s
```

集群中的应用程序可以通过 Service 的虚拟 IP 地址 10.98.167.154 和 3306 端口来访问外部的 MySQL 服务。

5.5 Service 服务发现

Kubernetes 提供了两种的服务发现模式：环境变量和 DNS。Pod 中的应用程序可以通过它们访问其他 Service。

5.5.1 环境变量

当创建一个 Pod 时，Kubernetes 默认会将同一命名空间下的所有 Service 信息以环境变量的形式注入 Pod 中。其中，"<SERVICE_NAME>_SERVICE_HOST" 环境变量保存了 Service 的虚拟 IP 地址，"<SERVICE_NAME>_SERVICE_PORT" 环境变量保存了 Service 的端口号。这样，容器中的应用程序可以通过这些环境变量来获取 Service 的访问地址。

创建一个临时 Pod 并进入容器中以执行 env 命令查看环境变量：

```
[root@k8s-master ~]# kubectl run -it --rm test --image=busybox -- sh
/ # env | grep _SERVICE_
KUBERNETES_SERVICE_PORT=443
NGINX_SERVICE_HOST=10.101.31.237
NGINX_SERVICE_PORT=80
KUBERNETES_SERVICE_PORT_HTTPS=443
KUBERNETES_SERVICE_HOST=10.96.0.1
```

5.5.2 DNS

Kubernetes 默认使用 CoreDNS 作为集群内部的 DNS 服务，它主要负责解析 Service 名称，这允许集群中的应用程序可以通过 Service 名称进行通信，而无须硬编码具体的虚拟 IP 地址。

Service 名称的域名格式为 "<SERVICE_NAME>.<NAMESPACE>.svc.cluster.local"。

在 Busybox 容器中进行域名解析测试，结果如下：

```
/ # nslookup nginx.default.svc.cluster.local
Server:    10.96.0.10
Address 1: 10.96.0.10 kube-dns.kube-system.svc.cluster.local

Name:      nginx.default.svc.cluster.local
Address 1: 10.101.31.237 nginx.default.svc.cluster.local
```

域名 "nginx.default.svc.cluster.local" 解析的 IP 地址正是对应的虚拟 IP 地址，这意味

着可以通过这个域名访问 Service。

1. CoreDNS 工作流程

在容器中访问一个域名时，系统会将 DNS 查询请求发送到"/etc/resolv.conf"文件中配置的 DNS 服务器地址，即 CoreDNS Service 的虚拟 IP 地址。CoreDNS 服务接收到 DNS 查询请求后，根据 Service 名称解析为相应的虚拟 IP 地址。CoreDNS 工作流程如图 5-8 所示。

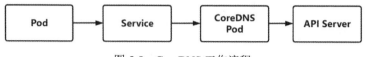

图 5-8　CoreDNS 工作流程

容器中"/etc/resolv.conf"文件的内容如下：

```
nameserver 10.96.0.10
search default.svc.cluster.local svc.cluster.local cluster.local
options ndots:5
```

上述各字段含义如下。
- nameserver：DNS 服务器的 IP 地址。这里的值为"10.96.0.10"，即 CoreDNS Service 的虚拟 IP 地址。
- search：DNS 查询的搜索域列表。
- options：选项参数。ndots 参数表示，如果域名中的"."少于 5 个，系统会先将域名与上述 search 搜索域列表中的内容按顺序进行拼接并依次进行 DNS 查询。如果解析失败，系统将尝试使用原域名进行 DNS 查询。例如，对于域名"nginx"，系统将先使用完整域名"nginx.default.svc.cluster.local"进行 DNS 查询。

查看 CoreDNS Pod 和 Service 对象：

```
[root@k8s-master ~]# kubectl get pod,svc -l k8s-app=kube-dns -n kube-system
NAME                           READY   STATUS    RESTARTS   AGE
coredns-5bbd96d687-fmbbx       1/1     Running   0          8d
coredns-5bbd96d687-l2q8c       1/1     Running   0          8d

NAME               TYPE        CLUSTER-IP   EXTERNAL-IP   PORT(S)                  AGE
service/kube-dns   ClusterIP   10.96.0.10   <none>        53/UDP,53/TCP,9153/TCP   8d
```

2. Pod 的 DNS 策略

Pod 的 DNS 策略指定了 Pod 内部用于域名解析的策略。在 Pod 配置中，"dnsPolicy"字段的设置具有以下可选值。
- ClusterFirst：默认值。优先使用集群内部的 CoreDNS 服务进行域名解析，如果无法解析，则尝试使用主机上配置的 DNS 服务器进行域名解析。

- ☑ ClusterFirstWithHostNet：作用与 ClusterFirst 一样，但仅在 Pod 运行在主机网络命名空间中（hostNetwork: true）时使用，确保 Pod 仍然可以使用集群内部的 CoreDNS 服务进行域名解析。
- ☑ Default：Pod 使用主机上配置的 DNS 服务器进行域名解析，这意味着它不支持 Service 名称解析。
- ☑ None：当设置为 None 时，需要通过"dnsConfig"字段来手动配置 DNS 参数，如 DNS 服务器、搜索路径等，以满足特定 DNS 解析需求。

Pod DNS 策略的配置示例如下：

```
apiVersion: v1
kind: Pod
metadata:
  name: dns-test
spec:
  containers:
  - image: busybox:1.28
    name: busybox
    command: ['/bin/sh', '-c', "sleep 1d"]
  hostNetwork: true
  dnsPolicy: ClusterFirstWithHostNet
```

在上述示例中，Pod 共享主机网络，为了确保 Pod 仍然可以进行 Service 名称解析，将 DNS 策略设置为"ClusterFirstWithHostNet"。

3. 自定义 DNS 记录

CoreDNS 允许用户自定义 DNS 记录，以满足更多的域名解析需求。例如，集群中的应用程序可以通过自定义的域名（mysql.k8s.com）访问外部的 MySQL 服务。编辑 CoreDNS 配置文件（存储在 ConfigMap 对象中）：

```
[root@k8s-master ~]# kubectl edit configmap coredns -n kube-system
apiVersion: v1
data:
  Corefile: |
    .:53 {
        errors
        health {
           lameduck 5s
        }
        ready
        kubernetes cluster.local in-addr.arpa ip6.arpa {
           pods insecure
           fallthrough in-addr.arpa ip6.arpa
```

```
        ttl 30
    }
    # 新增
    hosts {
      192.168.1.74 mysql.k8s.com
    }
...
```

上述配置新增了"hosts{}"部分,用于定义域名和 IP 地址映射。其中有一条映射规则,表示将域名"mysql.k8s.com"解析到 IP 地址"192.168.1.74"。

重建 Pod 使其配置生效:

```
[root@k8s-master ~]# kubectl rollout restart deployment/coredns -n kube-system
```

在 Busybox 容器中进行域名解析测试,结果如下:

```
/ # nslookup mysql.k8s.com
Server:    10.96.0.10
Address 1: 10.96.0.10 kube-dns.kube-system.svc.cluster.local

Name:      mysql.k8s.com
Address 1: 192.168.1.74 mysql.k8s.com
```

域名"mysql.k8s.com"解析的 IP 地址为"192.168.1.74",这意味着集群中的应用程序可以通过这个域名访问 MySQL 服务。

4. 指定外部 DNS 服务器

假设公司内部有一台 DNS 服务器,负责对内部应用程序的域名进行解析。现在,我们希望集群中的应用程序能够继续使用该域名访问内部应用程序。这虽然可以通过自定义 DNS 记录来实现,但是当域名较多或者动态变化时,会显得很不方便。在这种情况下,可以给 CoreDNS 指定外部 DNS 服务器作为上游服务器,将来自指定域名后缀的 DNS 查询请求转发到这台 DNS 服务器上,如图 5-9 所示。

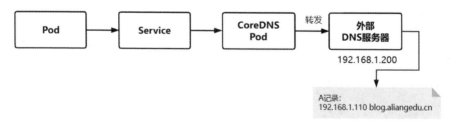

图 5-9 CoreDNS 指定外部 DNS 服务器

指定外部 DNS 服务器的配置示例如下:

```
[root@k8s-master ~]# kubectl edit configmap coredns -n kube-system
apiVersion: v1
data:
  Corefile: |
    .:53 {
        errors
        health {
           lameduck 5s
        }
        ready
        kubernetes cluster.local in-addr.arpa ip6.arpa {
           pods insecure
           fallthrough in-addr.arpa ip6.arpa
           ttl 30
        }
        hosts {
           192.168.1.74 mysql.k8s.com
        }
        prometheus :9153
        forward . /etc/resolv.conf {
           max_concurrent 1000
        }
        cache 30
        loop
        reload
        loadbalance
    }
    # 新增
    aliangedu.cn:53 {
        errors                        # 错误记录到标准输出
        cache 30                      # 启用缓存
        forward . 192.168.1.200       # 指定转发的 DNS 服务器
    }
```

上述配置新增了"aliangedu.cn:53{}"部分，这意味着来自"aliangedu.cn"域名后缀的 DNS 查询请求被转发到外部 DNS 服务器"192.168.1.200"。

重建 Pod 使其配置生效：

```
[root@k8s-master ~]# kubectl rollout restart deployment/coredns -n kube-system
```

当集群中的应用程序访问域名"blog.aliangedu.cn"时，它将返回 IP 地址为"192.168.1.110"。

5.6 Service 代理模式

当访问 Service 的虚拟 IP 地址时，流量会被转发到后端 Pod，那这个转发是怎么实现的呢？

Service 是一个抽象的资源对象，主要用于定义端口映射规则。具体的流量转发工作由 kube-proxy 组件负责，它利用主机上的 Iptables 和 IPVS 技术来实现具体的网络转发，如图 5-10 所示。

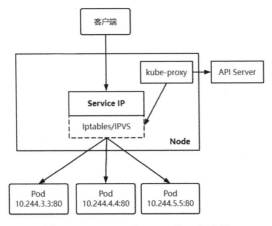

图 5-10　Iptables 和 IPVS 的工作流程

kube-proxy 组件默认使用 Iptables 作为代理模式，通过在节点上自动配置 Iptables 规则来实现 Pod 的负载均衡和网络转发。在使用 IPVS 作为代理模式时，kube-proxy 组件在节点上自动配置 IPVS 规则来实现 Pod 的负载均衡和网络转发。

5.6.1 iptables

当创建一个 Service 时，kube-proxy 组件会在节点上创建一系列 Iptables 规则，这些规则可以在任意节点上通过"iptables-save"命令进行查看。由于规则比较多，可以结合"grep"命令过滤出与指定 Service 名称相关的规则。例如，要查看与名为"nginx"的 Service 相关的 Iptables 规则，则执行"iptables-save |grep nginx"命令，在输出结果中包含这一条规则：

```
-A KUBE-SERVICES -d 10.101.31.237/32 -p tcp -m comment --comment
"default/nginx cluster IP" -m tcp --dport 80 -j KUBE-SVC-2CMXP7HKUVJN7L6M
```

这条规则的作用是将目标 IP 地址 10.101.31.237 和目标端口 80 的 TCP 流量跳转到

"KUBE-SVC-2CMXP7HKUVJN7L6M"链中进一步处理。

各部分的含义具体如下：

- ☑ "-A KUBE-SERVICES"：这条规则在"KUBE-SERVICES"链中，该链是专门为Service创建的。
- ☑ "-d 10.101.31.237/32"：匹配目标IP地址为10.101.31.237的流量。
- ☑ "-p tcp"：仅处理TCP流量。
- ☑ "--comment "default/django-blog:http""：这是一个注释，用于对规则进行描述，以方便我们对其进行管理。
- ☑ "-m tcp --dport 80"：匹配目标端口为80的TCP流量。
- ☑ "-j KUBE-SVC-2CMXP7HKUVJN7L6M"：如果上述条件匹配，则将流量跳转到"KUBE-SVC-2CMXP7HKUVJN7L6M"链。

继续查看链"KUBE-SVC-2CMXP7HKUVJN7L6M"中的规则，执行"iptables-save |grep KUBE-SVC-2CMXP7HKUVJN7L6M"命令，在输出结果中包含这三条规则：

```
-A KUBE-SVC-2CMXP7HKUVJN7L6M -m comment --comment "default/nginx → 10.244.169.135:80" -m statistic --mode random --probability 0.33333333349 -j KUBE-SEP-JABTJNSPARJARZOW
-A KUBE-SVC-2CMXP7HKUVJN7L6M -m comment --comment "default/nginx → 10.244.169.136:80" -m statistic --mode random --probability 0.50000000000 -j KUBE-SEP-TZBGLRHUI2CFM5CU
-A KUBE-SVC-2CMXP7HKUVJN7L6M -m comment --comment "default/nginx → 10.244.36.71:80" -j KUBE-SEP-UUAJVB3JHXHV2PSS
```

这一组规则用于将流量跳转到指定的链，这里是实现负载均衡的关键所在。

我们知道，Iptables规则是按照顺序从上到下匹配的，如果有多条相同条件规则，则会始终匹配到第一条规则。Kubernetes为了实现负载均衡的能力，在上述相同条件规则中添加了"-m statistic --mode random --probability"参数，这表示以随机的方式按照给定的概率选择是否匹配这条规则。具体来说，第一条规则将有33.33%的概率被匹配，如果第一条没有被匹配（即未被选中），那么第二条规则将有50%的概率被匹配，如果前两条规则都没有被匹配，则匹配第三条规则，从而实现了简单的负载均衡算法，确保了这些规则被均匀匹配。

例如，匹配到第一条规则，流量会被调整到"KUBE-SEP-JABTJNSPARJARZOW"链，执行"iptables-save |grep KUBE-SEP-JABTJNSPARJARZOW"命令查看该链规则，其输出结果包含这一条规则：

```
-A KUBE-SEP-JABTJNSPARJARZOW -p tcp -m comment --comment "default/nginx" -m tcp -j DNAT --to-destination 10.244.169.135:80
```

这条规则的作用是通过DNAT（目标地址转换）将流量重定向到目标IP地址10.244.

169.135 的 TCP 端口 80，即其中一个后端 Pod IP 和端口。

如果 Service 是 NodePort 类型，则执行"iptables-save |grep nginx"命令，其输出结果也包含这一条规则：

```
-A KUBE-NODEPORTS -p tcp -m comment --comment "default/nginx" -m tcp --dport 30109 -j KUBE-EXT-2CMXP7HKUVJN7L6M
```

这条规则的作用是将目标端口为 30109 的 TCP 流量跳转到名为"KUBE-EXT-2CMXP7HKUVJN7L6M"链。执行"iptables-save |grep KUBE-EXT-2CMXP7HKUVJN7L6M"命令查看该链，其输出结果包含这一条规则：

```
-A KUBE-EXT-2CMXP7HKUVJN7L6M -j KUBE-SVC-2CMXP7HKUVJN7L6M
```

这条规则很简单，它将流量又跳转到名为"KUBE-SVC-2CMXP7HKUVJN7L6M"链，该链正是上述实现负载均衡的链。换句话说，上述看到的"KUBE-SERVICES"和"KUBE-NODEPORTS"链的规则分别是 ClusterIP 和 NodePort 类型的入口规则，流量都会跳转到"KUBE-SVC-2CMXP7HKUVJN7L6M"链。Iptables 规则处理流程如图 5-11 所示。

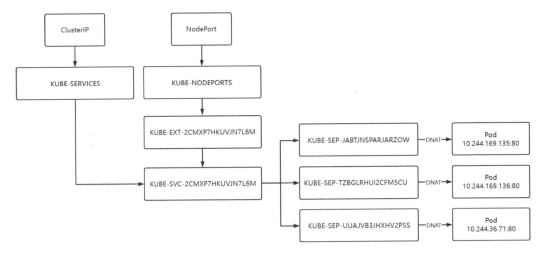

图 5-11 Iptables 规则处理流程

综上所述，当集群中的 Pod 访问地址"http://10.101.31.237:80"或者集群外部的用户访问地址"http://<节点 IP 地址>:30109"时，这些规则将处理流量，并将其转发到后端的 Pod。

5.6.2 ipvs

Iptables 的设计初衷是提供防火墙、NAT（网络地址转换）等网络层面的功能，通常 Iptables 规则不会很多。但在 Kubernetes 场景中，随着 Service 和 Pod 数量的增加，将可能产生大量的 Iptables 规则。在这种情况下，Iptables 按照顺序匹配的特点成为了缺陷，导致增加处理时间。

为了解决这个问题，Kubernetes 在早期版本中引入了 IPVS 代理模式。IPVS（IP Virtual Server）是 Linux 内核中的一个模块，该模块用于实现负载均衡。它使用哈希表来维护连接的相关信息，并且可以更高效地处理大规模规则集，在大规模集群中具有更好的性能。

使用 IPVS 代理模式的前提是确保节点已经启用相关模块，如下所示：

```
[root@k8s-node1 ~]# lsmod |grep ip_vs
ip_vs_sh               12688  0
ip_vs_wrr              12697  0
ip_vs_rr               12600  24
ip_vs                 145458  30 ip_vs_rr,ip_vs_sh,ip_vs_wrr
nf_conntrack          143360  10 ip_vs,nf_nat,nf_nat_ipv4,nf_nat_ipv6,xt_conntrack,nf_nat_masquerade_ipv4,nf_nat_masquerade_ipv6,nf_conntrack_netlink,nf_conntrack_ipv4,nf_conntrack_ipv6
```

这些模块的用途如下。

- ☑ ip_vs：IPVS 的核心模块，用于实现负载均衡。
- ☑ ip_vs_rr：提供轮询调度算法。
- ☑ ip_vs_wrr：提供加权轮询调度算法。
- ☑ ip_vs_sh：提供哈希调度算法。
- ☑ nf_conntrack：这是 Linux 内核的链接跟踪模块，用于跟踪网络连接状态。

编辑 kube-proxy 组件配置文件（存储在 ConfigMap 对象中），将其中的 "mode" 字段的值设置为 "ipvs"：

```
[root@k8s-master ~]# kubectl edit configmap kube-proxy -n kube-system
apiVersion: v1
data:
  config.conf: |-
    ...
    mode: "ipvs"
```

重建 Pod 使其配置生效：

```
[root@k8s-master ~]# kubectl rollout restart ds/kube-proxy -n kube-system
```

需要注意的是，kube-proxy 组件如果未检测到 IPVS 内核模块，则会退回 Iptables 代理模式下运行。

切换 IPVS 代理模式后，kube-proxy 组件会在节点上创建一个名为 "kube-ipvs0" 虚拟网卡，并将所有 Service 的虚拟 IP 地址绑定到该虚拟网卡上。然后为每个 Service 创建 Virtual Server（虚拟服务器），将后端 Pod IP 和端口作为 Real Server（真实服务器），如图 5-12 所示。

可以使用 "ipvsadm -ln" 命令在任意节点上查看 IPVS 规则。其输出结果将包含以下类似的信息：

```
TCP  10.101.31.237:80 rr
  -> 10.244.36.71:80           Masq    1       0           0
  -> 10.244.169.135:80         Masq    1       0           0
  -> 10.244.169.136:80         Masq    1       0           0
TCP  192.168.1.72:30109 rr
  -> 10.244.36.71:80           Masq    1       0           0
  -> 10.244.169.135:80         Masq    1       0           0
  -> 10.244.169.136:80         Masq    1       0           0
```

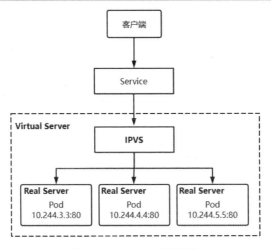

图 5-12　IPVS 工作流程

可以直观地看到，kube-proxy 组件分别为 Service ClusterIP 和 NodePort 类型创建了 Virtual Server。当集群中的 Pod 访问地址"http://10.101.31.237:80"或者集群外部的用户访问地址"http://<节点 IP 地址>:30109"时，流量都会被转发到后端的 Pod。

其中，虚拟 IP 地址后面的"rr"表示采用轮询的调度算法将请求分发给相关联的 Real Server。此外，IPVS 还支持更多的调度算法，如下所示。

- ☑ Weighted Round Robin（wrr）：加权轮询。根据 Real Server 的权重值分发请求，权重值越高，转发的请求越多。
- ☑ Least Connection（LC）：最小连接。优先将请求分发给当前连接数最少的 Real Server。
- ☑ Source IP Hashing（SH）：源 IP 哈希。根据请求的源 IP 地址将请求转发给特定的 RealServer。

IPVS 默认采用 Round Robin（RR）调度算法。如果需要更改调度算法，可编辑 kube-proxy 配置文件进行修改。配置示例如下：

```
apiVersion: v1
data:
  config.conf: |
    mode: "ipvs"
```

```
ipvs:
  scheduler: "lc"
```

最后，Iptables 和 IPVS 代理模式该怎么选择？

选择使用 Iptables 还是 IPVS 取决于具体的需求和使用场景。简而言之，对于小规模集群而言，使用 Iptables 足以满足需求，而且更可靠，更稳定。对于大规模集群或者性能要求较高的场景，建议使用 IPVS。

5.7　生产环境架构

Service NodePort 类型是将集群中的 Pod 公开到集群外部的一种常用方法。但是，由于 Kubernetes 集群通常部署在内网环境中，因此 Internet 用户无法直接访问 Service。此外，NodePort 类型基于端口来区分应用程序，用户需要指定访问端口，从而影响用户体验。为了解决这些问题，需要在集群外部增加一个公网负载均衡器，该公网负载均衡器将外部流量转发到集群中的 Service，即节点 IP 地址和 nodePort 端口。互联网用户访问 Service 的流程如图 5-13 所示。

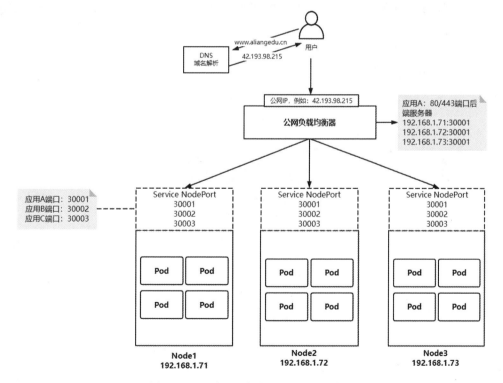

图 5-13　互联网用户访问 Service 的流程

当用户在浏览器中访问域名"http://www.aliangedu.cn"时，域名会被解析到公网 IP 地址"42.193.98.215"，浏览器再向该公网 IP 地址（负载均衡器）发起 HTTP 请求。然后，负载均衡器接收到请求后，将请求转发到对应的 Service NodePort 地址，即 192.168.1.71:30001、192.168.1.72:30001 和 192.168.1.73:30001。最后，Service 通过 Iptables 或 IPVS 将请求转发到相应的后端 Pod，从而完成对应用程序的访问。

5.8 本章小结

本章讲解了 Kubernetes 的 Service 资源，包括它的定义方式、公开类型、服务发现和实现原理。具体如下：

- ☑ Service 资源通过标签选择器关联一组 Pod，并由 Endpoints 资源动态维护这组 Pod 的变化。同时，Service 为这组 Pod 提供一个统一的访问入口，即虚拟 IP 地址。
- ☑ Service 资源提供了 4 种公开类型：ClusterIP、NodePort、LoadBalancer 和 ExternalName，其中 NodePort 和 LoadBalancer 类型主要用于实现集群外部访问。
- ☑ Service 通过环境变量和 DNS 的方式，将自身暴露在 Pod 中，以便其他应用程序访问。
- ☑ Service 代理模式分为 Iptables 和 IPVS 两种，它们通过相应技术实现了负载均衡和网络流量转发。

第 6 章
Ingress 资源对象

Ingress 译为"入口",它的引入旨在为 Kubernetes 集群中应用程序提供统一的访问入口。

6.1 Ingress 概述

Ingress 是一种资源对象,用于管理和配置外部访问集群中 Service 的路由规则。Ingress 工作流程如图 6-1 所示。

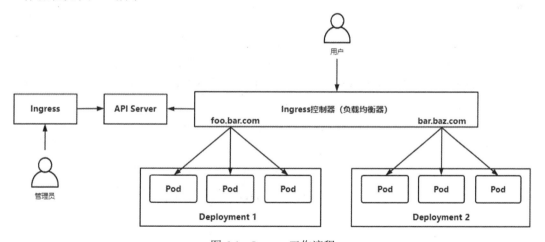

图 6-1 Ingress 工作流程

Ingress 资源包含一组规则,这些规则定义了如何将请求转发到指定 Service,如基于域名、路径等条件。Ingress 控制器根据 Ingress 规则负责实现具体的流量路由功能,将外部请求直接转发到 Service 关联的后端 Pod。

Ingress 控制器是一个独立的组件,其功能与 kube-proxy 组件类似,它主要通过 Nginx、HAProxy、Kong 等 7 层负载均衡技术来实现;而 kube-proxy 组件则通过 Iptables 和 IPVS 实现 4 层负载均衡。

6.2 Ingress 控制器部署

在使用 Ingress 之前，需要在 Kubernetes 集群中安装 Ingress 控制器。这里使用官方维护的 Ingress 控制器（Ingress Nginx），详见 https://github.com/kubernetes/ingress-nginx。

部署 Ingress Nginx 控制器：

```
[root@k8s-master ~]# kubectl apply -f https://raw.githubusercontent.com/kubernetes/ingress-nginx/controller-v1.8.0/deploy/static/provider/baremetal/deploy.yaml
```

查看 Pod 对象：

```
[root@k8s-master ~]# kubectl get pods -n ingress-nginx
NAME                                        READY   STATUS      RESTARTS   AGE
pod/ingress-nginx-admission-create-hbhjb    0/1     Completed   0          3m30s
pod/ingress-nginx-admission-patch-88856     0/1     Completed   0          3m30s
pod/ingress-nginx-controller-8c7db7459-dwkll 1/1    Running     0          3m30s
```

在上述结果中，Pod 的作用如下：

- ☑ ingress-nginx-admission-create-hbhjb：由 Job 对象创建的 Pod，用于创建相关资源，这些资源负责对新创建的 Ingress 对象进行验证和修改，以满足特定的要求。
- ☑ ingress-nginx-admission-patch-88856：由 Job 对象创建的 Pod，用于对集群中现有的 Ingress 对象进行修订，以满足特定的要求。
- ☑ ingress-nginx-controller-8c7db7459-dwkll：由 Deployment 管理，是 Ingress 控制器的具体实现。

6.3 Ingress 对外公开 HTTP 服务

假设将一个博客网站通过 Ingress 进行对外公开。Ingress 配置示例如下：

```
[root@k8s-master ~]# vi ingress-blog.yaml
apiVersion: networking.k8s.io/v1
kind: Ingress
metadata:
  name: django-blog
  namespace: blog
spec:
  ingressClassName: nginx
```

```
    rules:
    - host: blog.aliangedu.cn
      http:
        paths:
        - path: /
          pathType: Prefix
          backend:
            service:
              name: django-blog
              port:
                number: 80
```

在上述示例中，各字段含义如下。

（1）ingressClassName：指定 Ingress 控制器的类名，用于表明使用哪个 Ingress 控制器来处理该 Ingress 规则。

（2）rules：定义路由规则，可以包含一条或多条规则。

- ☑ host：指定要处理的域名。这是一个可选的字段，如果未指定，则表示该 Ingress 通过 IP 地址进行访问。
- ☑ http：定义 HTTP 规则。
  - ➢ paths：定义路径规则，可以包含一条或多条规则。
  - ➢ path：指定路径规则，即当请求路径是"/"时，匹配该规则。
  - ➢ pathType：指定路径匹配类型为前缀匹配。这表示请求路径以"/"开头的都匹配这个规则。
  - ➢ backend：定义后端 Service 的配置，包括名称和端口。

综上所述，这个 Ingress 规则的作用是将访问地址"http://blog.aliangedu.cn"的请求转发到与 Service（django-blog）关联的后端 Pod。

创建 Ingress 资源：

```
[root@k8s-master ~]# kubectl apply -f ingress-blog.yaml
```

查看 Ingress 对象：

```
[root@k8s-master ~]# kubectl get ingress -n blog
NAME           CLASS   HOSTS               ADDRESS        PORTS   AGE
django-blog    nginx   blog.aliangedu.cn   192.168.1.72   80      2m
```

在输出结果中，各字段含义如下。

- ☑ NAME：名称。
- ☑ CLASS：Ingress 控制器的类名称。
- ☑ HOST：访问的域名。

- ☑ ADDRESS：访问的 IP 地址，即 Ingress 控制器 Pod 所在节点的 IP 地址。
- ☑ PORTS：访问的端口，即 Ingress 控制器监听的端口。
- ☑ AGE：创建时间。

使用 curl 命令模拟一个 HTTP 请求，通过指定主机头（Host）来访问指定域名，并将其发送到 IP 地址"192.168.1.72"：

```
[root@localhost ~]# curl -H "Host: blog.aliangedu.cn" http://192.168.1.72
```

执行完成后，将看到连接拒绝的提示：

```
curl: (7) Failed connect to 192.168.1.72:80; Connection refused
```

根据图 6-1 所示，这个 HTTP 请求应当被发送到 Ingress 控制器，该控制器负责将请求转发到后端 Pod，而该控制器运行在一个名为"ingress-nginx-controller-8c7db7459-dwkll"的 Pod 中。请思考一下，Ingress 控制器 Pod 能通过地址"http://192.168.1.72:80"访问吗？答案是否定的，因为 Pod 与主机网络命名空间是隔离的。因此，在部署时也创建一个 NodePort 类型的 Service 来对外公开与 Ingress 控制器相关的 Pod。

查看 Service 对象：

```
[root@k8s-master ~]# kubectl get svc -n ingress-nginx
NAME                       TYPE       CLUSTER-IP       EXTERNAL-IP   PORT(S)                      AGE
ingress-nginx-controller   NodePort   10.100.211.162   <none>        80:30395/TCP,443:31216/TCP   72m
```

该 Service 在节点上开放两个端口。其中：端口 30395 映射 Pod 的 80 端口，用于处理 HTTP 请求；端口 31216 映射 Pod 的 443 端口，用于处理 HTTPS 请求。通过这两个 nodePort 端口，用户可以从集群外部访问 Ingress 控制器，如图 6-2 所示。

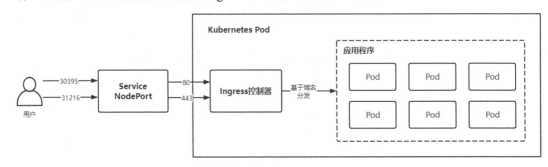

图 6-2　Ingress 访问流程

从图 6.2 中可以看出，正确的访问地址是"http://<Ingress 域名>:30395"，HTTPS 访问地址则是"https://<Ingress 域名>:31216"。

使用正确的地址进行访问：

```
[root@localhost ~]# curl -H "Host: blog.aliangedu.cn" http://192.168.
1.72:30395
```

我们将会看到博客网站首页内容。

6.4 基于请求路径转发不同服务

假设有一个网站，该网站包含多个模块，每个模块由不同服务提供，根据请求路径转发到相应的服务。例如：

- ☑ 请求路径"/"转发到网站前端服务。
- ☑ 请求路径"/product"转发到产品服务。
- ☑ 请求路径"/blog"转发到博客服务。

Ingress 配置如下：

```
apiVersion: networking.k8s.io/v1
kind: Ingress
metadata:
  name: official-website
spec:
  ingressClassName: nginx
  rules:
  - host: www.example.com
    http:
      paths:
      - path: /
        pathType: Prefix
        backend:
          service:
            name: portal
            port:
              number: 80
      - path: /product
        pathType: Prefix
        backend:
          service:
            name: product
            port:
              number: 80
      - path: /blog
        pathType: Prefix
        backend:
```

```
    service:
      name: blog
      port:
        number: 80
```

通过这样的配置：访问"http://www.example.com"的请求将被转发到与"portal"服务关联的后端 Pod；访问"http://www.example.com/product"的请求将被转发到与"product"服务关联的后端 Pod；访问"http://www.example.com/blog"的请求将被转发到与"blog"服务关联的后端 Pod。

6.5　Ingress 配置 HTTPS

HTTPS 已经成为网站的标准配置，与 HTTP 相比，它具有更高的安全性。

假设将博客网站的 Ingress 配置为 HTTPS 访问。首先，我们需要准备域名证书文件，这些证书文件可以通过 CA 权威机构获取，或者我们可以使用 OpenSSL 或 CFSSL 工具生成自签证书。然后，我们将证书内容保存到 Secret 对象中，以供 Ingress 引用。执行以下命令：

```
[root@k8s-master ~]# kubectl create secret tls blog-aliangedu-cn --key=blog.aliangedu.cn.key --cert=blog.aliangedu.cn.pem
```

在上述命令中，"blog-aliangedu-cn"是 Secret 的名称，"--key"和"--cert"参数用于指定私钥和证书文件。

最后，在 Ingress 资源中定义"tls"字段来指定与证书相关的信息，配置如下：

```
[root@k8s-master ~]# vi ingress-blog.yaml
apiVersion: networking.k8s.io/v1
kind: Ingress
metadata:
  name: django-blog
  namespace: blog
spec:
  ingressClassName: nginx
  tls:
  - hosts:
    - blog.aliangedu.cn
    secretName: blog-aliangedu-cn
  rules:
  - host: blog.aliangedu.cn
    http:
      paths:
```

```
      - path: /
        pathType: Prefix
        backend:
          service:
            name: django-blog
            port:
              number: 80
```

在上述配置中,"tls"部分定义了 TLS 相关的配置。其中,"hosts"字段用于指定应用这个 TLS 配置的域名列表,"secretName"字段用于指定存储证书的 Secret 名称。

更新资源配置:

```
[root@k8s-master ~]# kubectl apply -f ingress-blog.yaml
```

查看对象:

```
[root@k8s-master ~]# kubectl get ingress
NAME          CLASS   HOSTS              ADDRESS        PORTS     AGE
django-blog   nginx   blog.aliangedu.cn  192.168.1.72   80, 443   41m
```

我们会发现"PORTS"列相比之前多一个 443 端口,这表示该 Ingress 启用了 HTTPS。使用 curl 命令模拟一个 HTTPS 请求访问:

```
[root@localhost ~]# curl -k -H "Host: blog.aliangedu.cn" https://192.
168.1.72:31216
```

我们将会看到博客网站首页内容。

6.6 Ingress 自定义配置

Ingress Nginx 控制器使用注解（Annotations）来实现对其行为和配置的更精细控制。通过在 Ingress 资源上添加注解,你可以定制化 Ingress Nginx 控制器的行为,如设置超时时间、重定向等,以下是一些常见的配置示例。

6.6.1 增加代理超时时间

设置代理后端 Pod 的超时时间,配置如下:

```
apiVersion: networking.k8s.io/v1
kind: Ingress
metadata:
```

```
  name: example-ingress
  annotations:
    nginx.ingress.kubernetes.io/proxy-connect-timeout: "120"
    nginx.ingress.kubernetes.io/proxy-send-timeout: "120"
    nginx.ingress.kubernetes.io/proxy-read-timeout: "120"
...
```

在上述示例中，使用以下三个注解来配置代理超时时间。

- ☑ nginx.ingress.kubernetes.io/proxy-connect-timeout：设置 Ingress 控制器连接后端 Pod 的超时时间为 120 s，即在指定的超时时间内无法建立连接，将终止连接并返回错误。
- ☑ nginx.ingress.kubernetes.io/proxy-send-timeout：设置 Ingress 控制器发送请求数据给后端 Pod 的超时时间为 120 s，即在指定超时时间内无法完成发送请求数据，将终止发送并返回错误。
- ☑ nginx.ingress.kubernetes.io/proxy-read-timeout：设置 Ingress 控制器从后端 Pod 读取响应数据的超时时间为 120 s，即在指定超时时间内无法完成读取响应数据，将终止读取并返回错误。

适当地增加代理超时时间可以避免不必要的超时问题。

6.6.2 设置客户端请求体大小

Ingress 控制器默认客户端请求体大小为 2 MB，如果上传超出 2 MB 的文件将会报错。通过增大该值可避免这种问题，配置如下：

```
apiVersion: networking.k8s.io/v1
kind: Ingress
metadata:
  name: example-ingress
  annotations:
    nginx.ingress.kubernetes.io/proxy-body-size: 100m
...
```

6.6.3 重定向

将网站域名 "www.example.net" 重定向到新域名 "www.exmaple.com"，配置如下：

```
apiVersion: networking.k8s.io/v1
kind: Ingress
metadata:
```

```
  name: example-ingress
  annotations:
    nginx.ingress.kubernetes.io/rewrite-target: http://www.exmaple.com
spec:
  rules:
  - host: www.example.net
...
```

6.6.4 会话保持

会话保持（session affinity）是负载均衡器上的一种机制，用于确保客户端的请求在一定时间范围内都被转发到同一台后端服务器。在无会话保持的情况下，负载均衡器可能将客户端的请求分发到不同的后端服务器，这对于某些应用程序可能会有问题。

将同一客户端的请求转发到同一个 Pod，配置如下：

```
apiVersion: networking.k8s.io/v1
kind: Ingress
metadata:
  name: example-ingress
  annotations:
    nginx.ingress.kubernetes.io/affinity: "cookie"
...
```

上述配置启用了基于 Cookie 的会话保持，这意味着 Ingress 控制器使用客户端发送的 Cookie 来实现会话保持，从而确保来自同一客户端的请求会被转发到同一 Pod。

6.6.5 自定义规则

当实现的功能没有对应的注解时，你可以使用"nginx.ingress.kubernetes.io/server-snippet"注解来添加自定义配置片段，以满足特定的功能需求。

例如，将客户端代理信息中包含"Android"或"iPhone"关键字的请求重定向到手机端"http://m.aliangedu.cn"，配置如下：

```
apiVersion: networking.k8s.io/v1
kind: Ingress
metadata:
  name: example-ingress
  annotations:
    nginx.ingress.kubernetes.io/server-snippet: |
      if ($http_user_agent ~* '(Android|iPhone)') {
```

```
            rewrite ^/(.*) http://m.aliangedu.cn break;
    }
...
```

通过这样配置，当用户使用移动设备访问 Ingress 域名时，该 Ingress 域名会自动重定向到适用于手机端的页面，以提供更好的用户体验。

关于更多注解的用法，可以查阅官方文档（https://github.com/kubernetes/ingress-nginx/blob/main/docs/user-guide/nginx-configuration/annotations.md）。

6.7　Ingress 灰度发布

在 4.2.9 节，我们通过两个独立的 Deployment 实现了简单的灰度发布。值得一提的是，Ingress Nginx 在较新版本中引入了灰度发布功能，这为实施灰度发布策略提供了更加便捷的方式。

灰度发布策略是通过 Ingress 注解定义的，如下所示。

- nginx.ingress.kubernetes.io/canary-by-header：基于 HTTP 请求头的流量切分，可选值为 always 和 never。当值被设置为 always 时，流量被路由到 Canary 版本（灰度版本）；当值被设置为 never 时，流量不会被路由到 Canary 版本；除了这两个值，其他值都将被忽略。
- nginx.ingress.kubernetes.io/canary-by-header-value：匹配 HTTP 请求头的值。它需要与 "canary-by-header" 配合使用。当 HTTP 请求头携带此值时，流量被路由到 Canary 版本。
- nginx.ingress.kubernetes.io/canary-by-header-pattern：通过正则表达式匹配 HTTP 请求头。与 "canary-by-header-value" 类似，它需要与 "canary-by-header" 配合使用。
- nginx.ingress.kubernetes.io/canary-by-cookie：基于 Cookie 的流量切分，可选值为 always 和 never。当值被设置为 always 时，流量被路由到 Canary 版本；当值被设置为 never 时，流量不会被路由到 Canary 版本；除了这两个值，其他所有值都将被忽略。
- nginx.ingress.kubernetes.io/canary-weight：基于权重的流量切分，权重值为 0～100 的正整数，按百分比将流量路由到 Canary 版本。当权重值为 100 时，流量被路由到 Canary 版本。当权重值为 0 时，流量不会被路由到 Canary 版本。

综上所述，Ingress Nginx 灰度发布策略分为两种，即基于权重的流量切分和基于客户端请求的流量切分，如图 6-3 和图 6-4 所示。

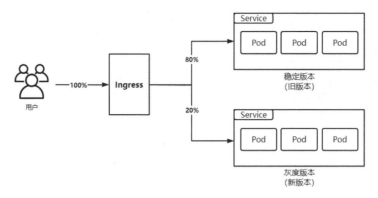

图 6-3　基于权重的流量切分

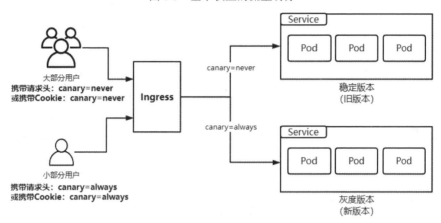

图 6-4　基于客户端请求的流量切分

6.7.1　基于权重的流量切分

假设有一个博客网站，希望后续升级新版本能做到平滑升级，使用户不会感知到这一点。为了实现这个需求，你可以使用 Ingress 对外公开，并使用 Ingress 基于权重的流量切分功能，逐步将流量路由到新版本，直至完成全部流量切换。

1．部署 v1 版本

部署博客网站的 v1 版本，创建 Deployment 和 Service 资源：

```
[root@k8s-master ~]# vi blog-v1.yaml
apiVersion: apps/v1
kind: Deployment
metadata:
  name: django-blog-v1
```

```
spec:
  replicas: 3
  selector:
    matchLabels:
      app: django
      version: v1
  template:
    metadata:
      labels:
        app: django
        version: v1
    spec:
      containers:
      - image: lizhenliang/django-blog:v1
        name: web
---
apiVersion: v1
kind: Service
metadata:
  name: django-blog-v1
spec:
  ports:
  - port: 80
    protocol: TCP
    targetPort: 8080
  selector:
    app: django
    version: v1

[root@k8s-master ~]# kubectl apply -f blog-v1.yaml
```

创建 Ingress 资源：

```
[root@k8s-master ~]# vi blog-ingress.yaml
apiVersion: networking.k8s.io/v1
kind: Ingress
metadata:
  name: django-blog
spec:
  ingressClassName: nginx
  rules:
  - host: django-blog.aliangedu.cn
    http:
      paths:
      - path: /
        pathType: Prefix
        backend:
```

```
      service:
        name: django-blog-v1
        port:
          number: 80

[root@k8s-master ~]# kubectl apply -f blog-ingress.yaml
```

查看当前版本：

```
[root@k8s-master ~]# curl -s -H "Host: django-blog.aliangedu.cn" http://192.168.1.73:30395 |grep "当前版本"
        当前版本：v1
```

可以发现，现在全部流量都被路由到 v1 版本。

2．部署 v2 版本（Canary 版本）

现在将博客网站从 v1 版本升级到 v2 版本。先部署 v2 版本（新版本），该版本被称为 Canary 版本。创建 Deployment 和 Service 资源：

```
[root@k8s-master ~]# vi blog-v2.yaml
apiVersion: apps/v1
kind: Deployment
metadata:
  name: django-blog-v2
spec:
  replicas: 3
  selector:
    matchLabels:
      app: django
      version: v2
  template:
    metadata:
      labels:
        app: django
        version: v2
    spec:
      containers:
      - image: lizhenliang/django-blog:v2
        name: web
---
apiVersion: v1
kind: Service
metadata:
  name: django-blog-v2
spec:
  ports:
```

```
    - name: http
      port: 80
      protocol: TCP
      targetPort: 8080
  selector:
    app: django
    version: v2

[root@k8s-master ~]# kubectl apply -f blog-v2.yaml
```

3. 进行流量切分

创建一个专用于灰度发布的 Ingress 资源，并启用 Canary 功能将 20%的流量路由到 v2 版本：

```
[root@k8s-master ~]# vi blog-ingress-canary.yaml
apiVersion: networking.k8s.io/v1
kind: Ingress
metadata:
  name: django-blog-canary
  annotations:
    # 开启 Canary
    nginx.ingress.kubernetes.io/canary: "true"
    # 将 20%的流量路由到 v2 版本
    nginx.ingress.kubernetes.io/canary-weight: "20"
spec:
  ingressClassName: nginx
  rules:
  - host: django-blog.aliangedu.cn
    http:
      paths:
      - path: /
        pathType: Prefix
        backend:
          service:
            name: django-blog-v2
            port:
              number: 80

[root@k8s-master ~]# kubectl apply -f blog-ingress-canary.yaml
```

此时，将有 20%的流量被路由到 v2 版本，80%的流量被路由到 v1 版本。新旧版本的流量切分如图 6-5 所示。

循环执行 curl 命令以发送 HTTP 请求并访问观察路由情况：

```
for i in {1..100};do date;curl -s -H "Host: django-blog.aliangedu.cn"
http://192.168.1.73:30395 |grep "当前版本";sleep 1;done
```

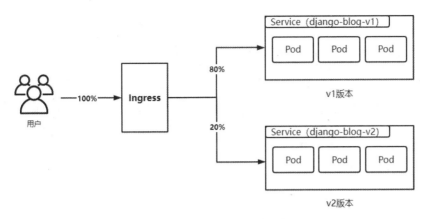

图 6-5　新旧版本的流量切分

将有 20%的概率显示"当前版本：v2"。
一旦 v2 版本验证通过，调整 v2 版本的流量比例就会被调整为 50%：

```
[root@k8s-master ~]# vi blog-ingress-canary.yaml
apiVersion: networking.k8s.io/v1
kind: Ingress
metadata:
  name: django-blog-canary
  annotations:
    # 开启 Canary
    nginx.ingress.kubernetes.io/canary: "true"
    # 将 50%的流量路由到 v2 版本
    nginx.ingress.kubernetes.io/canary-weight: "50"
spec:
  ingressClassName: nginx
  rules:
  - host: django-blog.aliangedu.cn
    http:
      paths:
      - path: /
        pathType: Prefix
        backend:
          service:
            name: django-blog-v2
            port:
              number: 80

[root@k8s-master ~]# kubectl apply -f blog-ingress-canary.yaml
```

此时，将有 50%的流量被路由到 v2 版本，50%的流量被路由到 v1 版本。
一旦 v2 版本验证通过，全部流量就会被路由到 v2 版本，即原有 Ingress 对象指向 v2

版本的 Service：

```
[root@k8s-master ~]# vi blog-ingress.yaml
apiVersion: networking.k8s.io/v1
kind: Ingress
metadata:
  name: django-blog
spec:
  ingressClassName: nginx
  rules:
  - host: django-blog.aliangedu.cn
    http:
      paths:
      - path: /
        pathType: Prefix
        backend:
          service:
            name: django-blog-v2   # 将 Service 指向新版本
            port:
              number: 80

[root@k8s-master ~]# kubectl apply -f blog-ingress.yaml
```

此时，全部流量都被路由到 v2 版本。

最后，下线 v1 版本，并删除相关资源：

```
[root@k8s-master ~]# kubectl delete -f blog-v1.yaml -f blog-ingress-canary.yaml
```

至此，灰度发布升级完成，后续升级到新版本也遵循相同的步骤。

6.7.2　基于客户端请求的流量切分

基于客户端请求的流量切分要求客户端在 HTTP 请求头中包含指定键值对或在 Cookie 中包含指定键值对。当 HTTP 请求头包含 "canary=always" 时，流量会被路由到新版本（Canary 版本），一旦新版本验证通过，流量就会被逐步切分到新版本。这种策略比较适合将特定的客户端请求路由到新版本，以便进行更具体的测试和验证。

下面使用 Ingress 客户端请求的流量切分功能将博客网站从 v2 版本升级到 v3 版本。

1. 部署 v3 版本（Canary 版本）

创建 Deployment 和 Service 资源来部署 v3 版本（新版本）：

```
[root@k8s-master ~]# vi blog-v3.yaml
apiVersion: apps/v1
```

```
kind: Deployment
metadata:
  name: django-blog-v3
spec:
  replicas: 3
  selector:
    matchLabels:
      app: django
      version: v3
  template:
    metadata:
      labels:
        app: django
        version: v3
    spec:
      containers:
      - image: lizhenliang/django-blog:v3
        name: web
---
apiVersion: v1
kind: Service
metadata:
  name: django-blog-v3
spec:
  ports:
  - port: 80
    protocol: TCP
    targetPort: 8080
  selector:
    app: django
    version: v3

[root@k8s-master ~]# kubectl apply -f blog-v3.yaml
```

2．进行流量切分

创建一个专用于灰度发布的 Ingress 资源，并启用 Canary 功能，将 HTTP 请求头中包含 "canary=always" 的流量路由到 v3 版本：

```
[root@k8s-master ~]# vi blog-ingress-canary.yaml
apiVersion: networking.k8s.io/v1
kind: Ingress
metadata:
  name: django-blog-canary
```

```
  annotations:
    nginx.ingress.kubernetes.io/canary: "true"
    nginx.ingress.kubernetes.io/canary-by-header: "canary"
    nginx.ingress.kubernetes.io/canary-by-header-value: "always"
spec:
  ingressClassName: nginx
  rules:
  - host: django-blog.aliangedu.cn
    http:
      paths:
      - path: /
        pathType: Prefix
        backend:
          service:
            name: django-blog-v3
            port:
              number: 80

[root@k8s-master ~]# kubectl apply -f blog-ingress-canary.yaml
```

此时，HTTP 请求头包含 "canary=always" 的流量被路由到 v3 版本，正常流量被路由到 v2 版本，如图 6-6 所示。

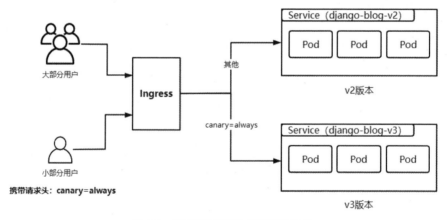

图 6-6　基于客户端请求的流量切分

执行 curl 命令发送 HTTP 请求访问：

```
[root@k8s-master ~]# curl -s -H "Host: django-blog.aliangedu.cn" http://
192.168.1.73:30395 |grep 当前版本"
        当前版本：v2
```

可见，正常流量被路由到 v2 版本。

发送 HTTP 请求并添加请求头"canary=always"访问：

```
[root@k8s-master ~]# curl -s -H "Host: django-blog.aliangedu.cn" -H
"canary: always" http://192.168.1.73:30395 |grep "当前版本"
    当前版本：v3
```

可见，流量被路由到 v3 版本（新版本）。

一旦 v3 版本验证通过，全部流量就都会被路由到 v3 版本，即原有 Ingress 对象指向 v3 版本的 Service：

```
[root@k8s-master ~]# vi blog-ingress.yaml
apiVersion: networking.k8s.io/v1
kind: Ingress
metadata:
  name: django-blog
spec:
  ingressClassName: nginx
  rules:
  - host: django-blog.aliangedu.cn
    http:
      paths:
      - path: /
        pathType: Prefix
        backend:
          service:
            name: django-blog-v3    # 将 Service 指向新版本
            port:
              number: 80

[root@k8s-master ~]# kubectl apply -f blog-ingress.yaml
```

此时，全部流量被路由到 v3 版本。

最后，下线 v2 版本并删除相关资源：

```
[root@k8s-master ~]# kubectl delete -f blog-v2.yaml -f blog-ingress-
canary.yaml
```

至此，灰度发布升级完成。

基于 Cookie 与 HTTP 请求头用法类似，例如，如果希望北京地区的用户访问新版本（Canary 版本），则只需将灰度发布的 Ingress 资源注解设置为"nginx.ingress.kubernetes.io/canary-by-cookie: "user_from_beijing""即可，当客户端请求携带的 Cookie 包含"user_from_beijing=always"时，该流量将被路由到新版本。

6.7.3 常见发布策略总结

在软件发布过程中，有多种发布方案：
- ☑ 滚动发布（rolling release）：逐步进行新旧版本的替换，直到旧版本全部被新版本替换。
- ☑ 灰度发布（canary release）：在软件发布过程中，存在稳定版本（旧版本）和灰度版本（新版本）。可以根据流量比例或特定用户路由到灰度版本，一旦灰度版本通过测试和验证，全部流量就都会被路由到灰度版本，下线稳定版本。
- ☑ 蓝绿部署（blue-green deployment）：在线上环境中存在 Blue 环境（旧版本）和 Green 环境，其中 Green 环境处于空闲状态。当需要升级版本时，先将新版本部署到 Green 环境中，并进行测试和验证。一旦通过测试和验证后，就会将全部流量从 Blue 环境切换到 Green 环境中，完成升级。此时，Blue 环境处于空闲状态，等待下次升级版本时使用。

这些发布策略的目标是新旧版本之间的平滑过渡，降低潜在风险，提高用户体验，从而确保应用程序的稳定性和可靠性。它们各自具有独特的优势和适用场景，可以根据具体需求和特点选择合适的策略进行软件发布。

6.8 Ingress 工作原理

在 Ingress 控制器的 Pod 中，存在以下两种进程。

（1）nginx-ingress-controller：Ingress Nginx 控制器的主要进程。它负责通过 API Server 动态感知 Ingress 对象的变化，并根据 Ingress 对象的规生成在 Nginx 配置文件生成相应的配置，然后加载生效。

（2）nginx：Nginx 服务的进程。它负责将来自外部的请求转发到后端 Pod。

Ingress 控制器的工作原理如图 6-7 所示。

实际上，每个 Ingress 对象都会在 Nginx 配置中生成一个虚拟主机。可以进入 Pod 中查看 Nginx 配置文件（/etc/nginx/nginx.conf），将看到以下类似的配置：

```
upstream upstream_balancer {
    …
    balancer_by_lua_block {
        balancer.balance()
    }
    …
```

```
}
server {
  server_name blog.aliangedu.cn;
  listen 80;
  listen [::]:80;
  listen 443 ssl http2;
  listen [::]:443 ssl http2;
  …
  localtion / {
      proxy_pass http://upstream_balancer;
  }
}
```

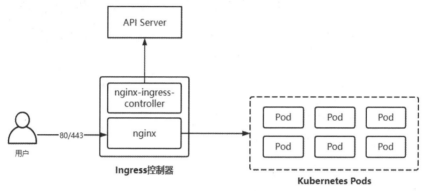

图 6-7　Ingress 控制器的工作原理

可见，Ingress Nginx 控制器中的 Nginx 配置与平时用的 Nginx 配置相似，但它自定义了许多 Lua 脚本，以实现更多高级功能，例如在内存中动态维护后端 Pod 的 IP 和端口。

综上所述，我们可以得出一个结论：Ingress 对象是对 Nginx 虚拟主机配置的抽象表达。

6.9　生产环境架构

Ingress 控制器使用 Deployment 进行管理，默认 1 个 Pod 副本数，如果这个 Pod 出现故障，则由 Ingress 公开的所有应用程序都将无法访问。为了避免这种问题，你可以将 Ingress 控制器的副本数设置为多个，并设置 Pod 反亲和性以确保 Pod 运行在不同节点上（参考 9.3.2 节）。你还可以使用 DaemonSet 进行管理，在每个节点上运行一个 Pod，但节点数量较多时，会增加资源开销。为了减少资源开销，你可以使用节点标签选择器以限定 Pod 仅在特定节点上运行。

这样一来，即使某个 Pod 出现故障或者某个节点出现故障，也可以保证至少有一个以上的 Pod 来处理 Ingress 流量，从而提高 Ingress 架构的可用性和可靠性。

由于 Kubernetes 集群通常被部署在内网环境中，这导致互联网用户无法直接访问 Ingress 控制器的 Service。为了解决这个问题，通常会在集群外部增加一个公网负载均衡器，该负载均衡器将外部流量转发到 Ingress 控制器的 Service，即节点 IP 和 nodePort 端口。互联网用户访问 Ingress 的流程如图 6-8 所示。

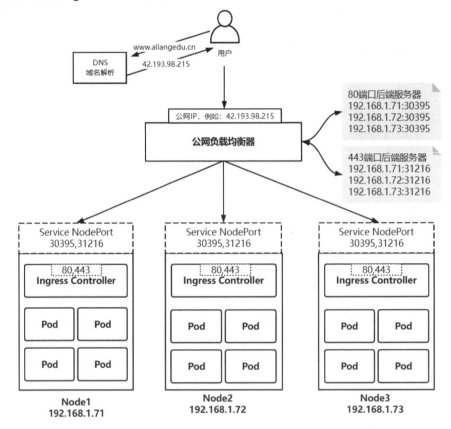

图 6-8　互联网用户访问 Ingress 的流程

当用户在浏览器中访问地址 "http://www.aliangedu.cn" 时，域名会被解析到公网 IP 地址 "42.193.98.215"，浏览器再向该公网 IP 地址（负载均衡器）发起 HTTP 请求，负载均衡器接收到请求后，将请求转发到 Ingress 控制器的 Service NodePort 地址，即 192.168.1.71:30395、192.168.1.72:30395 和 192.168.1.73:30395。然后，Service 通过 Iptables 或 IPVS 将请求转发到其中一个 Ingress 控制器 Pod。最后，Ingress 控制器根据域名将请求转发到相应的 Pod，从而完成对应用程序的访问。

6.10 本章小结

本章讲解了 Kubernetes 的 Ingress 资源，包括 Ingress 控制器部署、对外公开 HTTP/HTTPS 服务、自定义配置、灰度发布功能和实现原理。具体如下：
- ☑ Ingress 资源用于定义服务的路由规则，其具体实现取决于所选的 Ingress 控制器。
- ☑ Ingress 资源主要负责管理 HTTP/HTTPS 流量，可以基于应用层的信息转发不同的服务，如域名、URL 路径、HTTP 请求头等，因此可以实现更复杂的流量控制和分发。
- ☑ Ingress 的灰度发布功能支持基于权重的流量切分和基于客户端请求中携带的 HTTP 请求头或 Cookie 信息进行流量切分。

第 7 章
Kubernetes 存储管理

在虚拟机环境中,应用程序的数据通常存储在本地磁盘上,即使重启虚拟机或重新部署应用程序,也可以继续访问和使用这些数据,这得益于虚拟机的"持久性"。而 Pod 的特点是"临时性",随着 Pod 的重建,容器中产生的数据(如缓存数据、业务数据、图片文件)会被销毁,这将导致应用程序无法读取之前的数据。因此,Pod 中的数据持久性是一个需要解决的问题。

Kubernetes 提供的卷(volume)和持久卷(persistent volume)旨在解决 Pod 中数据持久性的问题。

7.1 卷

卷是一种用于在 Pod 中存储和共享数据的抽象。它提供了一种将存储设备挂载到 Pod 中的机制,以便 Pod 可以存储和访问数据。

Kubernetes 支持多种类型的卷,常用的卷类型如表 7-1 所示。

表 7-1 常用的卷类型

卷类型分类	卷 类 型	说 明
临时存储	emptyDir	用于 Pod 中容器之间的数据共享
本地存储	hostPath	将节点文件系统上的文件或目录挂载到 Pod 中
存储对象	ConfigMap、Secret	Kubernetes 内置的存储对象,用于存储应用程序配置和敏感数据
自建存储系统	NFS、Ceph、ISCSI	将自建的存储系统挂载到 Pod 中
存储对象	persistentVolumeClaim	与 persistentVolume 持久卷配合使用

这些卷类型可以满足不同的使用场景和需求,为 Pod 提供灵活的存储解决方案。

7.1.1 emptyDir

emptyDir 用于在 Pod 中实现容器之间的数据共享。与 Pod 的生命周期一致,当 Pod 被删除时，这个目录也会被删除。

例如，如果一个 Pod 中有两个容器，其中一个容器需要读取另一个容器中的数据，那么这可以使用 emptyDir 卷来实现。容器之间的数据共享如图 7-1 所示。

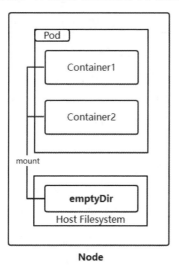

图 7-1　容器之间的数据共享

emptyDir 卷配置示例如下：

```
[root@k8s-master ~]# vi emptydir.yaml
apiVersion: v1
kind: Pod
metadata:
  name: pod-emptydir
spec:
  containers:
  # 应用容器
  - image: centos
    name: app
    command: ["/bin/sh", "-c", "for i in {1..10000};do echo $i >> /opt/file.txt;sleep 1;done"]
    volumeMounts:                  # 卷挂载
    - name: data                   # 挂载的卷名称
      mountPath: /opt              # 卷被挂载到容器的路径中
  # 边车容器
  - image: centos
    name: sidecar
    command: ["/bin/sh", "-c", "tail -f /opt/file.txt"]
    volumeMounts:
    - name: data
```

```
        mountPath: /opt
    volumes:                          # 定义卷
    - name: data                      # 卷名称
      emptyDir: {}                    # 卷类型

[root@k8s-master ~]# kubectl apply -f emptydir.yaml
```

在上述示例中，Pod 中定义了两个容器和一个 emptyDir 卷，该卷被挂载到两个容器的"/opt"目录中。应用容器执行循环，将 10000 个数字写入文件"/opt/file.txt"中，用于模拟写操作；边车容器执行实时读取文件"/opt/file.txt"并输出，用于模拟读操作。由于这两个容器中的"/opt"目录都是使用 emptyDir 卷共享的，因此该目录中的文件可以被彼此访问和使用。

查看边车容器日志：

```
[root@k8s-master ~]# kubectl logs emptydir-example -c sidecar -f
1
2
3
...
```

上述结果显示了递增的数字，这说明边车容器已读取了应用容器写入的数据。

emptyDir 卷是基于主机实现的，它会在主机上创建一个空目录并将其挂载到容器中，该空目录的路径是"/var/lib/kubelet/pods/<Pod-UID>/volumes/kubernetes.io~empty-dir/<Volume-Name>"，其中<Pod-UID>是 Pod 的唯一标识符，可以通过以下命令获取：

```
kubectl get pod <Pod 名称> -o=jsonpath='{.metadata.uid}'
```

这个空目录可使用的存储容量受主机文件系统限制。为了防止无限制的增长，影响节点的稳定性，可以使用"sizeLimit"字段来限制最大使用的存储容量，配置示例如下：

```
    volumes:
    - name: data
      emptyDir:
        sizeLimit: 1Gi
```

emptyDir 卷的大小限制为 1 Gi，一旦超出此限制，kubelet 组件就会删除空目录并重建 Pod。

7.1.2 hostPath

hostPath 卷用于将主机上的任意目录或文件挂载到 Pod 中，使得容器可以访问主机上的数据。这对于一些需要与主机交互的应用场景非常有用，例如获取主机系统信息、使用主机上设备文件等。

在 4.3 节中，使用 hostPath 卷将主机上的日志目录"/var/log"挂载到容器中，以便日志采集器能读取要采集的日志文件，如图 7-2 所示。

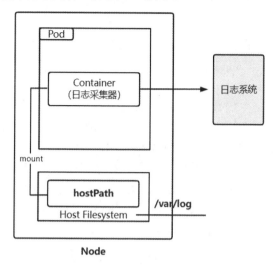

图 7-2 访问主机上的目录

此外，hostPath 卷还可以将 Pod 中的数据持久化地存储到主机上，例如 Etcd 组件的 Pod 采用这种方式查看 Etcd 静态 Pod 资源文件（/etc/kubernetes/manifests/etcd.yaml），内容如下：

```
apiVersion: v1
kind: Pod
metadata:
  name: etcd
  namespace: kube-system
spec:
  containers:
    image: registry.aliyuncs.com/google_containers/etcd:3.5.9-0
    name: etcd
    ...
    volumeMounts:
    - mountPath: /var/lib/etcd
      name: etcd-data
    - mountPath: /etc/kubernetes/pki/etcd
      name: etcd-certs
  volumes:
  - hostPath:
      path: /etc/kubernetes/pki/etcd
      type: DirectoryOrCreate
    name: etcd-certs
```

```
      - hostPath:
          path: /var/lib/etcd
          type: DirectoryOrCreate
        name: etcd-data
```

上述配置定义了两个 hostPath 卷，卷名分别是 "etcd-certs" 和 "etcd-data"。其中："etcd-certs" 是将主机上的目录 "/etc/kubernetes/pki/etcd" 挂载到容器中，用于让 etcd 服务读取 kubeadm 生成的证书文件；"etcd-data" 是将主机上的目录 "/var/lib/etcd" 挂载到容器中，用于将 etcd 服务运行中产生的数据存储到主机上。即使该 Pod 被删除，主机上的这些目录也不受影响，Pod 启动后仍然可以访问和使用之前的数据，从而实现了数据的持久性。

需要注意的是，hostPath 卷是存储在主机上的，Pod 如果重建后，没有调度到原有节点，那么将无法访问和使用之前的数据。另外，如果多个 Pod 使用相同的主机路径，则可能会造成数据混乱，尤其是像 Deployment 这类工作负载资源管理的 Pod 多副本。

在定义 "hostPath" 卷时，除了指定必需的 "name" 和 "path" 字段，还可以选择性地指定 "type" 字段，该字段有多个可选值，如表 7-2 所示。

表 7-2　hostPath 卷支持的类型

取值	作用
""	当该字段为空或者未指定时，默认是 DirectoryOrCreate
DirectoryOrCreate	如果指定的目录不存在，则自动创建空目录并将权限设置为 0755
Directory	指定的目录必须存在
FileOrCreate	如果指定的文件不存在，则自动创建空文件并将权限设置为 0644
File	指定的文件必须存在
Socket	指定的 Socket 文件必须存在
CharDevice	指定的字符设备必须存在
BlockDevice	指定的块设备必须存在

Kubernetes 在启动 Pod 时，会检查指定的路径是否与所期望的类型相匹配。如果不匹配，则会引发检查类型失败的异常，并将 Pod 状态设置为 "ContainerCreating"。

需要注意的是，hostPath 卷使用不当，可能会存在安全风险：

- ☑ hostPath 卷允许挂载主机上的任意目录，这意味着容器中进程可以读取和写入主机上的任何文件。如果配置不正确，可能会导致潜在的数据泄露或破坏。
- ☑ hostPath 卷不支持存储容量限制，并且可使用的存储容量受主机文件系统限制。这意味着可能会写满主机上的硬盘，从而对节点产生影响。

7.1.3　nfs

nfs 卷用于将 NFS 服务器上共享目录挂载到 Pod 中，从而实现 Pod 之间的数据共享和数据持久性存储，如图 7-3 所示。

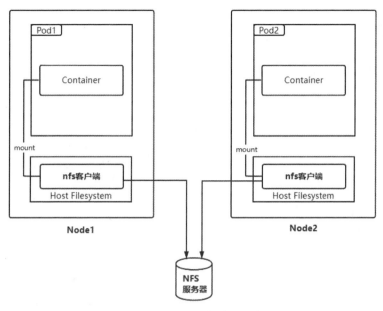

图 7-3　Pod 之间的数据共享

例如，有一个应用程序，在运行时会将数据写入目录"/data"中，然后通过 nfs 卷将该目录的数据存储到 NFS 服务器上。

首先准备一台 NFS 服务器，在 NFS 服务器上安装 NFS 软件：

```
[root@localhost ~]# yum install nfs-utils -y
```

启动 NFS 服务并设置开机启动：

```
[root@localhost ~]# systemctl start nfs
[root@localhost ~]# systemctl enable nfs
```

为这个应用程序创建一个目录，如"/data/k8s/app"，将该目录通过 NFS 进行共享。"/etc/exports"文件配置如下：

```
[root@localhost ~]# vi /etc/exports
/data/k8s/app 192.168.1.0/24(rw,no_root_squash)
```

这个配置允许"192.168.1.0/24"网络上的主机（集群节点）以读取权限访问"/data/k8s/app"目录。

重新加载 NFS 配置使其生效：

```
[root@localhost ~]# exportfs -a
```

在集群中的所有节点上执行"yum install nfs-utils -y"命令安装 NFS 客户端，以便节点能够挂载 NFS 共享路径。

nfs 卷配置示例如下：

```yaml
apiVersion: apps/v1
kind: Deployment
metadata:
  name: web
spec:
  replicas: 3
  selector:
    matchLabels:
      app: nginx
  template:
    metadata:
      labels:
        app: nginx
    spec:
      containers:
      - image: nginx:1.23
        name: web
        volumeMounts:
        - name: data
          mountPath: /data
      volumes:
      - name: data
        nfs:
          server: 192.168.1.74    # 指定 NFS 服务器地址
          path: /data/k8s/app     # 指定 NFS 共享路径
```

上述配置在 Pod 中定义了一个名为"data"的 nfs 卷，将其挂载到容器的"/data"目录中，并将该目录中的数据存储到 NFS 服务器上。

在 Pod 启动时，kubelet 组件会为该 Pod 在主机上创建一个工作目录（/var/lib/kubelet/pods/<Pod-UID>/volumes/kubernetes.io~nfs/<Volume-Name>），并将 NFS 共享路径挂载到该目录中。你可以在 Pod 所在的节点上执行"df -h"命令查看挂载信息，如下所示：

```
192.168.1.74:/data/k8s/app          50G       6.0G      45G      12%
/var/lib/kubelet/pods/2c7d20f4-a108-44d6-ba6a-9428b3fbb1d4/volumes/
kubernetes.io~nfs/data
```

这相当于 kubelet 组件执行了以下命令：

```
mount -t nfs 192.168.1.74:/data/k8s/app /var/lib/kubelet/pods/2c7d20f4-a108-44d6-ba6a-9428b3fbb1d4/volumes/kubernetes.io~nfs/data
```

随后，kubelet 组件调用容器运行时创建容器，并将主机上的工作目录挂载到容器的"/data"目录中。这一步类似于执行了以下命令：

```
docker run -v /var/lib/kubelet/pods/2c7d20f4-a108-44d6-ba6a-9428b3fbb1d4/volumes/kubernetes.io~nfs/data:/data nginx:1.23
```

这样一来，在容器中可以看到以下挂载信息：

```
192.168.1.74:/data/k8s/app   50G  6.0G   45G  12% /data
```

需要了解的是，如果使用的是块设备，kubelet 组件还需要在执行挂载操作之前对块设备进行格式化。

接下来，你可以通过以下思路，进一步验证 nfs 卷的特性：

- ☑ 进入任意 Pod 中，在"/data"目录中写入文件，其他 Pod 在该目录也能访问和使用文件。
- ☑ 扩展 Deployment 副本数，新创建的 Pod 也会自动挂载 NFS 共享路径，并可以访问和使用已有的数据。
- ☑ 删除 Deployment，nfs 卷会自动卸载，存储在 NFS 服务器上的数据不受影响。再次创建相同的 Deployment，之前的数据还可以继续访问和使用。

7.1.4 容器存储接口

Kubernetes 为多种存储供应商提供了卷类型，包括云提供商存储（如 awsElasticBlockStore、azureDisk、azureFile、gcePersistentDisk）、开源分布式存储（如 GlusterFS、Ceph）等。但是，这些卷类型已逐步被废弃，主要是因为卷插件（卷类型对应的存储驱动）代码被内置于 Kubernetes 核心代码库中，维护大量的卷插件会增加核心代码的复杂性和维护负担。其次，新增卷插件或更新现有的卷插件需要与 Kubernetes 的发布流程保持一致，从而限制卷插件的迭代速度和灵活性。

因此，Kubernetes 引入容器存储接口（container storage interface，CSI），该接口存储供应商可以根据 CSI 独立开发和管理存储驱动程序，而无须将其嵌入 Kubernetes 的核心代码中，从而提高了系统的可扩展性、安全性和可维护性。

以下是一些常见的 CSI 存储驱动程序实现。

- ☑ 阿里云存储：https://github.com/kubernetes-sigs/alibaba-cloud-csi-driver。
- ☑ 亚马逊云存储：https://github.com/kubernetes-sigs/aws-ebs-csi-driver、https://github.com/kubernetes-sigs/aws-efs-csi-driver。
- ☑ Ceph 分布式存储：https://github.com/ceph/ceph-csi。

用户可以根据自己需求选择或编写存储驱动程序，并将其部署到 Kubernetes 集群中，为 Pod 提供可靠的数据持久性存储。

关于编写 CIS 存储驱动程序，读者可以访问 https://github.com/container-storage-interface 了解更多信息。

7.2 持久卷

请思考一下，Kubernetes 的主要使用者是谁？

答案是开发工程师。他们使用 Kubernetes 来部署和管理应用程序，而运维工程师则主要负责集群的建设、维护和管理。

在部署应用程序时，通常定义资源文件来描述应用程序的各种配置和参数，包括存储方面。对于一些外部存储系统的使用，配置相对较为复杂，你可能需要指定 IP 地址、认证凭据、路径等信息，这会增加开发工程师使用存储的难度。不同的职能岗位涉及不同的专业知识，具体的外部存储配置应交由存储工程师或者运维工程师来完成。

为了解决这种职责分离的需求，Kubernetes 提供了 PersistentVolume 和 PersistentVolumeClaim 资源对象，具体如下。

- ☑ PersistentVolume（简称 PV）：持久卷，用于在集群中管理持久性存储，屏蔽了使用存储系统的细节。
- ☑ PersistentVolumeClaim（简称 PVC）：持久卷申请，用于声明对持久性存储（PV）的需求。

通过 PV 资源，运维工程师可以更灵活地定义和管理持久性存储资源，提供了一种统一而可控的管理方式。同时，通过 PVC 资源，开发工程师可以更简单地声明所需的存储资源，降低了使用门槛。PV 与 PVC 实现职责分离如图 7-4 所示。

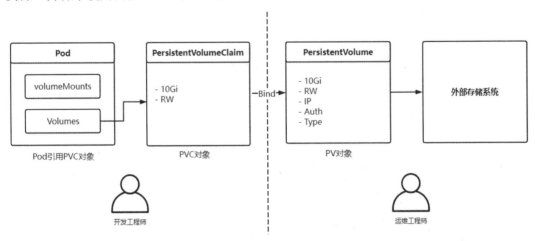

图 7-4　PV 与 PVC 实现职责分离

运维工程师负责创建 PV 资源，包括存储系统的详细配置，如 IP 地址、认证凭据、路径、存储容量等信息。开发工程师负责创建 PVC 资源，仅包括所需的存储容量和访问模式，并将其挂载到容器中数据目录。

7.2.1 创建 PV

PV 资源用于在集群中管理持久性存储。PV 资源配置如下：

```
[root@k8s-master ~]# vi pv-nfs.yaml
apiVersion: v1
kind: PersistentVolume
metadata:
  name: pv-nfs
spec:
  capacity:
    storage: 5Gi
  accessModes:
    - ReadWriteMany
  nfs:
    server: 192.168.1.74
    path: /data/k8s-pv
```

在上述示例中，各字段含义如下。
- ☑ capacity：存储容量。这里设置为"5 Gi"。
- ☑ accessModes：访问模式。这里设置为"ReadWriteMany"，表示多个节点可以同时读写。
- ☑ nfs：使用 NFS 作为后端存储系统。这里设置 NFS 服务器的 IP 地址和共享路径。

创建 PV 资源：

```
[root@k8s-master ~]# kubectl apply -f pv-nfs.yaml
```

查看 PV 对象：

```
[root@k8s-master ~]# kubectl get pv
 NAME       CAPACITY   ACCESS MODES   RECLAIM POLICY   STATUS     CLAIM    STORAGECLASS   REASON   AGE
 pv-nfs     5Gi        RWX            Retain           Available                                   4s
```

在输出结果中，各字段含义如下。
- ☑ NAME：PV 名称。
- ☑ CAPACITY：存储容量。
- ☑ ACCESS MODES：访问模式。

- ☑ RECLAIM POLICY：回收策略。
- ☑ STATUS：状态。这里值为"Available"，表示 PV 可用，即未绑定 PVC。
- ☑ CLAIM：绑定的 PVC 名称。
- ☑ STORAGECLASS：存储类。
- ☑ REASON：原因。
- ☑ AGE：创建时间。

PV 创建完成，等待 PVC 的申领。

7.2.2 创建 PVC

PVC 资源用于定义应用程序所需的存储资源。PVC 资源配置如下：

```
[root@k8s-master ~]# vi app-pvc.yaml
apiVersion: v1
kind: PersistentVolumeClaim
metadata:
  name: app-pvc
spec:
  accessModes:
    - ReadWriteMany
  resources:
    requests:
      storage: 5Gi
```

这个 PVC 配置表示需要一个具有 5 Gi 存储容量、支持多个节点同时读写的持久性存储（PV）。

创建 PVC 资源：

```
[root@k8s-master ~]# kubectl apply -f app-pvc.yaml
```

查看 PVC 对象：

```
[root@k8s-master ~]# kubectl get pvc
NAME      STATUS   VOLUME   CAPACITY   ACCESS MODES   STORAGECLASS   AGE
app-pvc   Bound    pv-nfs   5Gi        RWX                           4s
```

在输出结果中，各字段含义如下。
- ☑ NAME：PVC 名称。
- ☑ STATUS：状态。这里值为"Bound"，表示该 PVC 成功申领一个 PV。
- ☑ VOLUME：申领的 PV 名称。
- ☑ CAPACITY：存储容量。

- ACCESS MODES：访问模式。
- STORAGECLASS：存储类。
- AGE：创建时间。

PVC 与 PV 已成功绑定。你可能会有疑问：它们是怎么绑定的？

PVC 与 PV 绑定是由持久卷控制器"VolumeController"实现的，它负责监视集群中的 PVC 对象，并确保它们申领到符合条件的 PV。如果一个 PVC 对象处于"Pending"状态，则持久卷控制器会遍历所有可用的 PV 以寻找匹配的存储资源。在此过程中，持久卷控制器会考虑 PV 的存储容量、访问模式和其他声明的要求，寻找满足 PVC 需求的 PV。一旦找到合适的 PV，PVC 就会与其进行绑定，状态转变为"Bound"。反之，PVC 就会继续处于"Pending"状态，直到找到满足 PVC 需求的 PV。

7.2.3 Pod 使用 PVC

在 Pod 中使用 persistentVolumeClaim 卷，以获取 PV 提供的存储资源。配置如下：

```yaml
apiVersion: apps/v1
kind: Deployment
metadata:
  name: web
spec:
  replicas: 3
  selector:
    matchLabels:
      app: nginx
  template:
    metadata:
      labels:
        app: nginx
    spec:
      containers:
      - image: nginx:1.23
        name: web
        volumeMounts:
        - name: data
          mountPath: /data
      volumes:
      - name: data
        persistentVolumeClaim:
          claimName: app-pvc
```

上述配置在 Pod 中定义了一个名为 "data" 的 persistentVolumeClaim 卷,将其挂载到容器的 "/data" 目录中,并将该目录中的数据存储在 PV 定义的后端存储系统上,即 NFS 服务器上。

在 Pod 中可以看到以下挂载信息:

```
192.168.1.74:/data/k8s-pv    50G  7.3G  43G  15% /data
```

可见,与直接使用 nfs 卷的效果一样。

需要强调的是,PVC 只是一种资源对象,本身并不具备直接挂载的能力。实际上,挂载操作是由 kubelet 组件根据 PV 对象的定义通过卷插件将 NFS 共享路径挂载到容器中的,将 NFS 共享路径挂载到容器中,如图 7-5 所示。

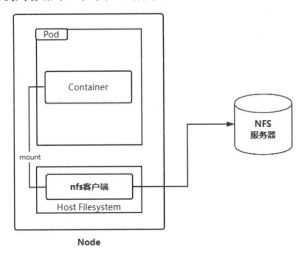

图 7-5 将 NFS 共享路径挂载到容器中

另外,一个 PV 只能被一个 PVC 申领,这意味着每个应用程序都需要创建一个 PVC 并与一个 PV 进行绑定。为了确保数据的隔离性,每个 PV 应提供独立的存储资源,例如不同的 NFS 共享路径,以避免与其他 PV 的数据冲突。

7.2.4 PV 动态供给

如果开发工程师创建的 PVC 未找到匹配的 PV,则 PVC 将处于 "Pending" 状态。一段时间后,运维工程师发现这一情况,立即创建一个符合需求的 PV,为了避免等待,运维工程师可以预先创建多个 PV,以备后续 PVC 的申领,这种做法被称为 PV 静态供给,如图 7-6 所示。

当在处理少量 PVC 时 PV 静态供给还能够应对,当涉及成百上千的 PVC 时,这种方式可能变得不够灵活且难以管理，尤其存在多个后端存储系统。为了解决这个问题，Kubernetes 引入了 PV 动态供给（dynamic provisioning）机制，能够在需要时自动创建 PV。PV 动态供给通过 StorageClass（存储类）和 Provisioner（供给程序）实现，如图 7-7 所示。

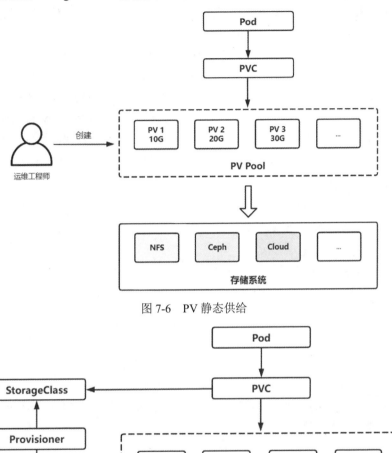

图 7-6　PV 静态供给

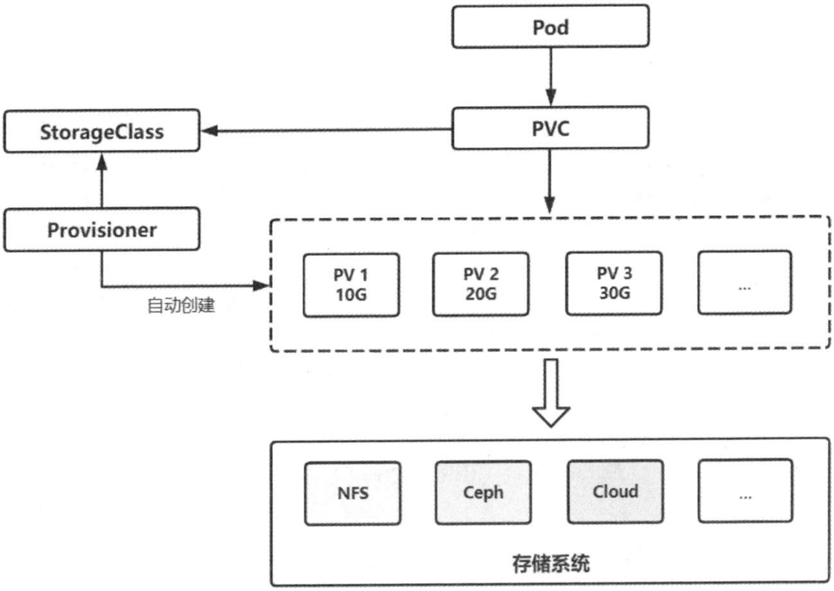

图 7-7　PV 动态供给

StorageClass 是一种资源对象，用于定义持久性存储的属性，包括存储类型、供给程序特定的配置等信息。在集群中允许定义多个存储类，用户可以根据应用程序需求选择相应的存储类，从而获取不同类型的持久性存储。

Provisioner 是一个程序，用于监视 Kubernetes 中创建的 PVC，然后通过调用存储系统 API 和 Kubernetes API 创建符合需求的 PV。

Kubernetes 为多种存储供应商提供了 Provisioner，包括 AzureFile、RBD、VsphereVolume 和 PortworxVolume。随着 CSI 的引入，这些内置的 Provisioner 已逐步被废弃，需要使用存储供应商提供的供给程序或自主编写供给程序，自主编写供给程序可参考社区提供的功能库和示例（https://github.com/kubernetes-sigs/sig-storage-lib-external-provisioner）。

这里使用社区开发的 NFS 外部供给程序，该项目的 GitHub 项目地址为 https://github.com/kubernetes-sigs/nfs-subdir-external-provisioner，其中 "deploy" 目录是部署的资源文件，具体如下：

- ☑ class.yaml：定义 StorageClass 资源，内容如下：

```
apiVersion: storage.k8s.io/v1
kind: StorageClass
metadata:
  name: nfs-client
provisioner: k8s-sigs.io/nfs-subdir-external-provisioner  # or choose another name, must match deployment's env PROVISIONER_NAME'
parameters:
  archiveOnDelete: "false"
```

上述配置定义了一个名为 "nfs-client" 的 StorageClass 对象。其中，"provisioner" 字段用于指定供给程序，这里的值必须与 deployment.yaml 文件中的变量 "PROVISIONER_NAME" 保持一致。"parameters" 字段用于指定一些额外的参数，如 "archiveOnDelete: false" 则表示，在删除 PVC 时是否将 NFS 共享路径进行归档。这些参数的具体含义取决于所使用的供给程序。

- ☑ deployment.yaml：定义 Deployment 资源部署供给程序。在使用它之前，你需要修改里面的 NFS 服务器地址和共享路径。
- ☑ rbac.yaml：定义 RABC 相关资源，授予供给程序访问 Kubernetes API 的权限。

创建相关资源：

```
[root@k8s-master ~]# kubectl apply -f class.yaml -f deployment.yaml -f rbac.yaml
```

查看 NFS 供给程序的 Pod：

```
[root@k8s-master ~]# kubectl get pods -l app=nfs-client-provisioner
NAME                      READY   STATUS   RESTARTS   AGE
```

```
nfs-client-provisioner-745795f495-pl4b9   1/1   Running   0          100s
```

查看 StorageClass 对象：

```
[root@k8s-master ~]# kubectl get sc
NAME   PROVISIONER   RECLAIMPOLICY   VOLUMEBINDINGMODE ALLOWVOLUMEEXPANSION   AGE
nfs-client k8s-sigs.io/nfs-subdir-external-provisioner Delete   Immediate   false      111s
```

在创建 PVC 时，你可以通过"storageClassName"字段指定存储类名称，配置如下：

```
apiVersion: v1
kind: PersistentVolumeClaim
metadata:
  name: app2-pvc
spec:
  storageClassName: nfs-client
  accessModes:
    - ReadWriteMany
  resources:
    requests:
      storage: 1Gi
```

查看 PV 对象：

```
[root@k8s-master ~]# kubectl get pv
NAME                                       CAPACITY   ACCESS MODES   RECLAIM POLICY   STATUS   CLAIM              STORAGECLASS   REASON   AGE
pv-nfs                                     5Gi        RWX            Retain           Bound    default/app-pvc                              4h30m
pvc-5ffb3a7f-603b-482b-a519-1b402aeca084   1Gi        RWX            Delete           Bound    default/app2-pvc   nfs-client              3s
```

名为"pvc-5ffb3a7f-603b-482b-a519-1b402aeca084"的 PV 由 NFS 供给程序自动创建，"STORAGECLASS"列也显示了相应的存储类名称。此外，供给程序在 NFS 服务器的共享路径中为该 PV 创建了一个独立的目录，以确保 PV 数据的隔离性。目录命名格式为"<命名空间>-<PVC 名称>-<PV 名称>"，如下所示：

```
[root@localhost ~]# ls /data/k8s-pv/
default-app2-pvc-pvc-5ffb3a7f-603b-482b-a519-1b402aeca084
```

随后，可以通过在 Pod 中挂载 PVC 来获取 PV 提供的存储资源。

为了简化配置，可以设置默认存储类，即当新创建的 PV 没有明确指定存储类时，系统将使用默认存储类。例如，将存储类"nfs-client"设置为默认：

```
[root@k8s-master ~]# kubectl patch storageclass nfs-client -p '{"metadata":
{"annotations":{"storageclass.kubernetes.io/is-default-class":"true"}}}'
```

设置成功后，存储类对象名称将显示"nfs-client (default)"。如果需要更改默认存储类，则使用相同的命令，先将当前默认的存储类设置为"false"，再将新默认的存储类设置为"true"。

7.2.5　PV 生命周期

PV 生命周期包含多个阶段，如图 7-8 所示。

图 7-8　PV 生命周期

这些阶段具体如下。

（1）Provisioning（PV 供给）：可以通过静态供给和动态供给两种方式创建 PV。

（2）Binding（绑定）：PV 创建后处于"Available"状态，当 PVC 与 PV 被绑定时，PV 状态转变为"Bound"。

（3）Using（使用）：当 PVC 与 PV 被成功绑定后，Pod 获取到 PV 提供的存储资源，从而将容器中的数据目录存储到外部存储系统上。

（4）Releasing（释放）：当 PVC 被删除时，PV 将被释放，具体行为由回收策略决定。

（5）Reclaiming（回收）：释放后，根据回收策略执行相应的操作。有以下 3 种回收策略。

- ☑ Retain（保留）：保留 PV 对象和数据，PV 状态转为"Released"。由于 PV 中存在之前的数据，不能被其他 PVC 申领，需要集群管理员手动回收，例如先备份数据，再删除与 PV 对象和外部存储上关联的数据。
- ☑ Recycle（回收）：保留 PV 对象，执行数据删除操作（如 rm -rf /volume/*）。该回收策略已被废弃，建议使用动态供给。
- ☑ Delete（删除）：删除与 PV 对象和外部存储上关联的数据。

静态供给创建的 PV 默认策略为"Retain"，你可以通过"persistentVolumeReclaimPolicy"字段设置回收策略。动态供给创建的 PV 默认策略为"Delete"，你可以在 StorageClass 资源中通过"reclaimPolicy"字段设置默认回收策略。

在上述 NFS 动态供给环境中，默认回收策略为"Delete"，这表示当删除 PVC 对象时，PV 对象和 NFS 共享路径上对应的目录也会被自动删除。为了提高数据的安全性，建议将默认的回收策略设置为"Retain"，或者将 StorageClass 资源中的"archiveOnDelete"字段设置为"true"以启用 NFS 共享路径归档,确保在删除 PV 对象后,可以手动恢复数据。

整个 PV 生命周期由持久卷控制器负责监控和管理,确保 PV 按照预期进行。

7.3 内置存储对象

Kubernetes 提供了 ConfigMap 和 Secret 资源,它们允许将配置数据和敏感数据从应用程序代码中分离出来。这种设计使得在不重新构建镜像或修改文件的情况下,能够轻松地更新应用程序的配置,提高了配置管理的灵活性和安全性。

7.3.1 ConfigMap

ConfigMap 是一种用于存储配置信息的资源对象,它以键值对的形式保存数据。

例如:使用 Nginx 搭建一台反向代理服务器,考虑到后续可能会经常新增或修改已有的虚拟主机,将这些虚拟主机配置存储在 ConfigMap 中,以实现集中管理,如图 7-9 所示。

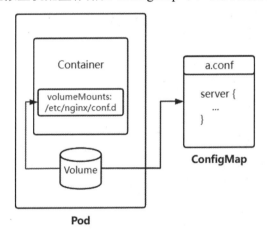

图 7-9 ConfigMap 存储 Nginx 配置

ConfigMap 存储 Nginx 虚拟主机配置如下:

```
[root@k8s-master ~]# vi nginx-proxy-configmap.yaml
apiVersion: v1
kind: ConfigMap
metadata:
  name: nginx-config
data:
  a.conf: |
    server {
```

```
        listen 80;
        server_name a.example.com;
        location / {
            proxy_pass http://192.168.1.71:8080;
        }
    }
[root@k8s-master ~]# kubectl apply -f nginx-proxy-configmap.yaml
```

上述示例创建了一个名为"nginx-config"的 ConfigMap 对象。其中定义了一个键"a.conf",值是一个虚拟主机配置。

查看 ConfigMap 对象:

```
[root@k8s-master ~]# kubectl get cm
NAME                DATA    AGE
kube-root-ca.crt    1       17d
nginx-config        1       5m
```

在 Pod 中使用 configMap 卷将 ConfigMap 对象挂载到容器中,配置如下:

```
[root@k8s-master ~]# vi nginx-proxy-pod.yaml
apiVersion: v1
kind: Pod
metadata:
  name: nginx-proxy
spec:
  containers:
  - name: web
    image: nginx:1.23
    volumeMounts:
      - name: config
        mountPath: /etc/nginx/conf.d
  volumes:
  - name: config
    configMap:
      name: nginx-config

[root@k8s-master ~]# kubectl apply -f nginx-proxy-pod.yaml
```

上述配置定义了一个名为"config"的 configMap 卷,并将其挂载到容器的"/etc/nginx/conf.d"目录中。

验证是否挂载成功:

```
[root@k8s-master ~]# kubectl exec nginx-proxy -- ls /etc/nginx/conf.d
a.conf
```

可见，ConfigMap 中的数据已被挂载到容器的文件"/etc/nginx/conf.d/a.conf"中。

假设再新增一个虚拟主机配置，即在资源文件"nginx-proxy-configmap.yaml"中新增一个键"b.conf"，内容如下：

```
  b.conf: |
    server {
       listen 80;
       server_name b.example.com;
       location / {
           proxy_pass http://192.168.1.71:8081;
       }
    }
```

更新资源配置：

```
[root@k8s-master ~]# kubectl apply -f nginx-proxy-configmap.yaml
```

等待片刻，Pod 中将看到新增的文件"/etc/nginx/conf.d/b.conf"。

在这个过程中，存在一种自动更新的机制。kubelet 组件会定期检查 Pod 挂载的 ConfigMap 对象中的数据是否发生变更，如果发生变更，将最新数据同步到 Pod 中，以确保 Pod 使用最新的配置。

通过上述配置，默认会将 ConfigMap 对象中的所有键作为文件名挂载到 Pod 中。如果只想挂载指定键或设置文件名，可以通过"items"字段实现，配置示例如下：

```
      volumes:
      - name: config
        configMap:
          name: nginx-config
          items:
          - key: "a.conf"
            path: "a.example.com.conf"
```

这样，只有 ConfigMap 中键为"a.conf"的数据会被挂载到容器的"/etc/nginx/conf.d/a.example.com.conf"文件中。

使用过 Nginx 镜像的读者可能记得在虚拟主机目录"/etc/nginx/conf.d"下默认有一个"default.conf"文件，但使用 ConfigMap 后会发现该文件不见了！

这是因为挂载操作会覆盖了容器中的目录。你可以通过"subPath"字段指定挂载路径的子路径来解决这个问题，配置示例如下：

```
        volumeMounts:
        - name: config
          mountPath: /etc/nginx/conf.d/a.example.com.conf
          subPath: a.example.com.conf
```

```yaml
volumes:
- name: config
  configMap:
    name: nginx-config
    items:
    - key: "a.conf"
      path: "a.example.com.conf"
```

通过这样的配置，你可以确保将 ConfigMap 中键为"a.conf"的文件挂载到"/etc/nginx/conf.d/"目录的子路径中，该目录原有的数据不受影响。

需要注意的是，当使用"subPath"字段挂载卷时，无论 ConfigMap 对象是否发生变更，kubelet 都不会自动同步最新数据到 Pod 中。

ConfigMap 中键的值使用竖杠（"|"）表示多行字符串，这使得定义任意文本内容变得很容易。反之，不使用竖杠则表示单个字符串，配置如下：

```yaml
apiVersion: v1
kind: ConfigMap
metadata:
  name: app-config
data:
  max_connections: "2048"
  log_level: "error"
```

上述配置定义了两个键值对："max_connections"和"log_level"。它们分别用于表示应用程序的最大连接数和日志级别。

在 Pod 中配置 configMap 卷可以将其挂载到容器的指定目录中。此外，你还可以通过环境变量将 ConfigMap 中的数据注入容器中，配置示例如下：

```yaml
apiVersion: apps/v1
kind: Pod
metadata:
  name: app-pod
spec:
  containers:
  - name: web
    image: nginx:1.23
    env:
    - name: WORKER_CONNECTIONS
      valueFrom:
        configMapKeyRef:
          name: app-config
          key: max_connections
    - name: LOG_LEVEL
      valueFrom:
```

```
        configMapKeyRef:
          name: app-config
          key: log_level
```

上述配置在容器中定义了两个环境变量："WORKER_CONNECTIONS"和"LOG_LEVEL"。它们的值分别来自名为"app-config"的 ConfigMap 中的键"max_connections"和"log_level"。这样，容器中的应用程序可以通过读取这些环境变量来获取最大连接数和日志级别，并将其设置到应用程序中。

7.3.2 Secret

Secret 是一种用于存储敏感信息的资源对象，其使用方法类似于 ConfigMap。它主要用于管理敏感数据，如账号密码、密钥、证书等。

Secret 支持以下 3 种类型。

- docker-registry：用于存储访问镜像仓库的认证凭据。
- generic：用于存储任意格式的数据，如密码、密钥等。
- tls：用于存储 TLS 证书，如 HTTPS 证书。

1. docker-registry 类型

镜像仓库中公开的镜像可以被任意拉取，而私有的镜像则需要通过身份验证后才能被拉取，否则会出现未授权的提示。因此，对于私有的镜像，你需要在 Secret 中存储镜像仓库凭据，并在 Pod 中使用该 Secret。命令示例如下：

```
kubectl create secret docker-registry private-registry-auth \
  --docker-server=192.168.1.90 \
  --docker-username=lizhenliang \
  --docker-password=****** \
  --docker-email=1121267855@qq.com
```

该命令创建了一个名为"private-registry-auth"的 Secret 对象，并指定了 docker-registry 类型，相关参数含义如下。

- --docker-server：镜像仓库服务器地址，默认是 Docker Hub。
- --docker-username：登录镜像仓库的用户名。
- --docker-password：登录镜像仓库的密码。
- --docker-email：邮箱地址。

查看 Secret 对象：

```
[root@k8s-master ~]# kubectl get secret
NAME                    TYPE                             DATA    AGE
private-registry-auth   kubernetes.io/dockerconfigjson   1       77s
```

在 Pod 中使用"imagePullSecrets"字段指定该 Secret 对象，配置如下：

```yaml
apiVersion: v1
kind: Pod
metadata:
  name: private-nginx
spec:
  containers:
  - name: web
    image: lizhenliang/private-nginx:1.22
    imagePullSecrets:
    - name: private-registry-auth
```

kubelet 会将存储在 Secret 中的凭据信息（包括用户名、密码和仓库地址等）传递给容器运行时，容器运行时使用凭据与镜像仓库服务器进行身份验证，以便顺利拉取镜像。

2. generic 类型

generic 类型允许存储任意格式的数据，这些数据需要经过 base64 编码。例如，在 Secret 中存储 MySQL 账号密码，并在 Pod 中使用该 Secret。配置如下：

```yaml
apiVersion: v1
kind: Secret
metadata:
  name: mysql-password
type: Opaque
data:
  root-password: "MTIzNDU2"
```

上述配置创建了一个名为"mysql-password"的 Secret 对象。它定义了一个键"root-password"，其值是一个经过 base64 编码的字符串，可通过命令"echo -n '<字符串>' | base64"获取。

使用环境变量将 Secret 中的数据注入容器中，配置如下：

```yaml
apiVersion: v1
kind: Pod
metadata:
  name: mysql-pod
spec:
  containers:
  - name: db
    image: mysql:5.7
    env:
    - name: MYSQL_ROOT_PASSWORD
      valueFrom:
        secretKeyRef:
```

```
      name: mysql-password
      key: root-password
```

上述配置定义了一个名为"MYSQL_ROOT_PASSWORD"的环境变量,其值来自名为"mysql-password"的 Secret 中的键"root-password"。这样,MySQL 可以通过读取这个环境变量来获取 root 账号密码,并将其设置到 MySQL 数据库中。

3. tls 类型

tls 类型用于存储 TLS 证书。

例如,在 Secret 中存储 HTTPS 证书文件,并在 Pod 中使用该 Secret。配置如下:

```
[root@k8s-master ~]# kubectl create secret tls blog-aliangedu-cn
--cert=blog.aliangedu.cn.pem --key=blog.aliangedu.cn.key
```

查看 Secret 对象详情:

```
[root@k8s-master ~]# kubectl get secret
NAME                TYPE                 DATA   AGE
blog-aliangedu-cn   kubernetes.io/tls    2      3s
mysql-password      Opaque               1      75s
```

使用卷将 Secret 中的数据注入容器中,配置如下:

```
apiVersion: v1
kind: Pod
metadata:
  name: nginx-https
spec:
  containers:
  - name: web
    image: nginx:1.23
    volumeMounts:
      - name: tls
        mountPath: /etc/nginx/pki
        readOnly: true
  volumes:
  - name: tls
    secret:
      secretName: blog-aliangedu-cn
      items:
      - key: "tls.crt"
        path: "blog.aliangedu.cn.crt"
      - key: "tls.key"
        path: "blog.aliangedu.cn.key"
```

在上述配置中，secret 卷通过"items"字段指定了引用 Secret 的键和文件名，并将其挂载到了容器目录"/etc/nginx/pki"中，以供 Nginx 使用。

默认情况下，证书的默认键为"tls.crt"，私钥的默认键为"tls.key"。

7.3.3 配置文件自动重新加载方案

当 ConfigMap 和 Secret 以卷的方式被挂载到容器中时，如果它们发生变更，最新的数据将自动更新到 Pod 中。为了使最新的配置生效，应用程序还需要具备主动检测和处理这些变更的能力，以下是一些常见的实现方式。

（1）重建 Pod：重建 Pod 是一种简单而直接的方式，可以使用"kubectl rollout restart"命令快速实现。

（2）应用程序内部实现：应用程序通过一些框架实现定期检查文件的变更，然后重新加载配置。

（3）应用程序外部实现：应用程序通过一些工具定期检查文件的变更，然后重启服务。例如，使用 inotifywait 和 crontab 实现定期检查 Nginx 虚拟主机目录"/etc/nginx/conf.d"下文件是否发生变更，如果发生变更，执行"nginx -s reload"命令重新加载配置。

通过利用 ConfigMap 和 Secret 的自动更新机制，你可以更好地适应应用程序配置文件变化的需求。

7.4 本章小结

本章讲解了 Kubernetes 的卷和持久卷以及使用场景。具体如下：

- ☑ emptyDir 和 hostPath 卷都是基于节点级别实现的，用于容器之间的数据共享和对主机上路径的访问。
- ☑ Pod 之间的数据共享和数据持久性需要通过卷来配置相应的外部存储系统来实现，如 NFS、RBD、ISCSI 等。
- ☑ PV 和 PVC 资源用于解耦存储管理和存储使用。PV 有两种供给方式：静态供给和动态供给，其中动态供给由 StorageClass 资源和 Provisioner 来实现。
- ☑ 无论是在 Pod 中配置外部存储系统，还是在 PV 中配置外部存储系统，建议使用 CSI 外部存储驱动程序。
- ☑ ConfigMap 和 Secret 资源用于将应用程序的配置和敏感数据解耦出来，实现独立管理和维护。

第 8 章
有状态应用管理

Deployment 工作负载资源的设计目标是：通过相同的 Pod 模板启动多个副本，各个 Pod 之间完全相等，提供相同的服务，这使得副本数可以进行任意扩展和缩减。这种设计主要满足"无状态"应用程序部署的特点，如 Web 服务。

在生产环境中，并不是所有的应用程序都是无状态的，尤其是分布式应用，如 MySQL 主从、Etcd 集群等。这些分布式应用的实例之间通常会维护一定的状态和依赖关系，因此被称为"有状态"。在集群中部署时，有状态应用具有以下需求。

- ☑ Pod 之间不对等：每个实例通常扮演不同的角色，具有特定的功能和职责。
- ☑ Pod 独享存储：由于实例之间存在不对等的关系，那么 Pod 中的数据存储也需要保持独立性。

8.1 StatefulSet 工作负载资源

Kubernetes 提供了 StatefulSet 工作负载资源，专门用于管理无状态应用。它具有以下特点。

- ☑ 稳定且唯一的网络标识符：为每个 Pod 分配一个持久的、唯一的网络标识符，确保网络访问的稳定性和可靠性。
- ☑ 稳定且独享的持久存储：StatefulSet 的 PVC 经过特别设计，确保为每个 Pod 创建独立的 PVC。
- ☑ 有序的部署、扩展和升级：为每个 Pod 分配一个唯一的序号，并按照序号顺序启动、停止 Pod，确保应用程序的有序性和可控性。

8.1.1 稳定的网络标识符

StatefulSet 稳定且唯一的网络标识符，具体如下。

- ☑ Pod 名称和主机名：每个 Pod 都有一个唯一的名称并作为主机名，具体格式为

"<StatefulSet 名称>-<序号>"，序号从 0 开始递增，与 Pod 的创建顺序相应。

☑ Pod 域名：每个 Pod 都有一个稳定的域名，具体格式为"<Pod 名称>.<Service 名称>.<命名空间>.svc.cluster.local"，其他客户端或实例之间可以通过该域名相互访问。

Pod 域名是通过 Headless Service 实现的，与普通 Service 的区别在于，Headless Service 是将"clusterIP"字段设置为 None，表示不为该 Service 分配虚拟 IP 地址，而是为 StatefulSet 管理的每个 Pod 创建 DNS 域名，如图 8-1 所示。

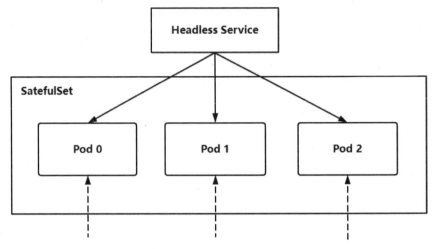

图 8-1　Headless Service

例如：使用 StatefulSet 和 Headless Service 部署一个 MySQL 主从复制集群。Headless Service 资源配置如下：

```
[root@k8s-master ~]# vi mysql-headless-service.yaml
apiVersion: v1
kind: Service
metadata:
  name: mysql
spec:
  clusterIP: None
  ports:
    - protocol: TCP
      port: 3306
      targetPort: 3306
  selector:
    app: mysql
```

```
[root@k8s-master ~]# kubectl apply -f mysql-headless-service.yaml
```

StatefulSet 资源配置如下：

```
[root@k8s-master ~]# vi mysql-statefulset.yaml
apiVersion: apps/v1
kind: StatefulSet
metadata:
  name: mysql
spec:
  serviceName: "mysql"
  replicas: 3
  selector:
    matchLabels:
      app: mysql
  template:
    metadata:
      labels:
        app: mysql
    spec:
      containers:
      - name: db
        image: mysql:5.7.20
        env:
        - name: MYSQL_ROOT_PASSWORD
          value: "123456"
        livenessProbe:
          exec:
            command:
            - /bin/sh
            - -c
            - "mysqladmin ping -u root -p${MYSQL_ROOT_PASSWORD}"
          initialDelaySeconds: 20
          periodSeconds: 10
        readinessProbe:
          exec:
            command:
            - /bin/sh
            - -c
            - "mysqladmin ping -u root -p${MYSQL_ROOT_PASSWORD}"
          initialDelaySeconds: 20
          periodSeconds: 10

[root@k8s-master ~]# kubectl apply -f mysql-statefulset.yaml
```

上述示例创建了一个名为"mysql"的 StatefulSet 对象，其中，"serviceName"字段用于指定 Headless Service 的名称，表示 StatefulSet 管理的 Pod 通过该 Service 为每个 Pod 创建 DNS 域名。此外，Pod 在创建过程中是按照顺序进行的，即等待上一个 Pod 准备就绪后，再继续启动下一个 Pod。

查看 Pod 对象：

```
[root@k8s-master ~]# kubectl get pods -l app=mysql
NAME      READY   STATUS    RESTARTS   AGE
mysql-0   1/1     Running   0          83s
mysql-1   1/1     Running   0          38s
mysql-2   1/1     Running   0          35s
```

Pod 名称包含一个递增的序号，该序号是按照创建 Pod 的顺序设置的。即使 Pod 被重建，序号也不会改变，并且 Pod 主机名与 Pod 名称保持一致，这有助于标识和区分不同的 Pod。

在 Busybox 容器中进行域名解析测试，结果如下：

```
/ # nslookup mysql.default.svc.cluster.local
Server:    10.96.0.10
Address 1: 10.96.0.10 kube-dns.kube-system.svc.cluster.local

Name:      mysql.default.svc.cluster.local
Address 1: 10.244.235.202 mysql-1.mysql.default.svc.cluster.local
Address 2: 10.244.36.124 mysql-0.mysql.default.svc.cluster.local
Address 3: 10.244.169.129 mysql-2.mysql.default.svc.cluster.local
```

在上述结果中，Serivce 域名"mysql.default.svc.cluster.local"被解析出三个关联的 Pod IP 地址和相应的域名。通过使用这个域名，应用程序可以通过这个域名访问相应的 Pod，而无须关心具体的 Pod IP 地址。

StatefulSet 通过设置特定格式的 Pod 名称和主机名，提供了可预测且唯一的命名方式，为实现分布式应用部署奠定了基础。

8.1.2 稳定的独享存储

StatefulSet 通过"volumeClaimTemplates"字段定义 PVC 模板，为每个 Pod 创建一个独立的 PVC，如图 8-2 所示。

在 StatefulSet 资源文件（mysql-statefulset.yaml）中增加 PVC，配置如下：

```
apiVersion: apps/v1
kind: StatefulSet
...
      volumeMounts:
      - name: data
        mountPath: /var/lib/mysql
```

```yaml
  volumeClaimTemplates:
  - metadata:
      name: data
    spec:
      storageClassName: "nfs-client"
      accessModes:
        - ReadWriteOnce
      resources:
        requests:
          storage: 1Gi
```

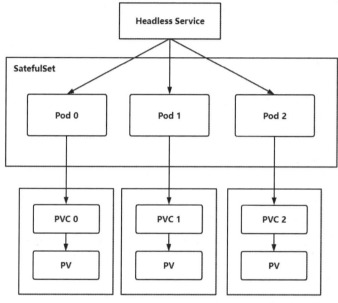

图 8-2 Pod 独享持久存储

在上述配置中,"volumeClaimTemplates"部分定义了一个 PVC 模板,该模板指定了存储类、访问模式和存储容量,并将其挂载到容器的"/var/lib/mysql"目录中。

修改完成后,重新创建 StatefulSet 资源,使其配置生效。

StatefulSet 会根据 Pod 创建相应的 PVC,如下所示:

```
[root@k8s-master ~]# kubectl get pvc
  NAME               STATUS   VOLUME                                     CAPACITY
ACCESS MODES   STORAGECLASS   AGE
  data-mysql-0      Bound    pvc-e38fa113-daf0-409f-99f1-338e2e2545fd   1Gi
RWO            nfs-client     3m2s
  data-mysql-1      Bound    pvc-21060b1c-549f-4c6b-99b2-284f8d2a26a0   1Gi
RWO            nfs-client     54s
  data-mysql-2      Bound    pvc-ebd3e1eb-fcc5-4f2e-96d1-b1c22a072fac   1Gi
```

```
RWO              nfs-client      9s
```

三个 PVC 已经成功创建并绑定到了相应的 PV 上，并且这些 PVC 名称中序号与 Pod 名称中序号一致，表明了它们之间的对应关系。

8.2 MySQL 主从复制集群实践

目前集群中有三个 MySQL Pod 在运行，但这些 Pod 是使用相同的镜像和配置创建的，这意味着已经创建了三个独立的 MySQL 实例，我们希望其中一个充当主数据库，其余的作为从数据库与主数据库保持同步。因此，我们需要规划和调整配置，以实现真正的 MySQL 主从复制集群。

8.2.1 MySQL 集群拓扑规划

MySQL 主从复制架构具有以下特点。
- ☑ 有一个 Master 节点（主节点）：Master 节点负责处理所有操作，包括查询、插入、更新和删除。
- ☑ 有一个或多个 Slave 节点（从节点）：Slave 节点与 Master 节点数据库保持同步。它仅负责处理读操作，或者不提供服务，专用于备份。
- ☑ 读写分离：主从复制集群常用于读写分离的场景。其中，Master 节点专门负责处理写操作，而 Slave 节点则专门负责处理读操作，有效地减轻了 Master 节点的负担，提高了整体性能和响应速度。

MySQL 主从复制集群架构如图 8-3 所示。

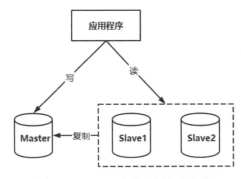

图 8-3　MySQL 主从复制集群架构

在虚拟机环境中，部署一个 MySQL 主从复制集群并非难事，大致步骤如下：
（1）在所有节点上安装 MySQL 服务。

（2）在 Master 节点上，配置 MySQL 实例以启用二进制日志记录（log-bin 参数）并指定唯一标识（server-id 参数），然后启动 MySQL 服务。

（3）在 Slave 节点上，配置 MySQL 实例以指定唯一标识（server-id 参数）并启动 MySQL 服务。

（4）在 Slave 节点的 MySQL 实例中执行"CHANGE MASTER TO"指令以连接 Master 节点，该指令包含 Master 节点的 IP、用户、密码以及开始复制的日志位置等信息，随后执行"START SLAVE"指令启动复制进程。

（5）最后验证测试，在 Slave 节点上执行"SHOW SLAVE STATUS\G"指令，以查看"Slave_IO_Running"和"Slave_SQL_Running"字段。如果二者均为"YES"，则表示主从复制工作正常。在 Master 节点上尝试执行写操作，并在 Slave 节点上查看是否同步。

这些步骤在 Kubernetes 集群中部署 MySQL 主从复制集群仍然是不可或缺的。

实际上，StatefulSet 仅提供了管理有状态应用程序所需的基本环境，具体的部署逻辑和操作仍需要用户来完成。根据 StatefulSet 特性和上述步骤，规划如下：

（1）将序号为 0 的 Pod 作为 Master 节点，将序号 1~n 的 Pod 作为 Slave 节点。

（2）启动 Master 节点上的 Pod 时启用二进制记录并设置唯一标识。

（3）启动 Slave 节点上的 Pod 时设置唯一标识，然后与 Master 节点上的 Pod 建立主从关系。

MySQL 主从复制集群如图 8-4 所示。

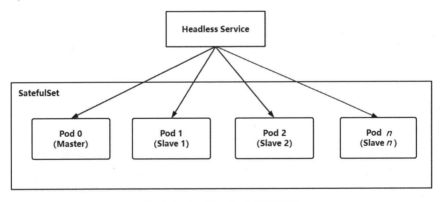

图 8-4　MySQL 主从复制集群

8.2.2　MySQL 集群容器化实现

根据上述规划，当 Pod 序号等于 0 时，作为 Master 节点。在 StatefulSet 资源文件（mysql-statefulset.yaml）中增加"command"字段，执行相关操作，具体如下：

```
command:
```

```
    - /bin/bash
    - -c
    - |
      # 获取当前 Pod 序号
      ordinal=$(hostname | awk -F'-' '{print $NF}')
      # 处理 Master 节点
      if [ $ordinal -eq 0 ]; then
        if [ $(ls /var/lib/mysql |wc -l) -eq 0 ]; then
          # 初始化数据库
          mysqld --initialize --datadir=/var/lib/mysql --user=mysql
          echo "ALTER USER 'root'@'localhost' IDENTIFIED BY '$MYSQL_ROOT_PASSWORD';" > /init.sql
          echo "GRANT ALL PRIVILEGES ON *.* TO 'root'@'%' IDENTIFIED BY '$MYSQL_ROOT_PASSWORD';" >> /init.sql
          # 启动 MySQL 服务
          mysqld \
            --defaults-file=/etc/mysql/my.cnf \
            -u mysql \
            --init-file=/init.sql \
            --server-id=$((100 + $ordinal)) \
            --log-bin=mysql-0-bin
        else
          # 启动 MySQL 服务
          mysqld \
            --defaults-file=/etc/mysql/my.cnf \
            -u mysql \
            --server-id=$((100 + $ordinal)) \
            --log-bin=mysql-0-bin
        fi
      fi
```

在上述 Shell 脚本中，操作如下：

（1）从主机名中提取 Pod 序号。

（2）如果当前 Pod 序号等于 0，则执行操作：检查 MySQL 的数据目录 "/var/lib/mysql" 是否为空。如果该目录为空，则先执行 "mysqld --initialize" 命令初始化数据库，再设置 root 用户密码，然后执行 "mysqld" 命令并携带参数（如配置文件、运行用户、初始化 SQL 文件等）启动 MySQL 服务；如果该目录不为空，这说明当前 Pod 不是初次创建（如 Pod 重建），则直接启动 MySQL 服务。

当 Pod 序号不等于 0 时，即第二个、第三个……启动的 Pod，作为 Slave 节点。执行相关操作，具体如下：

```
    if [ $ordinal -ne 0 ]; then
      if [ $(ls /var/lib/mysql |wc -l) -eq 0 ]; then
```

```bash
    # 初始化数据库
    mysqld --initialize --datadir=/var/lib/mysql --user=mysql
    # 启动 MySQL 服务并设置 root 用户密码
    echo "ALTER USER 'root'@'localhost' IDENTIFIED BY '$MYSQL_ROOT_PASSWORD';" > /init.sql
    echo "GRANT ALL PRIVILEGES ON *.* TO 'root'@'%' IDENTIFIED BY '$MYSQL_ROOT_PASSWORD';" >> /init.sql
    nohup mysqld \
      --defaults-file=/etc/mysql/my.cnf \
      -u mysql \
      --init-file=/init.sql \
      --server-id=$((100 + $ordinal)) \
      &> mysql.log &

    # 等待 MySQL 启动后,建立主从复制关系
    while true; do
      if ! mysqladmin ping -uroot -p${MYSQL_ROOT_PASSWORD}; then
          echo "等待 MySQL 服务启动..."
          sleep 1
      else
          break
      fi
    done
    # Master 节点连接地址
    master_host="mysql-0.mysql"
    # 获取 Master 节点二进制日志文件名和位置
    mysql -h $master_host -u root -p$MYSQL_ROOT_PASSWORD -e "SHOW MASTER STATUS\G;" > master_binlog_info.txt
    log_file=$(awk -F': ' '/File/{print $2}' master_binlog_info.txt)
    log_pos=$(awk -F': ' '/Position/{print $2}' master_binlog_info.txt)
    # 建立主从复制关系
    mysql -u root -p$MYSQL_ROOT_PASSWORD -e "
        CHANGE MASTER TO
        MASTER_HOST='${master_host}',
        MASTER_USER='root',
        MASTER_PASSWORD='${MYSQL_ROOT_PASSWORD}',
        MASTER_LOG_FILE='${log_file}',
        MASTER_LOG_POS=${log_pos};
        START SLAVE;"
    # 查看复制线程状态
    mysql -u root -p$MYSQL_ROOT_PASSWORD -e "SHOW SLAVE STATUS\G" | grep "Running:"
    tail -f mysql.log
  else
    mysqld \
      --defaults-file=/etc/mysql/my.cnf \
```

```
        -u mysql \
        --server-id=$((100 + $ordinal))
    fi
fi
```

在上述 Shell 脚本中，如果当前 Pod 序号不等于 0，则执行以下操作：

（1）检查 MySQL 的数据目录"/var/lib/mysql"是否为空。如果该目录为空，则先执行"mysqld --initialize"命令初始化数据库，再设置 root 用户密码，最后执行"mysqld"命令并携带参数启动 MySQL 服务；如果该目录不为空，则说明当前 Pod 不是初次启动（如 Pod 重建）的，则直接启动 MySQL 服务。

（2）循环检查 MySQL 服务是否启动，启动后退出循环，继续执行后面脚本。

（3）使用 mysql 命令连接 Master 节点，执行"SHOW MASTER STATUS"指令获取二进制日志文件名和位置。

（4）在本地 MySQL 中执行"CHANGE MASTER TO"指令与 Master 节点建立主从复制关系，并查看主从复制线程状态。

Shell 脚本编写完成后，重新创建 StatefulSet 资源，使其配置生效。

在 Slave 节点上查看主从复制线程状态：

```
[root@k8s-master ~]# kubectl exec mysql-1 -- mysql -u root -p"123456" -e
"SHOW SLAVE STATUS\G" | grep "Running:"
            Slave_IO_Running: Yes
            Slave_SQL_Running: Yes
```

IO 和 SQL 线程运行中，说明主从复制工作正常。

在 Master 节点上执行一个写操作，如创建一个"test"数据库：

```
[root@k8s-master ~]# kubectl exec mysql-0 -- mysql -u root -p"123456" -e
"create database test;"
```

在任意 Slave 节点上将看到创建的"test"数据库，说明数据同步正常。执行以下命令：

```
[root@k8s-master ~]# kubectl exec mysql-1 -- mysql -u root -p"123456" -e
"show databases;"
Database
information_schema
mysql
performance_schema
sys
test
```

在读写分离的环境下：在进行写操作时，应用程序可以通过 Pod 域名"mysql-0.mysql.svc.cluster.local"访问 Master 节点；在进行读操作时，应用程序可以通过 Pod 域名"mysql-N.mysql.svc.cluster.local"访问 Slave 节点。

由于存在多个 Slave 节点，因此可以为这些节点创建一个独立的 Service，为这些 Slave 节点提供负载均衡，应用程序可以通过该 Service 虚拟 IP 地址来访问每个 Slave 节点。MySQL 读写分离如图 8-5 所示。

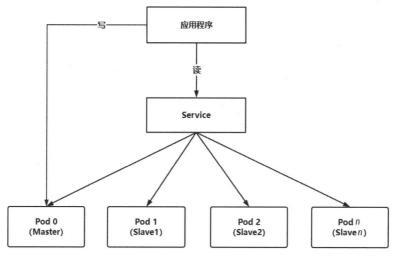

图 8-5　MySQL 读写分离

8.2.3　MySQL Slave 扩展与缩减

随着业务量的不断增大，为了提升 MySQL 系统的并发性能，需要增加 Slave 节点的数量。此时，如果直接增加 Pod 副本数，虽然能成功建立主从复制关系，但新的 Slave 节点不存在之前的数据。因此，还需要在新的 Slave 节点的 Pod 上执行以下操作：

（1）使用 mysqldump 工具将 Master 节点的数据库导出到 SQL 文件中，并添加 "--master-data" 参数记录最后一个二进制日志文件名称和位置。

（2）使用 mysql 命令将 SQL 文件导入本地 MySQL 中。

（3）在本地 MySQL 中执行 "CHANGE MASTER TO" 指令，与 Master 节点建立主从复制关系，并查看主从复制线程状态。

完善后的 Shell 脚本如下：

```
if [ $ordinal -ne 0 ]; then
  if [ $(ls /var/lib/mysql |wc -l) -eq 0 ]; then
    # 初始化数据库
    mysqld --initialize --datadir=/var/lib/mysql --user=mysql
    # 启动 MySQL 服务并设置 root 用户密码
    echo "ALTER USER 'root'@'localhost' IDENTIFIED BY '$MYSQL_ROOT_PASSWORD';" > /init.sql
```

```bash
      echo "GRANT ALL PRIVILEGES ON *.* TO 'root'@'%' IDENTIFIED BY 
'$MYSQL_ROOT_PASSWORD';" >> /init.sql
    nohup mysqld \
      --defaults-file=/etc/mysql/my.cnf \
      -u mysql \
      --init-file=/init.sql \
      --server-id=$((100 + $ordinal)) \
      &> mysql.log &

    # 等待 MySQL 启动后,建立主从复制关系
    while true; do
      if ! mysqladmin ping -uroot -p${MYSQL_ROOT_PASSWORD}; then
        echo "等待 MySQL 服务启动..."
        sleep 1
      else
        break
      fi
    done
    # Master 节点连接地址
    master_host="mysql-0.mysql"
    # 序号小于集群初始数量,则认为初次搭建
    if [ $ordinal -lt $INITIAL_CLUSTER_SIZE ]; then
      # 获取 Master 节点上的二进制日志文件名和位置
      mysql -h $master_host -u root -p$MYSQL_ROOT_PASSWORD -e "SHOW MASTER 
STATUS\G;" > master_binlog_info.txt
      log_file=$(awk -F': ' '/File/{print $2}' master_binlog_info.txt)
      log_pos=$(awk -F': ' '/Position/{print $2}' master_binlog_info.txt)
      echo "获取 Master 节点二进制日志文件名: ${log_file}, 日志位置: 
${log_pos}"
      # 建立主从复制关系
      mysql -u root -p$MYSQL_ROOT_PASSWORD -e "
          CHANGE MASTER TO
          MASTER_HOST='${master_host}',
          MASTER_USER='root',
          MASTER_PASSWORD='${MYSQL_ROOT_PASSWORD}',
          MASTER_LOG_FILE='${log_file}',
          MASTER_LOG_POS=${log_pos};
          START SLAVE;"
      echo "当前主从复制线程状态"
      mysql -u root -p$MYSQL_ROOT_PASSWORD -e "SHOW SLAVE STATUS\G" | grep 
"Running:"
      tail -f mysql.log
    # 序号大于或等于集群初始数量,则认为扩展副本数
    elif [ $ordinal -ge $INITIAL_CLUSTER_SIZE]; then
      # 获取非系统数据库列表
      databases=$(mysql -h $master_host -u root -p$MYSQL_ROOT_PASSWORD -e
```

```
"SHOW DATABASES;" | grep -Ev "Database|mysql|sys|information_schema|performance_
schema")
        # 导出非系统数据库到 SQL 文件中
        mysqldump -h $master_host -uroot -p$MYSQL_ROOT_PASSWORD --master-
data=2 --databases $databases > all.sql
        # 将 SQL 文件导入本地 MySQL 中
        mysql -uroot -p$MYSQL_ROOT_PASSWORD < all.sql
        # 从 SQL 文件中获取 Master 节点上的二进制日志文件名和位置
        log_file=$(awk -F"[=';]" '/CHANGE MASTER TO/{print $3}' all.sql)
        log_pos=$(awk -F"[=';]" '/CHANGE MASTER TO/{print $5}' all.sql)
        # 建立主从复制关系
        mysql -u root -p$MYSQL_ROOT_PASSWORD -e "
            CHANGE MASTER TO
            MASTER_HOST='${master_host}',
            MASTER_USER='root',
            MASTER_PASSWORD='${MYSQL_ROOT_PASSWORD}',
            MASTER_LOG_FILE='${log_file}',
            MASTER_LOG_POS=${log_pos};
            START SLAVE;"
        echo "主从复制线程状态"
        mysql -u root -p$MYSQL_ROOT_PASSWORD -e "SHOW SLAVE STATUS\G" | grep
"Running:"
        tail -f mysql.log
    fi
  else
    mysqld \
      --defaults-file=/etc/mysql/my.cnf \
      -u mysql \
      --server-id=$((100 + $ordinal))
  fi
fi
```

同时,设置一个环境变量 "INITIAL_CLUSTER_SIZE",用于说明 MySQL 集群初始数量:

```
env:
- name: INITIAL_CLUSTER_SIZE
  value: "3"
```

修改完成后,重新创建 StatefulSet 资源,使其配置生效。

在 Master 节点上执行一个写操作,模拟是之前的数据。然后将 StatefulSet 副本数扩展为 4:

```
[root@k8s-master ~]# kubectl scale statefulset mysql --replicas=4
```

在新的 Slave 节点(即 Pod 名称为 "mysql-3")上将看到之前的数据。

减少 Slave 节点的数量也是同样的道理，例如保留两个 Slave 节点，将 StatefulSet 副本数缩减为 3，并删除相应的 PVC：

```
[root@k8s-master ~]# kubectl scale statefulset mysql --replicas=3
[root@k8s-master ~]# kubectl delete pvc data-mysql-3
```

需要注意的是，MySQL 主从复制集群中至少有一个 Slave 节点，即 Pod 副本数应不小于 2。

8.2.4 MySQL 版本升级与回滚

如果需要更新 MySQL 版本，可通过更新 StatefulSet 对象中的"image"字段或者通过"kubectl set image"命令来实现。例如将镜像版本从 5.7.20 升级到 5.7.25：

```
[root@k8s-master ~]# kubectl set image statefulset mysql db=mysql:5.7.25
```

StatefulSet 将进行有序升级，按照序号从大到小的顺序执行，并先终止现有 Pod 再启动新 Pod。

如果升级失败，可通过回滚到上一个稳定版本：

```
[root@k8s-master ~]# kubectl rollout undo statefulset mysql
```

更多有状态应用的示例可参考：
- ☑ Cassandra：https://kubernetes.io/zh-cn/docs/tutorials/stateful-application/cassandra/。
- ☑ ZooKeeper：https://kubernetes.io/zh-cn/docs/tutorials/stateful-application/zookeeper/。

8.3　Operator

在实施 MySQL 主从复制集群的过程中，你可能感觉到，在 Kubernetes 中管理有状态应用程序是一项相对复杂的任务，尤其是在编写 Pod 配置时，需要编写大量脚本，这种方式并不友好。随着 Kubernetes 生态的不断发展，Operator 已成为管理有状态应用程序的新一代解决方案，提供了一种更为友好的编程方式。

8.3.1　Operator 介绍

Operator 是一种工作机制，用于在 Kubernetes 中部署、配置和管理有状态应用程序。Operator 实现主要由自定义资源定义（custom resource definition，CRD）和控制器（controller）组成。用户通过创建自定义资源（custom resources）来定义应用程序的配置；开发者通过编写控制器来监视和处理这些自定义资源的状态,以确保应用程序在 Kubernetes 中按预期运行。Operator 工作流程如图 8-6 所示。

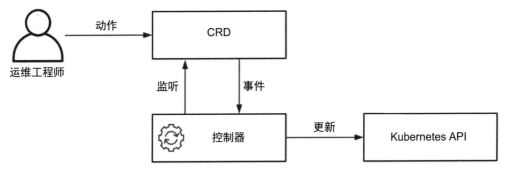

图 8-6 Operator 工作流程

8.3.2 自定义资源定义

自定义资源定义是 Kubernetes 中的一项扩展机制,允许用户自定义资源类型,以便更灵活地适应特定应用程序或业务需求。这些自定义资源类型可以像内置资源类型(如 Deployment、Service)一样被创建、查询、更新和删除。

例如,创建一个 CronTab 资源类型,用于管理与定时任务相关的应用程序。CRD 配置如下:

```
[root@k8s-master ~]# vi crontab-crd.yaml
apiVersion: apiextensions.k8s.io/v1
kind: CustomResourceDefinition
metadata:
  name: crontabs.crd.example.com
spec:
  group: crd.example.com
  scope: Namespaced
  names:
    kind: CronTab
    plural: crontabs
    singular: crontab
    shortNames:
    - ct
  versions:
  - name: v1
    served: true
    storage: true
    schema:
      openAPIV3Schema:
```

```
          type: object
          properties:
            spec:
              type: object
              properties:
                cron:
                  type: string
                image:
                  type: string
                replicas:
                  type: integer
```

上述配置字段含义如下。

- ☑ apiVersion：指定 CRD 的 API 版本。
- ☑ kind：指定资源类型，这里是"CustomResourceDefinition"，表示自定义资源定义。
- ☑ metadata：定义 CRD 的元数据。
- ☑ name：定义 CRD 的名称，格式为"<名称的复数形式>.<API 组名>"。
- ☑ spec：定义 CRD 的规范。
- ☑ group：定义 CRD 所属的 API 组。
- ☑ scope：定义 CRD 的作用域。当值为"Namespaced"时，表示命名空间级别；当值为"Cluster"时，表示集群级别。
- ☑ names：定义资源名称。
- ☑ kind：资源类型。
- ☑ plural：资源名称的复数形式。
- ☑ singular：资源名称的单数形式。
- ☑ shortNames：简短名称列表。
- ☑ versions：定义资源版本列表。这里仅定义一个 v1 版本。
- ☑ name：版本名称。
- ☑ served：Kubernetes API 是否为该版本提供服务。
- ☑ storage：是否存储该版本。
- ☑ schema：定义资源的规范。

综上所述，这个 CRD 的作用是定义一个名为"CronTab"的资源类型，该资源类型属于"crd.example.com"API 组，作用域为命名空间级别，即可以指定命名空间，其属性包括 cron（Cron 表达式）、image（镜像地址）和 replicas（副本数）。

创建 CRD：

```
[root@k8s-master ~]# kubectl apply -f crontab-crd.yaml
```

查看 CRD：

```
[root@k8s-master ~]# kubectl get crd |grep crontabs
crontabs.crd.example.com                     2024-01-12T02:38:27Z
```

查看 API 资源信息：

```
[root@k8s-master ~]# kubectl api-resources |grep crontabs
crontabs            ct          crd.example.com/v1       true       CronTab
```

此外，它还可以通过 Kubernetes API 路径 "/apis/stable.example.com/v1/crontabs" 进行管理。

创建 CronTab 自定义资源：

```
[root@k8s-master ~]# vi mysql-backup.yaml
apiVersion: crd.example.com/v1
kind: CronTab
metadata:
  name: mysql-backup
  namespace: default
spec:
  replicas: 1
  cron: "0 1 * * *"
  image: mysql-backup:v1

[root@k8s-master ~]# kubectl apply -f mysql-backup.yaml
```

上述示例创建一个名为"mysql-backup"的 CronTab 对象，其中指定了副本数、Cron 表达式和镜像地址。

查看 CronTab 对象：

```
[root@k8s-master ~]# kubectl get crontab
NAME              AGE
mysql-backup      15s
```

8.3.3 控制器

即使创建了 CronTab 对象，相应的 Pod 也不会自动创建。这是因为 CronTab 资源类型不同于 Kubernetes 内置的资源类型（如 CronJob），它没有相应的控制器来创建 Pod 及管理生命周期。因此，需要开发一个控制器来监视 CronTab 对象的创建、更新和删除事件，然后根据对象的配置在 Kubernetes 中执行实际的操作，如创建 Pod，以确保资源达到预期的状态。关于开发控制器，这里不再展开讲解，建议读者查阅相关资料获取更多信息。

总之，开发一个完整的 Operator 并非易事，这需要掌握一定的编程开发能力和特定的运维知识，诸如：

- ☑ 编程语言：在开发控制器时，Golang 编程语言是常见的选择。Golang 在 Kubernetes 社区中得到广泛支持，提供了丰富的资源和工具，相比其他语言更加便捷。
- ☑ 控制器工作原理：了解 Kubernetes 控制器的工作原理和控制循环是开发控制器的基础。
- ☑ Kubernetes API：控制器主要与 Kubernetes API 进行交互，包括监听资源变更事件，资源的增、删、改、查等操作。
- ☑ CRD：熟悉 CRD，如资源结构、验证规则、版本管理等。
- ☑ 应用程序生命周期管理：Operator 主要目的是在 Kubernetes 上自动管理应用程序，因此你需要熟悉应用程序的生命周期管理，包括安装、配置、扩缩容、升级、备份等操作。
- ☑ 错误处理和容错机制：Operator 尽可能自动处理可能发生的问题，如 API 调用失败、Pod 故障、应用程序故障等，以确保 Operator 的稳定性和可靠性。

除了自主开发 Operator，目前一些技术官方或开源社区也提供了现成的 Operator，诸如：
- ☑ MySQL Operator：
  - ➢ GitHub 地址为 https://github.com/mysql/mysql-operator。
  - ➢ 由 Oracle 的 MySQL 团队维护，用于在 Kubernetes 上管理 MySQL 数据库 InnoDB Cluster。
- ☑ Etcd Operator：
  - ➢ GitHub 地址为 https://github.com/coreos/etcd-operator。
  - ➢ 由 CoreOS 团队维护，用于在 Kubernetes 上管理 Etcd 集群。
- ☑ Redis Operator：
  - ➢ GitHub 地址为 https://github.com/spotahome/redis-operator。
  - ➢ 由 Spotahome 团队维护，用于在 Kubernetes 上管理 Redis 数据库集群。
- ☑ Prometheus Operator：
  - ➢ GitHub 地址为 https://github.com/prometheus-operator/prometheus-operator。
  - ➢ 由 CoreOS 团队维护，用于在 Kubernetes 上管理 Prometheus 监控系统集群。

在 Operator Hub 平台（https://operatorhub.io）上，你可以查询更多的 Operator 资源。

8.3.4　MySQL Operator

MySQL Operator 用于在 Kubernetes 集群中自动化管理 MySQL InnoDB 集群的整个生命周期。

1. MySQL InnoDB Cluster 概述

MySQL InnoDB Cluster 是 MySQL 的一种高可用集群解决方案，集群架构如图 8-7 所示。

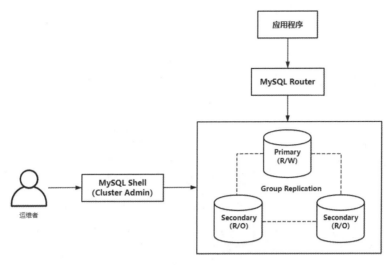

图 8-7　MySQL InnoDB Cluster 架构

MySQL InnoDB Cluster 由以下组件组成。

- Group Replication：用于将多个 MySQL 实例组成一个复制集群，以确保数据的一致性和高可用性。在这个集群中，每个 MySQL 实例充当一个节点，可以是 Primary（主）节点或 Secondary（从）节点。当 Primary 节点不可用时，将自动选举新的 Primary 节点，以实现自动故障转移。
- MySQL Router：用于处理客户端的连接请求，将请求转发到 InnoDB 集群中的正确节点，以实现负载均衡和高可用性。
- MySQL Shell：用于与集群进行交互的命令行工具。

2. MySQL Operator 使用

创建 CRD：

```
[root@k8s-master ~]# kubectl apply -f https://raw.github.usercontent.com/mysql/mysql-operator/trunk/deploy/deploy-crds.yaml
```

部署 Operator：

```
[root@k8s-master ~]# kubectl apply -f https://raw.github.usercontent.com/mysql/mysql-operator/trunk/deploy/deploy-operator.yaml
```

查看 MySQL Operator 的 Pod 状态：

```
[root@k8s-master ~]# kubectl get pods -n mysql-operator
NAME                                 READY   STATUS    RESTARTS   AGE
mysql-operator-5479748d56-n2t8p      1/1     Running   0          5m
```

使用 InnoDBCluster 自定义资源定义集群的相关配置，配置如下：

```
[root@k8s-master ~]# vi mycluster.yaml
apiVersion: mysql.oracle.com/v2
kind: InnoDBCluster
metadata:
  name: mycluster
spec:
  secretName: mysql-root-pwd       # 指定保存密码的 Secret 名称
  tlsUseSelfSigned: true            # 启用自签名的 TLS 证书保护集群内部通信
  instances: 3                      # MySQL 实例数量
  router:                           # MySQL Router 相关配置
    instances: 1                    # MySQL Router 实例数量
```

根据上述配置，创建一个名为 "mysql-root-pwd" 的 Secret 对象来保存 root 用户和密码：

```
[root@k8s-master ~]# kubectl create secret generic mysql-root-pwd \
    --from-literal=rootUser=root \
    --from-literal=rootHost=% \
    --from-literal=rootPassword="sakila"
```

创建 InnoDBCluster 资源：

```
[root@k8s-master ~]# kubectl apply -f mycluster.yaml
```

查看 InnoDBCluster 对象：

```
[root@k8s-master ~]# kubectl get innodbcluster
NAME        STATUS    ONLINE   INSTANCES   ROUTERS   AGE
mycluster   PENDING   0        3           1         20s
```

后续所有 Pod 准备就绪后，InnoDBCluster 对象的状态将显示为 "ONLINE"。

Operator 会根据该对象配置自动创建和管理 MySQL InnoDB Cluster。其中包括创建一个 StatefulSet 管理三个 MySQL 实例的 Pod，以及创建一个 Deployment 管理一个 MySQL Router 实例的 Pod。查看相关 Pod 和 Service 对象：

```
[root@k8s-master ~]# kubectl get pods,svc -l tier=mysql
NAME                                         READY   STATUS    RESTARTS   AGE
pod/mycluster-0                              2/2     Running   0          9m
pod/mycluster-1                              2/2     Running   0          9m
pod/mycluster-2                              2/2     Running   0          9m
pod/mycluster-router-888589465-4slmh         1/1     Running   0          7m

NAME                          TYPE        CLUSTER-IP       EXTERNAL-IP   PORT(S)                                                                              AGE
service/mycluster             ClusterIP   10.107.100.226   <none>        3306/TCP,33060/TCP,6446/TCP,6448/TCP,6447/TCP,6449/TCP,6450/TCP,8443/TCP             9m
service/mycluster-instances   ClusterIP   None             <none>        3306/TCP,33060/TCP,33061/TCP                                                         7m
```

3. MySQL Shell 管理集群

MySQL InnoDB Cluster 已部署完成，可以通过 MySQL Shell 工具进行管理。

创建一个名为"myshell"的 Pod 并运行"mysqlsh"命令，将进入 MySQL Shell 交互模式，执行"\connect root@mycluster.default.svc.cluster.local"指令，以 root 用户连接到 MySQL Router（Service 地址），输入正确的密码后，提示符变为"MySQL mycluster JS>"。具体操作如下：

```
[root@k8s-master ~]# kubectl run --rm -it myshell --image=container-registry.oracle.com/mysql/community-operator -- mysqlsh
 MySQL  JS > \connect root@mycluster.default.svc.cluster.local
Creating a session to 'root@mycluster.default.svc.cluster.local'
Please provide the password for 'root@mycluster.default.svc.cluster.local': ******
Save password for 'root@mycluster.default.svc.cluster.local'? [Y]es/[N]o/Ne[v]er (default No): Y
Fetching schema names for auto-completion... Press ^C to stop.
Your MySQL connection id is 1857 (X protocol)
Server version: 8.2.0 MySQL Community Server - GPL
No default schema selected; type \use <schema> to set one.
 MySQL  mycluster.default.svc.cluster.local:33060+ ssl  JS >
```

在这个模式下，执行"\sql"指令进入 SQL 模式。这里可以输入任意 SQL 语句，如查询集群成员信息：

```
SELECT MEMBER_HOST,MEMBER_STATE,MEMBER_ROLE,MEMBER_VERSION FROM performance_schema.replication_group_members;
```

输出结果如下：

```
+---------------------------------------------------------+--------------+-------------+----------------+
| MEMBER_HOST                                             | MEMBER_STATE | MEMBER_ROLE | MEMBER_VERSION |
+---------------------------------------------------------+--------------+-------------+----------------+
| mycluster-0.mycluster-instances.default.svc.cluster.local | ONLINE     | PRIMARY     | 8.2.0          |
| mycluster-1.mycluster-instances.default.svc.cluster.local | ONLINE     | SECONDARY   | 8.2.0          |
| mycluster-2.mycluster-instances.default.svc.cluster.local | ONLINE     | SECONDARY   | 8.2.0          |
+---------------------------------------------------------+--------------+-------------+----------------+
```

在上述输出结果中，各字段含义如下：
- ☑ MEMBER_HOST：成员的主机名，这里显示每个节点在 Kubernetes 集群中对应的 Pod 域名，应用程序可以通过该域名访问指定节点 MySQL。
- ☑ MEMBER_STATE：成员的状态。当前所有节点都处于在线状态。
- ☑ MEMBER_ROLE：成员的角色。两个节点的角色分别是"Primary"和"Secondary"。
- ☑ MEMBER_VERSION：成员的 MySQL 版本。

应用程序可以通过域名 mycluster.default.svc.cluster.local 访问 MySQL 集群。当应用程序进行写操作时，MySQL Proxy 会将请求转发到 Primary 节点，读操作将转发到 Secondary 节点。

4．增加 MySQL 实例数量

增加 MySQL 实例数量也非常简单，只需将 mycluster.yaml 文件中的 instances 字段设置为新的实例数量，然后更新资源配置即可。Operator 会根据最新的资源配置自动处理新增实例，确保按预期运行。

通过 MySQL Operator，我们可以轻松地创建和管理 MySQL InnoDB Cluster，实现高可用性、自动故障恢复以及灵活的数据库扩展性，为用户提供稳定可靠的数据库服务。

8.4　本章小结

本章讲解了 StatefulSet 资源的设计模式，并通过一个 MySQL 主从复制集群的案例演示了有状态应用程序管理的实现思路。此外，本章还讲解了 Operator 的工作机制、组成部分和实现思路。

- ☑ StatefulSet 主要为有状态应用程序部署提供了环境，包括稳定且唯一的网络标识符、稳定且独享的持久存储以及有序的部署、扩展和升级。
- ☑ 有状态应用程序部署有两种方式：手动定义 StatefulSet 资源和 Operator 自动创建 StatefulSet 资源。前者需要编写自动化脚本来实现应用集群的组建。后者需要编写 Operator 来完成整个生命周期的管理，包括创建、更新、删除等，比前者具有更高的实现门槛。
- ☑ Operator 模式将运维人员管理服务的知识编码到程序中，实现了在 Kubernetes 中应用程序的自动化部署和管理。

第 9 章 Kubernetes 调度管理

通常情况下，我们无须关心 Pod 被分配到哪个节点上，只需要通过 Service 进行访问即可。但在生产环境中，并非所有节点都适合运行任意类型的 Pod。例如，某个节点具备特殊的硬件配置，只允许符合需求的 Pod 运行。为了应对这类调度需求，Kubernetes 提供了调度策略，如下所示。

- ☑ 基于资源请求的调度：调度器考虑 Pod 对 CPU、内存的资源需求，将其调度到具有足够资源的节点上（可参考 4.9 节）。
- ☑ 节点选择器：通过给节点设置标签，将 Pod 调度到特定标签的节点上。
- ☑ 节点亲和性：通过定义节点亲和性规则，将 Pod 调度到特定标签或非特定标签的节点上。
- ☑ Pod 亲和性和反亲和性：通过定义 Pod 亲和性和反亲和性规则，将 Pod 调度到与其他 Pod 具有亲和或反亲和关系的节点上。
- ☑ 污点和容忍：通过给节点设置污点，可以实现节点拒绝调度 Pod。如果 Pod 允许调度到带有污点的节点上，Pod 需要配置容忍。

这些调度策略使用户能够更精确地控制 Pod 的部署位置，以满足特定用途的节点、应用程序互操作性等需求。

9.1 节点选择器

节点选择器（nodeSelector）用于将 Pod 调度到具有特定标签的节点上。

例如：集群中有三个节点，分别命名为 Node1、Node2 和 Node3，其中 Node2 配备 SSD 硬盘。现在部署一个 MySQL 数据库，需要将其运行到 Node2 节点上，以提升数据库的读写性能。你可以通过节点选择器（见图 9-1）来实现这个需求。

给 Node2 节点添加一个 "diskType=ssd" 的标签：

```
[root@k8s-master ~]# kubectl label nodes Node2 diskType=ssd
```

可以通过"kubectl get node --show-labels"命令查看节点标签。

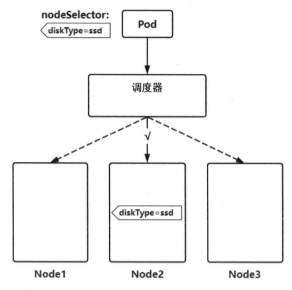

图 9-1　节点选择器

在 Pod 中定义节点选择器，配置如下：

```
apiVersion: v1
kind: Pod
metadata:
  name: mysql-pod
spec:
  nodeSelector:
    diskType: ssd
  containers:
    - name: db
      image: mysql:5.7
```

在上述配置中，"nodeSelector"字段指定了一个键值对，其中键为"diskType"，值为"ssd"。这表示将该 Pod 调度到具有"diskType=ssd"标签的节点上，即 Node2 节点。如果所有节点不存在该标签，Pod 将无法被调度，并且会一直处于"Pending"状态，直到找到符合的节点。

9.2　节点亲和性

节点亲和性（nodeAffinity）与节点选择器类似，但它功能更为强大，可以精细地定义与节点的关联性。它具有以下特点。

- ☑ 强大的表达能力：支持丰富的逻辑操作符，如 In、NotIn、Exists，可以实现多种匹配条件。
- ☑ 支持硬性条件和偏好条件：硬性条件要求 Pod 只能被调度到满足特定条件的节点上，而偏好条件则允许在没有匹配的节点时，依然将 Pod 调度到接近需求的节点上。

节点亲和性支持两种类型，分别如下。

- ☑ requiredDuringSchedulingIgnoredDuringExecution：定义硬性条件，Pod 必须被调度到满足这些条件的节点上。
- ☑ preferredDuringSchedulingIgnoredDuringExecution：定义偏好条件，Pod 尽量被调度到满足这些条件的节点上，但不是强制性的。

假设在上述节点选择器的集群环境中，Pod 还可以通过节点亲和性被调度到 Node2 节点上，配置如下：

```
apiVersion: v1
kind: Pod
metadata:
  name: mysql-pod
spec:
  affinity:
    nodeAffinity:
      requiredDuringSchedulingIgnoredDuringExecution:
        nodeSelectorTerms:
        - matchExpressions:          # 匹配表达式
          - key: diskType            # 标签键
            operator: In             # 操作符
            values:                  # 标签键对应的值，可以包含多个值
            - ssd
  containers:
  - name: db
    image: mysql:5.7
```

在上述配置中，"affinity"字段用于定义亲和性规则，其中定义了一个节点亲和性，并使用了硬性条件，以确保将该 Pod 调度到具有标签"diskType=ssd"的节点上。如果所有节点均不存在该标签，Pod 同样会一直处于"Pending"状态。

匹配表达式中的"operator"字段用于指定操作符，有以下可选值。

- ☑ In：包含指定的标签键值对。
- ☑ NotIn：不包含指定的标签键值对。
- ☑ Exists：存在指定的标签键，无论其值是什么。
- ☑ DoesNotExist：不存在指定的标签键，无论其值是什么。
- ☑ Gt：指定标签键的值（整数或浮点数）大于指定的值。

☑ Lt：指定标签键的值（整数或浮点数）小于指定的值。

其中 NotIn 和 DoesNotExist 可用来实现节点反亲和性行为，例如将 Pod 调度到不具有标签"diskType=ssd"的节点上，配置如下：

```yaml
apiVersion: v1
kind: Pod
metadata:
  name: mysql-pod
spec:
  affinity:
    nodeAffinity:
      requiredDuringSchedulingIgnoredDuringExecution:
        nodeSelectorTerms:
        - matchExpressions:
          - key: diskType
            operator: NotIn
            values:
            - ssd
  containers:
  - name: web
    image: nginx:1.23
```

节点亲和性能够实现一种拓扑域的概念，通过划分地区、机房等维度，可以将 Pod 调度到特定拓扑域的节点上，这有助于优化资源利用。

例如：一个 Kubernetes 集群由北京和上海两个机房组成，北京机房有两个节点，节点名称分别为 Node1 和 Node2；上海机房有两个节点，节点名称分别为 Node3 和 Node4。现在部署一个电商网站，该网站的用户主要集中在北方城市，为了减少网络延迟和提高访问速度，我们按照机房划分拓扑域，为北京机房的节点设置"topologyZone=beijing"标签，为上海机房的节点设置"topologyZone=shanghai"标签，如图 9-2 所示。

为节点设置标签：

```
[root@k8s-master ~]# kubectl label nodes Node1 Node2 topologyZone=beijing
[root@k8s-master ~]# kubectl label nodes Node3 Node4 topologyZone=shanghai
```

在 Pod 中定义节点亲和性，配置如下：

```yaml
apiVersion: v1
kind: Pod
metadata:
  name: web-pod
spec:
  affinity:
    nodeAffinity:
      requiredDuringSchedulingIgnoredDuringExecution:
```

```
      nodeSelectorTerms:
      - matchExpressions:
        - key: topologyZone
          operator: In
          values:
          - beijing
  containers:
  - name: web
    image: nginx:1.23
```

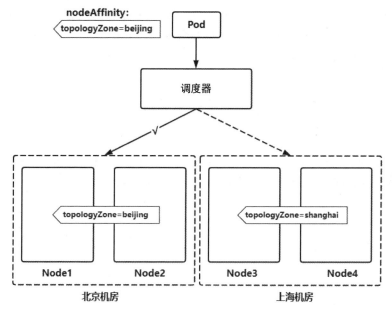

图 9-2　划分拓扑域

上述配置可以确保将该 Pod 调度到具有标签 "topologyZone=beijing" 的节点上，即北京机房的节点。

其实，这种应用场景更适合使用偏好条件，即使北京机房的节点无法满足条件，调度器仍然尝试将 Pod 调度到上海机房的节点，配置如下：

```
apiVersion: v1
kind: Pod
metadata:
  name: web-pod
spec:
  affinity:
    nodeAffinity:
      preferredDuringSchedulingIgnoredDuringExecution:
      - weight: 100
```

```yaml
      preference:
        matchExpressions:
        - key: topologyZone
          operator: In
          values:
          - beijing
  containers:
    - name: db
      image: nginx:1.23
```

其中,"weight"字段用于指定偏好条件的权重,其取值为 1~100,权重值越大,表示优先级越高。这对于配置多个偏好条件时非常有用,为每个条件设置不同的权重,调度器将优先满足具有较高权重的偏好条件。

9.3 Pod 亲和性和反亲和性

节点亲和性用于控制 Pod 与节点的关系,而 Pod 亲和性(podAffinity)和反亲和性(podAntiAffinity)用于控制 Pod 与同一节点上的其他 Pod 的关系。Pod 亲和性和反亲和性基于节点上运行的 Pod 的标签而不是基于节点上的标签来限制可调度的节点。

Pod 亲和性和反亲和性同样支持硬性条件(requiredDuringSchedulingIgnoredDuringExecution)和偏好条件(preferredDuringSchedulingIgnoredDuringExecution)两种类型。

9.3.1 亲和性

Pod 亲和性用于定义 Pod 在调度时与其他 Pod 的关联条件。这有助于提高应用程序之间的访问性能。

例如,集群中存在一个数据库,其 Pod 标签为"app=db"。为了优化网站访问该数据库的性能,我们希望将网站 Pod 调度到与数据库 Pod 相同的节点上。你可以使用 Pod 亲和性来实现这个需求,如图 9-3 所示。

Pod 亲和性配置如下:

```yaml
apiVersion: v1
kind: Pod
metadata:
  name: web-pod-affinity
spec:
  affinity:
    podAffinity:
      preferredDuringSchedulingIgnoredDuringExecution:
```

```
      - weight: 100
        podAffinityTerm:
          labelSelector:
            matchExpressions:
              - key: app
                operator: In
                values:
                  - db
            topologyKey: kubernetes.io/hostname
  containers:
  - name: web
    image: nginx:1.23
```

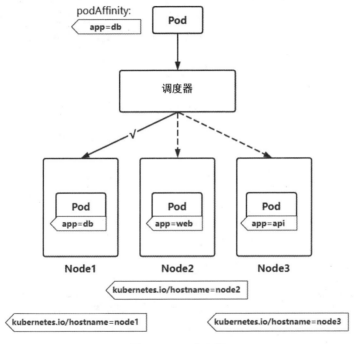

图 9-3　Pod 亲和性

在上述配置中,"affinity"部分定义了一个 Pod 亲和性,并使用了偏好条件。其中"podAffinityTerm"字段由两部分组成,如下所示。

- ☑　matchExpressions:匹配表达式,这里匹配具有标签"app=db"的 Pod。
- ☑　topologyKey:指定拓扑域的键,这里值是"kubernetes.io/hostname",表示基于节点的主机名作为拓扑域,即一个节点是一个拓扑域。

综上所述,这条 Pod 亲和规则作用是将该 Pod 尽量调度到具有标签"app=db"的 Pod 的同一节点上。

拓扑域还可以基于区域、机房等维度进行划分。例如，如图 9-2 所示，集群中存在北京和上海两个拓扑域，如果将上述"topologyKey"字段的值设置为"topologyZone"，这表示将该 Pod 尽量调度到具有标签"app=db"的 Pod 的同一拓扑域的节点上。换句话说，如果一个标签为"app=db"的 Pod 在北京拓扑域中运行，那么将尽量被调度到北京机房的节点上。

9.3.2　反亲和性

Pod 反亲和性与 Pod 亲和性相反，用于避免将 Pod 调度到特定标签 Pod 的节点上。这有助于提高应用程序的可用性和容错性。

例如，使用 Deployment 部署一个应用程序，运行三个副本数。为了提高应用程序的可用性，使用 Pod 反亲和性将这些 Pod 调度到不同节点上，配置如下：

```
apiVersion: apps/v1
kind: Deployment
metadata:
  name: web
spec:
  replicas: 3
  selector:
    matchLabels:
      app: nginx
  template:
    metadata:
      labels:
        app: nginx
    spec:
      affinity:
        podAntiAffinity:
          requiredDuringSchedulingIgnoredDuringExecution:
          - labelSelector:
              matchExpressions:
              - key: app
                operator: In
                values:
                - nginx
            topologyKey: kubernetes.io/hostname
      containers:
      - name: web
        image: nginx:1.23
```

上述配置在"affinity"部分中定义了一个 Pod 反亲和性，并使用了硬性条件，这表示避免将 Pod 调度到具有标签"app=nginx"的 Pod 的节点上。换句话说，如果第一个 Pod

被调度到 Node1 节点上,那么第二个或第三个 Pod 将不会被调度到该节点上;如果第二个 Pod 被调度到 Node2 节点上,那么第三个 Pod 将不会被调度到该节点上,以此类推。如果没有满足条件的节点,Pod 将处于"Pending"状态。

9.4 污点与容忍

污点(taint)是节点上的标记,用于表明只有符合特定条件的 Pod 才能被调度到该节点上。而容忍(toleration)则是用于定义 Pod 对节点上污点的容忍规则,允许 Pod 被调度到具有特定污点的节点上。

以下是污点常见的应用场景:
- ☑ 特殊硬件配置:某些节点配备特殊的硬件设备,如 GPU、外设等。通过在这些节点上设置污点,可以确保只有需要使用这些特殊硬件资源的 Pod 才能被调度。
- ☑ 专属节点:某些节点专门运行特定类型的工作负载,例如需要大量计算资源或内存的应用。通过在这些节点上设置污点,并结合节点选择器或节点亲和性的使用,可以确保只有符合这类工作负载需求的 Pod 被调度到这些节点上。

9.4.1 污点

在节点上可以设置一个或多个污点,设置污点的命令格式如下:

```
kubectl taint node <节点名称> key=value:[effect]
```

一个污点由三部分组成。
- ☑ 键(key):污点的名称。
- ☑ 值(value):污点的值,可选。
- ☑ 效果(effect):污点对 Pod 调度的影响,有三种可选值。
  - ➢ NoSchedule:不会调度未配置容忍这类污点的 Pod 到该节点上。这是一种强制性的限制,即使节点上有足够的资源。
  - ➢ PreferNoSchedule:尽量不会调度未配置容忍这类污点 Pod 到该节点上,但不是强制性的。
  - ➢ NoExecute:不会调度未配置容忍这类污点 Pod 到该节点上,并且驱逐节点上没有容忍这类污点的 Pod。

例如:集群中有六个节点,分别被命名为 Node1~Node6,其中 Node5 和 Node6 节点配备了 GPU,专门用于机器学习程序。为了确保常规的 Pod 不被调度到这些节点上,在这些节点上设置污点，如图 9-4 所示。

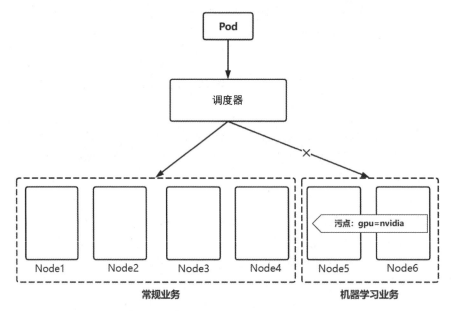

图 9-4　在节点上设置污点

在 Node5 和 Node6 节点上设置污点：

```
[root@k8s-master ~]# kubectl taint nodes Node5 Node6 gpu=nvidia:NoSchedule
```

上述命令将在这两个节点上增加一个污点，键值对为"gpu=nvidia"，效果为"NoSchedule"。

查看节点上的污点：

```
[root@k8s-master ~]# kubectl describe node Node5 Node6 |grep Taint
Taints:             gpu=nvidia:NoSchedule
Taints:             gpu=nvidia:NoSchedule
```

这样一来，这两个节点将不会被调度未配置容忍的 Pod。

如果需要删除节点上的污点，命令格式如下：

```
kubectl taint node <节点名称> key-
```

其中，键后跟的横杠"-"表示移除。

9.4.2　容忍

在 Pod 中定义容忍规则，允许机器学习程序被调度到 Node5 和 Node6 节点上，配置如下：

```
apiVersion: v1
kind: Pod
metadata:
  name: tensorflow-pod
spec:
  tolerations:
  - key: gpu
    operator: Equal      # 操作符，表示键值相等
    value: "nvidia"
    effect: NoSchedule
  containers:
  - name: tf
    image: tensorflow/tensorflow:latest
```

在上述配置中，"tolerations"字段定义了容忍规则，表示该 Pod 允许被调度到具有键值"gpu=nvidia"且效果为"NoSchedule"污点的节点上。

如果节点上的污点键没有对应值，或者你想省略该定义，则可以使用操作符"Exists"表示存在指定的键。例如允许 Pod 被调度到具有污点键"gpu"且效果为"NoSchedule"的节点上，配置如下：

```
  tolerations:
  - key: gpu
    operator: Exists
    effect: NoSchedule
```

需要注意的是，容忍的作用并不必须将 Pod 调度到具有相应污点的节点上，而是告知调度器允许被调度。因此，上述 Pod 仍有可能被调度到 Node1~Node4 节点上。为了确保 Pod 被调度到 Node5 和 Node6 节点上，可以结合使用节点选择器或节点亲和性来实现这一点。假设这两个节点已被设置了标签"gpu=nvidia"，配置如下：

```
apiVersion: v1
kind: Pod
metadata:
  name: tensorflow-pod
spec:
  tolerations:
  - key: gpu
    operator: Equal
    value: "nvidia"
    effect: NoSchedule
  nodeSelector:
```

```
    gpu: "nvidia"
containers:
- name: tf
  image: tensorflow/tensorflow:latest
```

此外，kubeadm 工具默认在 Master 节点上设置污点 "node-role.kubernetes.io/master: NoSchedule"，用于避免常规的 Pod 被调度到该节点上。这样做的目的是确保 Master 节点仅运行自身组件，从而提高集群的稳定性和安全性。

9.5 nodeName

nodeName 是 Pod 中的一个字段，用于指定 Pod 被分配的节点名称。如果该字段不为空，那么调度器将跳过调度阶段，直接将 Pod 分配到指定的节点上。这意味着调度器不会再考虑其他调度策略，如节点选择器、亲和性。

例如，为了测试 "k8s-node1" 节点的健康状态和可用性，我们通过设置 nodeName 字段将 Pod 分配到该节点上，配置如下：

```
apiVersion: v1
kind: Pod
metadata:
  name: test
spec:
  nodeName: k8s-node1
  containers:
  - name: web
    image: busybox
    command: ['/bin/sh', '-c', "sleep 1d"]
```

需要注意的是，nodeName 会将该 Pod 始终绑定到指定的节点上，即使该节点发生故障，Pod 也不会被重新调度到其他节点上。因此，nodeName 常用于测试和调试场景。

9.6 本章小结

本章讲解了 Kubernetes 的调度策略，具体如下：
- ☑ 节点选择器和节点亲和性是将 Pod 调度到指定节点上，而节点亲和性提供了更为灵活的调度表达能力，并支持硬性和偏好条件。

- Pod 亲和性是将相关联的 Pod 调度到同一拓扑域中，而 Pod 反亲和性则是避免将相关联的 Pod 调度到同一拓扑域中。通过这两种调度策略，可以优化集群中的 Pod 调度，提高应用程序之间的通信效率、可用性和容错性。
- 污点的作用是声明节点拒绝调度 Pod，而容忍则是允许 Pod 被调度到具有特定污点的节点上。
- nodeName 字段直接将 Pod 分配到指定节点上，不经过调度器算法的选择。

第 10 章
Kubernetes 安全配置

Kubernetes 安全配置是确保在生产环境中维护集群和应用程序安全性的核心要素。这涵盖了多个方面，包括访问认证、授权、容器权限和网络策略等。

10.1 Kubernetes API 访问控制

Kubernetes API 访问控制是指通过对集群中的 API 资源进行权限管理，以确保只有授权的用户才能执行特定的操作，从而提高集群的安全性和合规性。

10.1.1 Kubernetes 安全框架

当使用 kubectl 或 Dashboard 访问 Kubernetes 资源对象时，这实际上是向 API Server 发送 API 请求，API Server 接收到请求后，将进行一系列的安全验证，以确保请求的合法性和授权访问。Kubernetes 认证流程经历三个阶段（见图 10-1），分别是 Authentication、Authorization 和 Admission Control。

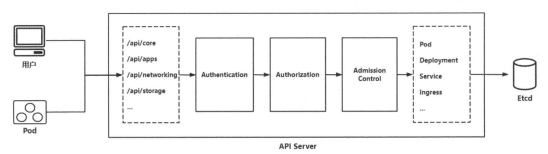

图 10-1 Kubernetes 认证流程

各阶段具体如下。

- ☑ Authentication（认证）：验证用户身份合法性。它支持多种认证方式，如表 10-1 所示。

表 10-1　Kubernetes 身份验证

认 证 方 式	安 全 级 别	描　　述
客户端证书（证书+私钥）	高	客户端携带有效的证书和私钥访问，API Server 验证其证书的合法性
Token（令牌）	中	客户端在 HTTP 请求头中添加 Token 进行访问，API Server 验证其 Token 的合法性
用户名+密码	低	客户端携带用户名和密码访问，API Server 验证用户名和密码是否与预先配置的相匹配，以验证合法性。这种基本身份验证在 Kubernetes 的早期版本中已经被弃用，因为它的安全级别较低

- ☑ Authorization（鉴权）：检查经过身份验证的用户是否有权执行特定操作。鉴权模式是通过 API Server 的启动参数 "--authorization-mode" 来指定的，该参数允许指定一个或多个鉴权模式，默认为 "RBAC"。
- ☑ Admission Control（准入控制）：在请求通过认证和鉴权之后对该请求进行验证或修改。准入控制由多个插件组成，这些插件被内置在 APIServer 组件中，并通过 API Server 的启动参数 "--enable-admission-plugins" 来启用和关闭。你可以通过 "kube-apiserver --h | grep enable-admission-plugins" 命令查看支持的插件列表。

10.1.2　RBAC 介绍

RBAC（role-based access control，基于角色的访问控制）是一种权限管理方法。通过将权限赋予角色，再将角色分配给用户，RBAC 实现了对用户访问权限的管理。Kubernetes 默认使用 RABC 作为鉴权模式来控制用户对资源的访问权限。

Kubernetes RBAC 支持多种维度来定义和分配权限，包括：

- ☑ 用户（User）：基于用户名授权，允许对不同用户分配权限。
- ☑ 用户组（Group）：基于用户组授权，允许对用户组分配权限。
- ☑ 资源（Resource）：授权访问的资源类型（如 Pod、Deployment、Service），允许给一个或多个资源分配权限。
- ☑ 资源操作方法（Method）：授权对资源类型的操作方法，包括 get、list、create、update、patch、watch、delete，允许对每个资源类型分配不同的操作方法。
- ☑ 命名空间（Namespace）：基于命名空间授权，允许对某个命名空间或所有命名空间分配权限。
- ☑ API 组（API Group）：基于 Kubernetes API 组授权，允许对不同的 API 组分配权限。

通过以上多种维度组合使用可实现复杂的、细粒度的权限策略，以满足不同场景下对资源的访问控制需求。RABC 由以下四个主要资源对象组成。
- ☑ Role（角色）：角色是一组权限规则，定义对特定命名空间中资源的操作权限。
- ☑ ClusterRole（集群角色）：类似于角色，但它作用于整个集群而不是单个命名空间。它定义了整个集群范围内资源（如节点、命名空间等）的操作权限。
- ☑ RoleBinding（角色绑定）：将用户、组或服务账号与角色或集群角色关联，授予它们在指定命名空间或集群范围内的操作权限。
- ☑ ClusterRoleBinding（集群角色绑定）：将用户、组或服务账号与特定的集群角色关联，授予它们在整个集群范围内的操作权限。

RBAC 的 4 个资源对象之间的关系如图 10-2 所示。

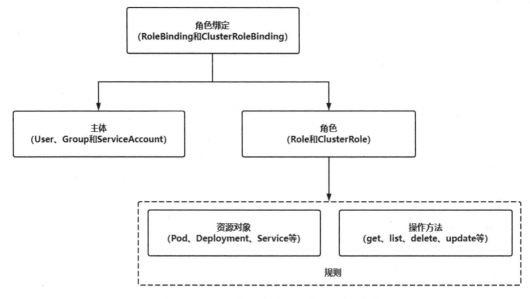

图 10-2　RBAC 的 4 个资源对象之间的关系

在图 10-2 中，主体（subject）用于标识用户身份，有以下三种类型。
- ☑ User（用户）：表示一个具体的用户。
- ☑ Group（组）：表示一组用户的集合。将一组用户组织在一个组中，以便更方便地管理权限。
- ☑ ServiceAccount（服务账号）：表示 Pod 中应用程序的身份。

用户和组通常基于客户端证书的方式进行认证，这些证书存储在 kubeconfig 配置文件中，用户携带该文件访问集群中的资源。服务账号基于 Token 的方式进行认证，应用程序携带 Token 访问集群中的资源。不同主体的认证方式如图 10-3 所示。

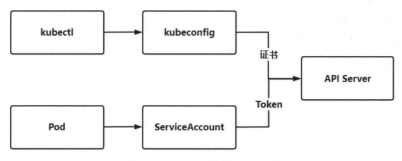

图 10-3　不同主体的认证方式

10.1.3　面向用户授权案例 1

例如：一个 Kubernetes 集群为多个部门提供服务，并根据部门划分了不同的命名空间。负责电商的开发部门，命名空间为"ecommerce-dev"。为了提高集群的安全性，仅允许部门成员访问相应命名空间中的资源，不允许访问其他命名空间中的资源，如图 10-4 所示。

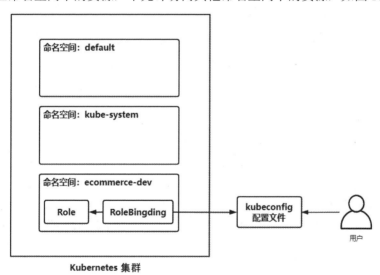

图 10-4　面向用户授权案例 1

授权电商开发部门成员"阿良"可以访问命名空间"ecommerce-dev"中的常见资源。具体操作步骤如下。

1．生成客户端证书

kubeadm 工具在搭建集群时，会创建一个自签名的根证书颁发机构（CA），用于签发和验证集群中各个组件以及用户的证书。CA 有两个文件，分别为"ca.crt"和"ca.key"，被存储在"/etc/kubernetes/pki"目录下。我们将使用这个 CA 签发用户的客户端证书，签发证书需要借助专业的证书管理工具，如 cfssl、openssl，这里使用 cfssl 工具，但在使用此工具之前，我们需要确保它已被安装在 Master 节点上。

首先，为根证书创建一个 JSON 格式的配置文件，配置如下：

```
[root@k8s-master ~]# vi ca-config.json
{
  "signing": {
    "default": {
      "expiry": "87600h"
    },
    "profiles": {
      "kubernetes": {
        "usages": [
            "signing",
            "key encipherment",
            "server auth",
            "client auth"
        ],
        "expiry": "87600h"
      }
    }
  }
}
```

上述配置字段含义如下。

- ☑ **default**：定义默认生成证书的过期时间为 87 600 h，即 10 年。
- ☑ **profiles**：定义一个名为"kubernetes"的配置模板。
  - ➢ **usages**：定义证书的用途，包括签名、密钥加密、服务端身份验证和客户端身份验证。
  - ➢ **expiry**：定义该模板生成证书的过期时间为 87 600 h，即 10 年。

接着，创建一个证书签名请求（CSR），配置如下：

```
[root@k8s-master ~]# vi aliang-csr.json
{
  "CN": "aliang",
  "hosts": [],
  "key": {
    "algo": "rsa",
    "size": 2048
  },
  "names": [
    {
      "C": "CN",
```

```
            "ST": "BeiJing",
            "L": "BeiJing",
            "O": "k8s",
            "OU": "System"
        }
    ]
}
```

上述配置字段含义如下。
- ☑ CN：通用名称。Kubernetes 通过提取该字段来标识用户身份。你可以设置任意字符串，一般是姓名或别名，如"aliang"。
- ☑ hosts：主机名或 IP 地址列表，用于限制证书的使用范围。在这里值为空，表示没有限制特定的主机或 IP 地址。
- ☑ key：指定密钥的算法和大小。这里使用 RSA 算法，密钥大小为 2048 位。
- ☑ names：证书的详细信息，包括国家（C）、省（ST）、城市（L）、组织（O）和组织单位（OU），这可以根据情况进行设置。

然后，使用 cfssl 工具签发客户端证书：

```
[root@k8s-master ~]# cfssl gencert -ca=/etc/kubernetes/pki/ca.crt
-ca-key=/ etc/kubernetes/pki/ca.key -config=ca-config.json -profile=
kubernetes aliang-csr.json | cfssljson -bare aliang
```

上述命令指定了 Kubernetes CA 的证书和私钥文件、CA 配置文件以及 CSR 文件，并指定生成的证书文件名前缀为"aliang"。

执行完成后，将在当前目录下生成"aliang.pem"和"aliang-key.pem"文件。

2．创建 kubeconfig 配置文件

kubeconfig 配置文件用于存储连接 Kubernetes 集群的配置，包括 API Server 地址、CA 证书和客户端证书等信息，该文件基本结构如下：

```
apiVersion: v1
kind: Config
clusters:
- name: <集群名称>
  cluster:
    server: <API Server 访问地址>
    certificate-authority-data: <base64 编码后的根证书>
contexts:
- name: <上下文名称>
  context:
    cluster: <集群名称>
    user: <用户名称>
```

```
users:
- name: <用户名称>
  user:
    client-certificate-data: <base64 编码后的客户端证书>
    client-key-data: <base64 编码后的客户端私钥>
```

手动填写上述配置以生成一个可用的 kubeconfig 配置文件。更为推荐的做法是使用 kubectl 工具提供的"config"子命令来创建、编辑和管理 kubeconfig 文件。

"kubectl config"子命令分为以下四步自动生成 kubeconfig 文件。

（1）使用"kubectl config set-cluster"命令设置集群：

```
[root@k8s-master ~]# kubectl config set-cluster kubernetes \
 --certificate-authority=/etc/kubernetes/pki/ca.crt \
 --embed-certs=true \
 --server=https://192.168.1.71:6443 \
 --kubeconfig=aliang.kubeconfig
```

各参数含义如下。

- ☑ kubernetes：集群名称，可任意自定义，仅用于与用户配置关联，无其他意义。
- ☑ --certificate-authority：指定 Kubernetes 集群的根证书文件。
- ☑ --embed-certs：是否将根证书嵌入配置文件中。
- ☑ --server：指定 API Server 的 IP 地址和端口。
- ☑ --kubeconfig：指定写入的文件名。

（2）使用"kubectl config set-credentials"命令设置客户端证书：

```
[root@k8s-master ~]# kubectl config set-credentials aliang \
 --client-certificate=aliang.pem \
 --client-key=aliang-key.pem \
 --embed-certs=true \
 --kubeconfig=aliang.kubeconfig
```

各参数含义如下。

- ☑ aliang：用户名称，可任意自定义，仅用于与集群配置关联，无其他意义。
- ☑ --client-certificate：指定第一步生成的客户端证书文件。
- ☑ --client-key：指定第一步生成的客户端私钥文件。
- ☑ --embed-certs：是否将根证书嵌入配置文件中。
- ☑ --kubeconfig：指定写入的文件名。

（3）使用"kubectl config set-context"命令设置上下文，并将集群配置与用户配置相关联：

```
[root@k8s-master ~]# kubectl config set-context kubernetes-aliang \
  --cluster=kubernetes \
```

```
  --user=aliang \
  --kubeconfig=aliang.kubeconfig
```

各参数含义如下。
- ☑ kubernetes-aliang：上下文名称，可任意自定义。
- ☑ --cluster：指定第一步设置的集群名称。
- ☑ --user：指定第二步设置的用户名称。
- ☑ --kubeconfig：指定写入的文件名。

（4）使用 "kubectl config use-context" 命令设置默认使用的上下文：

```
[root@k8s-master ~]# kubectl config use-context kubernetes-aliang --kubeconfig=aliang.kubeconfig
```

最终，在当前目录下生成了一个名为 "aliang.kubeconfig" 的文件，通过该文件可以访问 Kubernetes 集群，例如查看 Pod：

```
[root@k8s-master ~]# kubectl --kubeconfig=aliang.kubeconfig get pods
```

此时，"aliang" 用户尚未被授予任何权限，无法执行任何资源操作。

3．创建 Role

创建 Role 资源，赋予以下权限：
- ☑ 可以对本命名空间下的 Pod、Deployment、Service、Ingress、ConfigMap 和 Secret 资源进行任何操作。
- ☑ 可以对本命名空间下的 PersistentVolumeClaim 资源进行查看、创建和更新操作。

Role 配置如下：

```
[root@k8s-master ~]# vi ecommerce-dev-role.yaml
apiVersion: rbac.authorization.k8s.io/v1
kind: Role
metadata:
  name: ecommerce-dev-role
  namespace: ecommerce-dev
rules:
- apiGroups: ["", "apps"]
  resources: ["pods", "deployments", "services", "ingresses", "configmaps", "secrets"]
  verbs: ["*"]
- apiGroups: [""]
  resources: ["persistentvolumeclaims"]
  verbs: ["get", "list", "create", "update"]
```

上述配置在 "ecommerce-dev" 命名空间中定义了一个名为 "ecommerce-dev-role" 的

Role 对象，这表示对该命名空间的授权。其中"rules"字段用于定义权限规则列表，每个规则包含以下三个字段。

- ☑ apiGroups：指定要授权的 API 组。API 组是 Kubernetes API 中的逻辑分组，用于组织和管理不同类型的资源，Kubernetes API 组织结构如图 10-5 所示。例如，空字符串（""）表示核心 API 组，包括 Pod、Service、Node 等资源类型。如果需要访问这些资源，则指定该 API 组。你可以通过"kubectl api-resources"命令结果中的第三列来确认资源所属的 API 组。

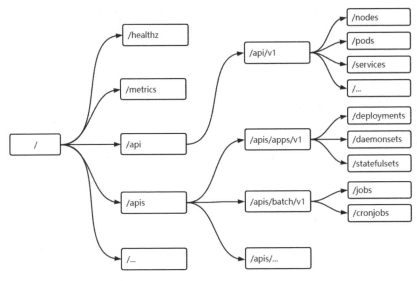

图 10-5 Kubernetes API 组织结构

- ☑ resources：指定访问的资源类型。
- ☑ verbs：指定资源的操作方法。

创建 Role 资源：

```
[root@k8s-master ~]# kubectl apply -f ecommerce-dev-role.yaml
```

查看 Role 对象：

```
[root@k8s-master ~]# kubectl get role -n ecommerce-dev
NAME                  CREATED AT
ecommerce-dev-role    2024-01-02T02:50:44Z
```

查看 Role 对象具体的权限：

```
[root@k8s-master ~]# kubectl describe role ecommerce-dev-role -n ecommerce-dev
Name:         ecommerce-dev-role
```

```
Labels:         <none>
Annotations:    <none>
PolicyRule:
  Resources              Non-Resource URLs  Resource Names  Verbs
  ---------              -----------------  --------------  -----
  configmaps             []                 []              [*]
  deployments            []                 []              [*]
  ingresses              []                 []              [*]
  pods                   []                 []              [*]
  secrets                []                 []              [*]
  services               []                 []              [*]
  configmaps.apps        []                 []              [*]
  deployments.apps       []                 []              [*]
  ingresses.apps         []                 []              [*]
  pods.apps              []                 []              [*]
  secrets.apps           []                 []              [*]
  services.apps          []                 []              [*]
  persistentvolumeclaims []                 []              [get list create update]
```

4．创建 RoleBinding

创建 RoleBinding 资源，并将角色"ecommerce-dev-role"与"aliang"用户进行绑定，使其具有相应的权限。ReleBinding 配置如下：

```
[root@k8s-master ~]# vi ecommerce-dev-role-aliang.yaml
apiVersion: rbac.authorization.k8s.io/v1
kind: RoleBinding
metadata:
  name: ecommerce-dev-role-aliang
  namespace: ecommerce-dev
subjects:
- kind: User
  name: aliang
  apiGroup: rbac.authorization.k8s.io
roleRef:
  kind: Role
  name: ecommerce-dev-role
  apiGroup: rbac.authorization.k8s.io
```

上述配置在"ecommerce-dev"命名空间中定义了一个名为"ecommerce-dev-role-aliang"的 RoleBinding 对象。其中，"subjects"字段用于定义主体，包括主体类型、名称和 API 组；"roleRef"字段用于定义关联的角色，包括角色类型、名称和 API 组。

创建 RoleBinding 资源：

```
[root@k8s-master ~]# kubectl apply -f ecommerce-dev-role-aliang.yaml
```

查看 RoleBinding 对象：

```
[root@k8s-master ~]# kubectl get rolebinding -n ecommerce-dev
NAME                          ROLE                        AGE
ecommerce-dev-role-aliang     Role/ecommerce-dev-role     16s
```

此时，"aliang"用户已拥有"ecommerce-dev-role"角色所定义的权限。

5. 验证与测试

最后，测试"aliang.kubeconfig"文件的权限，确保其正确性。例如在"ecommerce-dev"命名空间创建一个名为"web"的 Deployment 并查看 Pod：

```
[root@k8s-master ~]# kubectl --kubeconfig=aliang.kubeconfig create deployment web --image=nginx -n ecommerce-dev
deployment.apps/web created
[root@k8s-master ~]# kubectl --kubeconfig=aliang.kubeconfig get pods -n ecommerce-dev
NAME                    READY   STATUS    RESTARTS   AGE
web-844f65fb5-z2m28     1/1     Running   0          25s
```

已成功创建，这说明你具有该资源的创建权限。你可以再进一步尝试执行授权范围内的其他操作，以确保能够按预期访问。

如果尝试执行授权范围外的操作，将会提示"权限拒绝"的错误。例如查看"default"命名空间的 Pod 对象：

```
[root@k8s-master ~]# kubectl --kubeconfig=aliang.kubeconfig get pods
Error from server (Forbidden): pods is forbidden: User "aliang" cannot list resource "pods" in API group "" in the namespace "default"
```

说明"aliang"用户没有在"default"命名空间查看 Pod 的权限。

验证完成后，将"aliang.kubeconfig"文件发送给"阿良"，他可以在任何主机上使用 kubectl 工具管理相关资源。

如果后续增加或减少权限，只需编辑角色资源文件并更新资源配置即可。

10.1.4 面向用户授权案例 2

例如，运维部门入职一位新同事"阿龙"，他需要熟悉集群中应用程序的部署情况。因此，授权他可以查看所有命名空间中 Pod、Deployment、Service 和 Ingress 资源的权限，如图 10-6 所示。

具体操作步骤如下。

（1）生成客户端证书和创建 kubeconfig 配置文件。与 10.1.3 节案例中的第一步和第二步操作相同，需要将其中涉及的"aliang"改为"along"，这里不再赘述。

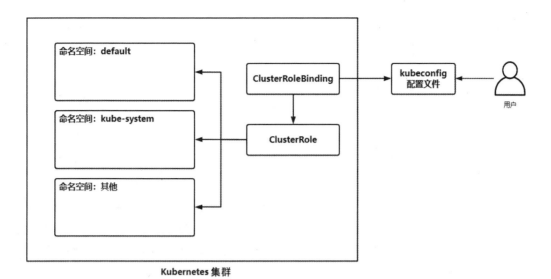

图 10-6 面向用户授权案例 2

（2）创建 ClusterRole 和 ClusterRoleBinding 资源，将集群角色与 "along" 用户进行绑定，使其具有相应的权限，配置如下。

```
[root@k8s-master ~]# vi deploy-reader-clusterrole.yaml
apiVersion: rbac.authorization.k8s.io/v1
kind: ClusterRole
metadata:
  name: deploy-reader
rules:
- apiGroups: ["", "apps"]
  resources: ["pods", "deployments", "services", "ingresses"]
  verbs: ["get", "list", "watch"]
---
apiVersion: rbac.authorization.k8s.io/v1
kind: ClusterRoleBinding
metadata:
  name: deploy-reader
subjects:
- kind: User
  name: along
  apiGroup: rbac.authorization.k8s.io
roleRef:
  kind: ClusterRole
  name: deploy-reader
  apiGroup: rbac.authorization.k8s.io

[root@k8s-master ~]# kubectl apply -f deploy-reader-clusterrole.yaml
```

此时，"along"用户已拥有"deploy-reader"集群角色所定义的权限。

（3）测试"along.kubeconfig"文件的权限，确保其正确性。

10.1.5 内置集群角色

Kubernetes 内置了一些面向用户使用的 ClusterRole 对象，用于简化权限管理和满足常见的权限需求，具体如下。

- ☑ cluster-admin：集群管理员权限，拥有对整个集群的完全控制权限，即对所有命名空间和资源的操作权限。
- ☑ admin：管理员权限，拥有对整个集群的大多数资源的管理权限，但不允许创建一些资源，如 Endpoints、Namespaces。
- ☑ view：拥有对整个集群的大多数资源的查看权限，但不允许查看安全相关资源，如 Role、RoleBinding、Secrets。
- ☑ edit：与 admin 类似，但它的权限比 admin 少一些，如不能查看或修改 Role、RoleBinding 等。

通过使用这些 ClusterRole，授予用户权限变得更加便捷。例如在 10.1.4 节的案例中，可以直接将"along"用户绑定到集群角色"view"上，无须再创建 ClusterRole。

ClusterRole 可作用于整个集群范围，也可作用于特定命名空间，这具体取决于如何使用和绑定它们，例如：

- ☑ 如果希望 ClusterRole 作用于整个集群范围，可以创建 ClusterRoleBinding 对象将其与主体进行绑定。
- ☑ 如果希望 ClusterRole 作用于特定命名空间，可以创建 RoleBinding 对象将其与主体进行绑定。例如在 10.1.3 节的案例中，你可以直接将"aliang"用户绑定到集群角色"admin"上，这样该用户就拥有命名空间"ecommerce-dev"的管理员权限。

查看内置的 ClusterRole 对象：

```
kubectl get clusterroles
```

需要注意的是，以"system:"开头的集群角色由 Kubernetes 自身使用，请勿删除或修改，以免造成集群不可用。

10.1.6 面向应用程序授权案例

当用户访问 Kubernetes 集群时，他们通过 kubeconfig 配置文件进行认证，而集群中的应用程序（如自动化运维脚本、Kubernetes 特定功能插件）则通过由 ServiceAccount（服务账号）创建的 Token 进行认证。

默认情况下，每个命名空间中都会自动创建一个名为"default"的服务账号，该服务账号默认没有绑定任何角色，即没有权限操作任何资源。当创建 Pod 时，Kubernetes 会自动将服务账号以数据卷的方式挂载到 Pod 中，挂载路径为"/var/run/secrets/kubernetes.io/serviceaccount"，该目录下有三个文件。

- ☑ token：保存服务账号的 Token。
- ☑ ca.crt：Kubernetes 集群的 CA 证书。
- ☑ namespace：保存当前 Pod 的命名空间。

例如：有一个 Python 编写的脚本，用于获取所有命名空间的 Pod 名称。脚本代码如下：

```
[root@k8s-master ~]# vi k8s-api-test.py
# 导入 Kubernetes 库
from kubernetes import client, config

# 从指定文件中读取 Token
with open('/var/run/secrets/kubernetes.io/serviceaccount/token') as f:
    token = f.read()

# 设置客户端库访问配置
configuration = client.Configuration()
configuration.host = "https://kubernetes"  # 访问 API Server 的 Service 名称
configuration.ssl_ca_cert="/var/run/secrets/kubernetes.io/serviceaccount/ca.crt"                              # CA 证书路径
configuration.verify_ssl = True             # 启用证书验证
configuration.api_key = {"authorization": "Bearer " + token}  # 将 Token 配置到 HTTP 请求头中
client.Configuration.set_default(configuration)

# 创建一个 CoreV1Api（核心 API 组）实例
core_api = client.CoreV1Api()

# 列出所有命名空间的 Pod
for pod in apps_api.list_pod_for_all_namespaces().items:
    print(pod.metadata.name)
```

创建一个 Python 3 版本的 Pod，并进入 Pod 中运行脚本：

```
[root@k8s-master ~]# kubectl run k8s-api-test --image=python:3 -- sleep 1d
[root@k8s-master ~]# kubectl cp k8s-api-test.py k8s-api-test:/
[root@k8s-master ~]# kubectl exec -it k8s-api-test -- bash
root@python:/# pip install kubernetes
root@python:/# python k8s-api-test.py
```

运行脚本后，将看到以下错误信息：

```
kubernetes.client.exceptions.ApiException: (403)
```

```
Reason: Forbidden
```

这是因为默认的服务账号没有访问 Pod 的权限。因此，需要给默认的服务账号授予查看所有命名空间的 Pod 的权限，配置如下：

```
[root@k8s-master ~]# vi pod-reader-clusterrole.yaml
apiVersion: rbac.authorization.k8s.io/v1
kind: ClusterRole
metadata:
  name: pod-reader-clusterrole
rules:
- apiGroups: [""]
  resources: ["pods"]
  verbs: ["get", "list", "watch"]
---
apiVersion: rbac.authorization.k8s.io/v1
kind: ClusterRoleBinding
metadata:
  name: default-sa
subjects:
- kind: ServiceAccount        # 指定服务账号主体类型
  name: default               # 指定服务账号名称
  namespace: default          # 指定服务账号所在的命名空间
roleRef:
  kind: ClusterRole
  name: pod-reader-clusterrole
  apiGroup: rbac.authorization.k8s.io

[root@k8s-master ~]# kubectl apply -f pod-reader-clusterrole.yaml
```

再次运行脚本，将看到所有命名空间的 Pod 名称。

需要注意的是，授权默认的服务账号也会导致该命名空间中其他 Pod 具有相同的权限，这存在一定的安全风险。因此，通常会为每个应用程序创建一个服务账号，并在 Pod 中指定该服务账号，以替代默认的服务账号。例如，创建一个名为"k8s-api-test"的服务账号：

```
[root@k8s-master ~]# kubectl create sa k8s-api-test
```

将该服务账号绑定到"pod-reader-clusterrole"集群角色上，配置如下：

```
[root@k8s-master ~]# vi k8s-api-test-clusterbinding.yaml
apiVersion: rbac.authorization.k8s.io/v1
kind: ClusterRoleBinding
metadata:
  name: k8s-api-test-clusterrole
subjects:
- kind: ServiceAccount
```

```
  name: k8s-api-test
  namespace: default
roleRef:
  kind: ClusterRole
  name: pod-reader
  apiGroup: rbac.authorization.k8s.io

[root@k8s-master ~]# kubectl apply -f k8s-api-test-clusterbinding.yaml
```

在 Pod 中通过"serviceAccountName"字段指定服务账号,配置如下:

```
apiVersion: v1
kind: Pod
metadata:
  name: k8s-api-test
spec:
  serviceAccountName: k8s-api-test
  containers:
  - image: python:3
    name: python
    command: ['/bin/sh', '-c', "sleep 1d"]
```

通过这样的配置,Pod 中的"k8s-api-test.py"脚本将以服务账号"k8s-api-test"的身份访问 Kubernetes API。

10.2 Pod 安全上下文

Pod 安全上下文(security context)用于配置和控制 Pod 运行时的安全属性和限制,从而提高 Pod 安全性。Pod 安全上下文选项如表 10-2 所示。

表 10-2 Pod 安全上下文选项

选项	值类型	配置层级	描述
runAsUser runAsGroup	<integer>	Pod、容器	指定容器中运行进程的用户 ID 和用户组 ID
runAsNonRoot	<boolean>	Pod、容器	指定容器是否允许以非 root 用户身份运行
fsGroup fsGroupChangePolicy	<integer> <string>	Pod	指定容器中创建文件的文件系统组,例如当卷被挂载时,会将卷中所有文件的属组设置为该组 fsGroupChangePolicy 则用于定义文件系统组的更改策略

续表

选项	值类型	配置层级	描述
seLinuxOptions	\<Object\>	Pod、容器	配置容器的 SELinux 选项
seccompProfile	\<Object\>	Pod、容器	配置容器使用的 Seccomp 配置文件，用于限制系统调用
supplementalGroups	\<[]integer\>	Pod	指定容器中进程的附加组
sysctls	\<[]Object\>	Pod	允许容器中设置内核参数
windowsOptions	\<Object\>	Pod、容器	配置 Windows 容器的特定配置选项
allowPrivilegeEscalation	\<boolean\>	容器	指定是否允许进程通过提升特权方式获取更高的权限
capabilities	\<Object\>	容器	配置容器进程对内核进行访问的权限，以实现更细粒度的控制
privileged	\<boolean\>	容器	指定是否为容器提供全部特权
procMount	\<string\>	容器	定义容器中"/proc"文件系统的挂载选项
readOnlyRootFilesystem	\<boolean\>	容器	指定是否将容器的根文件系统设置为只读

其中配置层级是指作用范围，在 Pod 层级配置，Pod 中的所有容器都会生效，在容器层级配置仅该容器生效。

下面将通过一些具体的示例来介绍安全上下文的使用方法。

10.2.1 容器以普通用户运行

以普通用户运行容器是一种良好的安全实践，可以有效地限制对系统的访问权限，减少潜在的安全风险。

可以通过以下两种方法来实现。

1. 在 Dockerfile 中指定普通用户

在 Dockerfile 定义中，通过设置 "USER" 指令，你可以指定容器中应用程序以普通用户（即一个不具有 root 权限的用户）进行运行，配置示例如下。

```
FROM <基础镜像>
# 创建一个普通用户
RUN useradd <用户名>
# 其他容器的构建步骤
# 切换到普通用户
USER <用户名>
CMD <启动应用程序>
```

2. 在容器中配置安全上下文

使用"securityContext"配置容器的安全上下文，其中包括指定运行容器的用户和组，配置示例如下：

```
apiVersion: v1
kind: Pod
metadata:
  name: app-pod
spec:
  containers:
  - name: app
    image: centos:7
    command: ["/bin/bash", "-c", "sleep 1d"]
    securityContext:
      runAsUser: 1000
      runAsGroup: 1000
```

上述配置在"securityContext"部分中定义了"runAsUser"和"runAsGroup"字段，它们分别用于指定容器中运行进程的用户 ID 和组 ID。这两个 ID 的值都被指定为"1000"。

10.2.2 容器启用特权

有些应用程序需要在容器中执行一些具有更高权限的操作，例如访问宿主机的设备文件、修改内核参数、更改网络配置等。为了确保顺利执行这些操作，需要为容器启用特权，配置示例如下：

```
apiVersion: v1
kind: Pod
metadata:
  name: app-pod2
spec:
  containers:
  - name: app
    image: centos:7
    command: ["/bin/bash", "-c", "sleep 1d"]
    securityContext:
      privileged: true
```

在上述配置中，"securityContext"部分定义了"privileged"字段，其值为"true"，表示该容器启用特权。

需要注意的是，启用特权会降低容器的安全性，因此只有在真正需要特权时才启用它们。

10.2.3 容器设置只读文件系统

将容器根文件系统设置为只读是一种提高安全性和防止数据篡改的有效方式。
配置示例如下：

```
apiVersion: v1
kind: Pod
metadata:
  name: app-pod2
spec:
  containers:
  - name: app
    image: centos:7
    command: ["/bin/bash", "-c", "sleep 1d"]
    securityContext:
      readOnlyRootFilesystem: true
```

在上述配置中，"readOnlyRootFilesystem"字段的值为"true"，表示将根文件系统设置为只读。这意味着不能在容器中执行创建、更新和删除操作，否则会返回"Read-only file system"的提示。

需要注意的是，这样的配置虽然可以提高安全性，但也可能对一些应用程序产生一些限制，特别是对于需要写入文件的应用程序。因此，使用只读文件系统之前，需要确保应用程序的运行不会受到影响。

10.3 网络策略

Kubernetes 使用命名空间实现了资源的隔离，但并没有对网络进行隔离，这意味着任意命名空间中的 Pod 都可以进行自由通信。为了提高网络安全性，可以使用网络策略（network policy）来实现网络访问控制。

10.3.1 网络策略实现

网络策略的实现依赖于网络插件（如 Calico、Cilium），网络插件不仅负责整个集群中 Pod 的网络通信，还承担了网络访问控制的角色。为了实现网络策略的功能，网络插件通常会部署一个网络策略控制器（network policy controller），用于监视创建的网络策略对象，并将对象规则下发到每个节点上的代理（agent），由代理在节点上实施具体的网络访问控制。网络策略实现如图 10-7 所示。

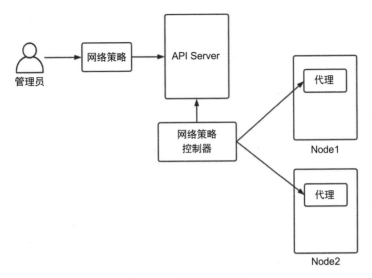

图 10-7　网络策略实现

当前集群使用 Calico 作为网络插件,相关 Pod 如下:

```
~]# kubectl get pods -n calico-system
NAME                                         READY  STATUS   RESTARTS       AGE
calico-kube-controllers-85955d4f5b-lgsrw     1/1    Running  1 (5d1h ago)   86d
calico-node-5qsvs                            1/1    Running  1 (5d1h ago)   5d7h
calico-node-6z5m2                            1/1    Running  1 (5d1h ago)   5d6h
calico-node-1m4x6                            1/1    Running  1 (5d1h ago)   5d6h
...
```

其中,名为"calico-kube-controllers-85955d4f5b-lgsrw"的 Pod 包含了网络策略控制器的实现,而名为"calico-node-xxxxx"的 Pod 则是在每个节点上运行的代理。

需要注意的是,并非所有的网络插件都支持网络策略功能,因此在使用之前需要确保所选的网络插件支持网络策略,否则创建的网络策略将无法生效。

10.3.2　网络策略资源

网络策略资源与其他资源一样,都是通过资源文件进行创建、更新和删除的。
网络策略资源的基本结构如下:

```
apiVersion: networking.k8s.io/v1
kind: NetworkPolicy
metadata:
  name: <名称>
  namespace: <命名空间>
```

```
spec:
  podSelector: <Object>
  policyTypes: <[]string>
  ingress: <[]Object>
  egress: <[]Object>
```

在上述结构中,"spec"部分定义了网络策略的具体规则,字段含义如下。
- ☑ podSelector:选择应用网络策略的 Pod。这里是一个标签选择器,它根据 Pod 的标签选择目标 Pod。
- ☑ policyTypes:指定策略类型,可以是 Ingress(入站)、Egress(出站)或两者都包括。如果未指定策略类型,则默认是 Ingress。
- ☑ ingress:定义入站流量的规则列表。每个规则可以基于 IP 地址/段、命名空间标签、Pod 标签以及允许访问的协议和端口进行配置。
- ☑ egress:定义出站流量的规则列表。每个规则可以基于 IP 地址/段、命名空间标签、协议和端口进行配置。

下面将通过一些具体的示例来学习网络策略的使用方法。

10.3.3 默认策略

默认情况下,Pod 之间没有任何网络限制,即允许所有 Pod 的入站和出站流量。

如果想改变这个默认行为,可以通过网络策略进行设置。例如,禁止 Pod 的入站流量,网络策略资源配置如下:

```
apiVersion: networking.k8s.io/v1
kind: NetworkPolicy
metadata:
  name: default-deny-ingress
  namespace: team-a
spec:
  podSelector: {}
  policyTypes:
  - Ingress
```

上述配置在"team-a"命名空间中创建了一个名为"default-deny-ingress"的网络策略对象。其中:"podSelector"字段值为"{}",表示对当前命名空间中所有的 Pod 应用该网络策略;"policyTypes"字段值为"Ingress",表示该网络策略仅限制入站流量,由于没有定义入站流量的规则列表,则默认拒绝所有入站流量。

综上所述,这个规则的作用是禁止"team-a"命名空间中所有 Pod 的入站流量,出站流量不受限制。

10.3.4　Pod 级别限制

假设在"team-b"命名空间中部署一个网站和数据库，网站 Pod 的标签为"app=nginx"，数据库 Pod 的标签为"app=mysql"。为了提高数据库的安全性，限制数据库 Pod 仅允许网站 Pod 访问它的 3306 端口，其他 Pod 不允许访问。Pod 之间的网络访问控制如图 10-8 所示。

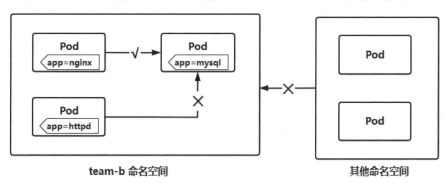

图 10-8　Pod 之间的网络访问控制

网络策略资源配置如下：

```
apiVersion: networking.k8s.io/v1
kind: NetworkPolicy
metadata:
  name: web-to-db
  namespace: team-b
spec:
  podSelector:
    matchLabels:
      app: mysql
  policyTypes:
   - Ingress
  ingress:
   - from:
      - podSelector:
          matchLabels:
            app: nginx
     ports:
      - protocol: TCP
        port: 3306
```

上述配置在"team-b"命名空间中创建了一个名为"web-to-db"的网络策略对象。相关字段含义如下：

☑　podSelector：对当前命名空间中标签为"app=mysql"的 Pod 应用网络策略。

- policyTypes：仅限制入站流量，出站流量不受限制。
- ingress：入站流量的规则列表。这里表示允许当前命名空间中标签为"app=nginx"的 Pod 访问 TCP 协议的 3306 端口。

综上所述，这个规则的作用是限制"team-b"命名空间中标签为"app=mysql"的 Pod，仅允许同一命名空间中标签为"app=nginx"的 Pod 访问其 3306 端口。

10.3.5 命名空间级别限制

假设集群中存在"team-b"和"team-c"两个命名空间，其中"team-b"管理着重要的项目，为了加强该命名空间的安全性，"team-b"命名空间中的所有 Pod 仅允许来自"team-c"命名空间的 Pod 访问，而不允许来自其他命名空间的 Pod 访问，如图 10-9 所示。

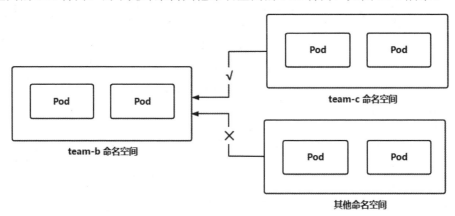

图 10-9　命名空间之间的网络访问控制

网络策略资源配置如下：

```
apiVersion: networking.k8s.io/v1
kind: NetworkPolicy
metadata:
  name: ns-team-c-to-team-b
  namespace: team-b
spec:
  podSelector: {}
  policyTypes:
- Ingress
  ingress:
    - from:
      - namespaceSelector:
          matchLabels:
            kubernetes.io/metadata.name: team-c
```

上述配置限制了"team-b"命名空间中所有 Pod 仅允许来自"team-c"命名空间的 Pod 访问它们，而不允许来自其他命名空间的 Pod 访问它们。其中，"namespaceSelector"是一个标签选择器，它根据命名空间的标签来选择目标命名空间。

如果"team-b"命名空间中的 Pod 需要允许来自多个命名空间中的 Pod 访问它们，则配置示例如下：

```
ingress:
- from:
  - namespaceSelector:
      matchLabels:
        kubernetes.io/metadata.name: team-c
  - namespaceSelector:
      matchLabels:
        kubernetes.io/metadata.name: team-d
```

10.3.6 细粒度限制

从上述示例中了解到，ingress 部分中的"podSelector"和"namespaceSelector"字段分别用于指定允许访问的 Pod 和命名空间。如果将这两个字段结合使用，可实现更细粒度的网络访问控制。

例如，将"team-b"命名空间中的 Pod 限制为仅允许来自"team-c"命名空间中具有"app=nginx"标签的 Pod 访问它们，如图 10-10 所示。

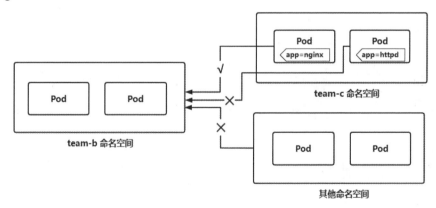

图 10-10　限制命名空间中部分 Pod 的网络访问

网络策略资源配置如下：

```
apiVersion: networking.k8s.io/v1
kind: NetworkPolicy
metadata:
```

```yaml
  name: team-c-pod-to-team-b
  namespace: team-b
spec:
  podSelector:
    matchLabels:
      app: mysql
  policyTypes:
    - Ingress
  ingress:
    - from:
        - namespaceSelector:
            matchLabels:
              name: team-c
          podSelector:
            matchLabels:
              app: nginx
```

上述配置限制了"team-b"命名空间中标签为"app=mysql"的 Pod，仅允许"team-c"命名空间中标签为"app=nginx"的 Pod 对其进行访问，不允许其他命名空间中的 Pod 对其进行访问。

如果将"podSelector"和"namespaceSelector"字段配置在同级，则表示它们是"或"的关系，配置示例如下：

```yaml
ingress:
  - from:
      - namespaceSelector:
          matchLabels:
            name: team-c
      - podSelector:
          matchLabels:
            app: nginx
```

上述配置允许来自"team-c"命名空间的 Pod 或来自当前命名空间中标签为"app=nginx"的 Pod 访问"team-b"命名空间中的 Pod。

10.3.7　IP 段限制

限制来自特定 IP 地址段的访问，配置如下：

```yaml
apiVersion: networking.k8s.io/v1
kind: NetworkPolicy
metadata:
  name: allow-ip-range
  namespace: team-b
```

```
spec:
  podSelector: {}
  policyTypes:
  - Ingress
  ingress:
  - from:
    - ipBlock:
        cidr: 192.168.2.0/24
```

上述配置允许来自 IP 地址段"192.168.2.0/24"的流量访问"team-b"命名空间中的所有 Pod。

10.3.8 出站流量限制

通常情况下，限制入站流量可以满足大部分应用场景，但在某些情况下，也需要对出站流量进行限制，以实现更全面的网络访问控制。

例如，限制"team-b"命名空间中的 Pod 仅允许访问"team-c"命名空间中的 Pod 和 IP 地址段为"192.168.3.0/24"的主机，不允许访问其他命名空间中的 Pod，如图 10-11 所示。

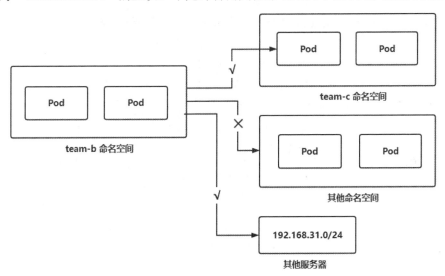

图 10-11　出站流量限制

网络策略资源配置如下：

```
apiVersion: networking.k8s.io/v1
kind: NetworkPolicy
metadata:
  name: team-b-to-team-c
```

```yaml
  namespace: team-b
spec:
  podSelector: {}
  policyTypes:
  - Egress
  egress:
  - to:
    - namespaceSelector:
        matchLabels:
          name: team-c
    - ipBlock:
        cidr: 192.168.3.0/24
```

上述配置限制了"team-b"命名空间中的所有 Pod 仅允许访问"team-c"命名空间中的 Pod 和 IP 地址段为"192.168.3.0/24"的主机，不允许访问其他目标的出站流量。

10.4 本章小结

本章讲解了 Kubernetes API 访问控制、Pod 安全上下文和网络策略，具体如下：
- ☑ 访问 Kubernetes API 需要经过三层验证：Authentication、Authorization 和 Admission Control。只有这三层验证都通过，才能顺利进行相应的操作。
- ☑ 所有访问 Kubernetes 集群的请求都需要通过 RBAC 进行授权。
- ☑ Pod 安全上下文用于配置 Pod 运行时的安全属性，以提高安全性。
- ☑ 网络策略允许对 Pod 级别和命名空间级别的出入站流量进行限制，支持多种条件，包括 IP 地址、Pod 和命名空间。

第 11 章
Kubernetes 网络插件之 Calico

Kubernetes 网络是一个复杂的知识，它融合了传统网络和一些较新的概念，如网络命名空间、虚拟网卡、网桥，这给我们理解和熟悉 Kubernetes 网络带来了新的挑战。本章将尝试揭开 Kubernetes 网络的面纱，并深入探讨其核心概念、涉及的技术和运作机制。

11.1 Docker 网络模型

从 Docker 网络模型开始，这是一个相对简单的起点，有助于更好地理解容器网络的基本原理，并为学习 Kubernetes 网络打下坚实的基础。

Docker 使用 Linux Namespace 实现了容器的资源隔离，包括 PID（进程 PID 命名空间）、Network（网络命名空间）、Mount（挂载点命名空间）、UTS（主机名命名空间）和 IPC（进程间通信命名空间）。通过这些命名空间，每个容器都拥有独立的运行环境，包括独立的网络接口、IP 地址和路由表。在这种独立的环境下，这可能会引发一些网络通信问题，诸如：

- ☑ 容器与容器之间如何通信？
- ☑ 容器与宿主机之间如何通信？
- ☑ 外部网络如何访问容器？
- ☑ 容器如何访问外部网络？

接下来，我们通过这些问题来了解 Docker 容器网络模型的设计和实现。

11.1.1 容器之间以及容器与宿主机之间的通信

在 IDC 机房中，如果两台物理服务器之间需要进行通信，通常将它们分别通过两根网线连接到同一台交换机，以建立一个二层网络，即在同一局域网中。Docker 采用类似的思路，引入了网桥（bridge）设备，并在宿主机上创建一个名为"docker0"的网桥充当交换机的角色。所有容器都连接到这个网桥上，使得容器之间的通信就像在同一局域网中一样。Docker 网桥如图 11-1 所示。

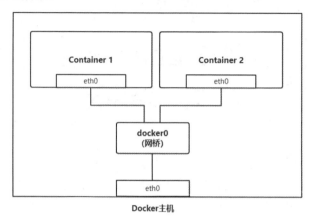

图 11-1　Docker 网桥

由于"docker0"网桥存在于宿主机的网络命名空间中，因此容器无法直接跨命名空间与它建立关系。为了解决这个问题，Docker 引入了虚拟以太网设备（virtual ethernet，Veth），每个 Veth 都包含两个虚拟网络接口，其中：一个接口被配置到容器的网络栈中，命名为"eth0"；另一个接口被配置到宿主机的网络栈中，命名为"veth..."，并连接到"docker0"网桥。Docker 容器之间的通信如图 11-2 所示。

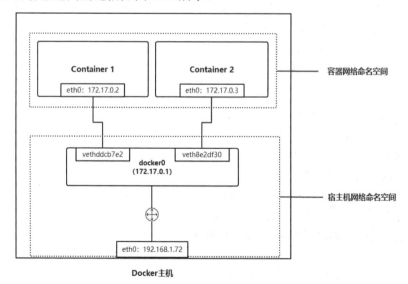

图 11-2　Docker 容器之间的通信

Veth 就像一根虚拟的网线，连接了容器与宿主机的网络命名空间，允许容器发出的数据包直接到达宿主机的网桥。例如，当 Container1 与 Container2 通信时，Container1 从 eth0 发出数据包并直接进入网桥，网桥通过二层网络将数据包转发给 Container2，以实现容器之间的通信。

11.1.2 容器访问外部网络

当容器访问外部网络时，数据包会被 Iptables 转发到目标网络。Docker 默认会在宿主机上创建以下 Iptables 规则：

```
-A POSTROUTING -s 172.17.0.0/16 ! -o docker0 -j MASQUERADE
```

这条规则的各参数含义如下。

- ☑ "-A POSTROUTING"：将规则添加到"POSTROUTING"链中，用于处理出站的数据包。
- ☑ "-s 172.17.0.0/16"：匹配来自 IP 地址段"172.17.0.0/16"的数据包。这是 Docker 默认使用的网段，用于分配容器 IP 地址。
- ☑ "! -o docker0"：匹配不是从名为"docker0"接口（网桥）出去的数据包。这样做是为了防止对容器之间的通信进行处理，因为容器之间的通信是通过该网桥完成的。
- ☑ "-j MASQUERADE"：对匹配的数据包执行"MASQUERADE"操作，类似于 SNAT（源地址转换），其中数据包的源地址被修改为宿主机 IP 地址，然后由宿主机网络发送出去。

综上所述，这个规则的作用是将来自容器访问外部网络的数据包通过宿主机网络转发出去，从而实现容器访问外部网络。

11.1.3 外部网络访问容器

虽然容器具有独立的 IP 地址，但除了宿主机，外部网络无法直接访问。为了解决这个问题，在创建容器时需要指定"-p"参数，将宿主机端口映射到容器端口，例如：

```
docker run -d --name web -p 8080:80 nginx
```

上述命令将宿主机的 8080 端口映射到容器的 80 端口，外部网络可以通过宿主机的 8080 端口访问该容器。这个端口映射也是通过 Iptables 实现的，Iptables 规则如下：

```
-A DOCKER ! -i docker0 -p tcp -m tcp --dport 8080 -j DNAT --to-destination 172.17.0.7:80
```

这条规则的各参数含义如下。
- ☑ "-A DOCKER"：Docker 自定义的链名，用于处理与容器相关的数据包。
- ☑ "! -i docker0"：匹配不是从名为"docker0"接口出去的数据包，同样是为了防止对容器之间的通信进行处理。
- ☑ "-p tcp -m tcp --dport 8080"：匹配 TCP 协议和目标端口 8080 的数据包。
- ☑ "-j DNAT --to-destination 172.17.0.7:80"：对匹配的数据包执行 DNAT 操作，其中数据包的目标地址和端口分别被修改为 172.17.0.7 和 80，然后由宿主机网络转发到目标容器。

综上所述，这条规则的作用是将访问宿主机 8080 端口的数据包转发到容器 IP 地址 172.17.0.7 和 80 端口，从而实现外部网络访问容器。

11.2　Kubernetes 网络模型

在 Kubernetes 集群中，如果运行在同一节点上的 Pod 之间需要进行通信，那么仍然可以采用 Docker 网络模型的思路轻松实现，如图 11-3 所示。

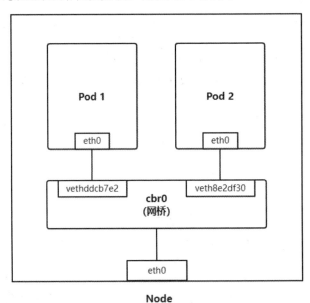

图 11-3　同一节点上 Pod 之间的通信

Kubernetes 集群由多个节点组成，Pod 可以被调度到任意节点上，这就需要不同节点上的 Pod 之间进行通信，如图 11-4 所示。

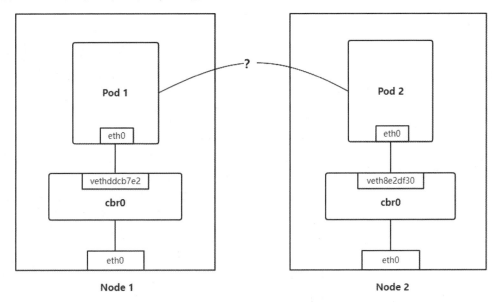

图 11-4　不同节点上 Pod 之间的通信

为了解决不同节点上的 Pod 之间以及 Pod 与其他网络之间进行通信的需求，Kubernetes 集群需要额外安装一个网络插件，如 Calico、Flannel、Cilium 等。这些网络插件必须遵循容器网络接口（container network interface，CNI）标准，才能为 Kubernetes 提供网络服务。

CNI 对网络插件提出了一些基本要求：
- ☑ 每个 Pod 拥有集群中唯一的 IP 地址。
- ☑ Pod 能够与其他所有节点上的 Pod 进行通信。
- ☑ 节点网络可以与集群中的所有 Pod 进行通信。

CNI 旨在规范网络插件的实现，屏蔽底层网络实现的复杂性，将网络插件与 Kubernetes 进行解耦，以提高系统的扩展性和灵活性。

Pod 网络配置流程如图 11-5 所示。当 kubelet 接收到创建 Pod 的请求时，首先，它将调用容器运行时创建 Pause 容器。接着，kubelet 会调用 CNI 插件来为 Pause 容器配置网络。这些 CNI 插件通常是网络插件对应的可执行文件，它们默认存储在"/opt/cni/bin"目录中。kubelet 在调用可执行文件时，会传递两个关键数据：第一个数据是操作方法（ADD 或 DEL）；第二个数据是网络插件的配置，这些配置默认存储在"/etc/cni/net.d"目录中。可执行文件一旦接收到这些数据，就会负责为 Pause 容器配置网络。最后，kubelet 调用容器运行时创建应用容器，并将其加入 Pause 容器的网络命名空间中。当删除 Pod 时，kubelet 会通过 CNI 插件进行网络资源的清理和回收。

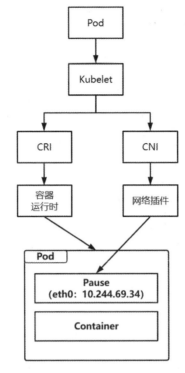

图 11-5　Pod 网络配置流程

11.3　Calico 介绍

　　Calico 是一个开源的网络解决方案，被广泛应用于 Kubernetes 领域。Calico 利用 Linux 内核实现高效的虚拟路由器，每个虚拟路由器通过 BGP（border gateway protocol，边界网关协议）将本地运行的工作负载的路由信息传播到整个 Calico 网络上，从而使各个节点上的工作负载能够可靠地实现网络通信。

　　BGP 是一种用于在互联网中交换路由信息的标准协议。它主要用于在不同自治系统（autonomous system，AS）之间交换路由信息，以帮助互联网中的路由器动态地学习和选择最佳的路径。一个自治系统可以由一个或多个网络组成，如大学、企业等。每个自治系统都拥有唯一的标识符，称为自治系统号（AS 号）。

　　假设有两个自治系统，即 AS1 和 AS2。两个自治系统之间的通信如图 11-6 所示。

　　AS1 和 AS2 自治系统是两个独立的网络，如果这两个自治系统的主机需要相互通信，则它们可以在各自的出口路由器上使用 BGP 连接彼此的网络。

　　假设 Router1 和 Router2 路由器已经通过 BPG 相互连接，它们将相互学习对方的路由表，以了解对方的网络拓扑。在转发数据时，它们根据学到的路由信息，选择最佳路径进行数据传输。

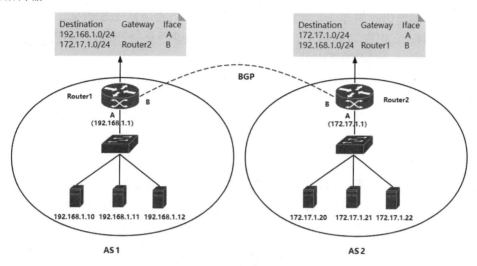

图 11-6　两个自治系统之间的通信

例如，当 AS1 中的主机"192.168.1.10"（以下简称主机 1）与 AS2 中的主机"172.17.1.20"（以下简称主机 2）进行通信时，由于主机 1 发送数据包的目标 IP 地址与本机不在同一网段中，系统会将数据包发送到默认网关"192.168.1.1"，即 Router1。Router1 接收到数据包后，查询本地路由表会匹配到路由记录"172.17.1.0/24 Router2 B"，然后将该数据包通过 B 接口转发到 Router2。Router2 接收到数据包后，查询本地路由表会匹配到路由记录"172.17.1.0/24 A"，然后将该数据包通过 A 接口发出。由于 A 接口与目标 IP 属于同一网段，因此数据包通过二层网络传输到主机 2，从而完成通信。

了解 BGP 之后，就很容易理解 Calico 网络架构，如图 11-7 所示。

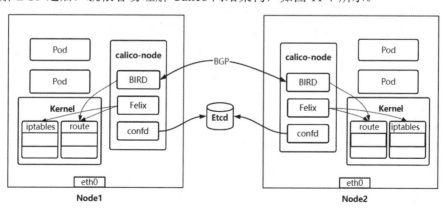

图 11-7　Calico 网络架构

Calico 在每个节点运行一个名为"calico-node"的 Pod，其中包含以下三个守护进程。

- ☑ Felix：负责配置和管理节点上的路由表及网络策略规则。它与 Linux 内核进行交互生成路由表和 Iptables 规则，以实现集群网络通信和网络策略。
- ☑ BIRD：是 BGP 协议的守护程序。它负责与其他节点的 BIRD 守护程序建立连接，并相互学习对方的路由表。
- ☑ confd：是一个配置管理工具，用于动态生成和更新 Calico 组件的配置文件。

11.4　Calico 部署

在 Kubernetes 中部署 Calico 网络插件非常方便，只需执行以下命令：

```
kubectl create -f https://raw.github.usercontent.com/projectcalico/calico/v3.26.0/manifests/tigera-operator.yaml
kubectl create -f https://raw.github.usercontent.com/projectcalico/calico/v3.26.0/manifests/custom-resources.yaml
```

其中，"tigera-operator.yaml"文件用于创建 CRD 和部署 Operator，Operator 会自动部署和管理相关资源，并确保按预期运行。"custom-resources.yaml"文件用于创建自定义资源，用户可以通过自定义资源配置 Calico，如 IP 地址池、BGP 配置等。

11.5　calicoctl 管理工具

calicoctl 是官方提供的命令行管理工具，用于对 Calico 网络进行配置和管理。在 Calico 项目的 GitHub Releases 页面（https://github.com/projectcalico/calico/releases）中找到适用于你系统平台版本的二进制文件，下载该文件，将其上传到 Master 节点上，并将其放到系统的"PATH"路径下：

```
[root@k8s-master ~]# chmod +x calicoctl-linux-amd64
[root@k8s-master ~]# mv calicoctl-linux-amd64 /usr/bin/calicoctl
```

calicoctl 默认读取文件"/root/.kube/config"以访问 Kubernetes API。该文件如果不在默认路径下，则可以通过配置文件"/etc/calico/calicoctl.cfg"来指定。该配置文件内容如下：

```
apiVersion: projectcalico.org/v3
kind: CalicoAPIConfig
metadata:
  name: calico-config
```

```
spec:
  datastoreType: "kubernetes"
  kubeconfig: "/root/.kube/config"
```

以下是 calicoctl 的一些常用命令：

```
# 查看节点的状态和 BGP 连接状态
calicoctl node status
# 查看 Calico 网络中的节点名称
calicoctl get nodes
# 查看 IP 地址池
calicoctl get ippools
# 创建或更新自定义资源
calicoctl apply -f <资源文件>
# 删除自定义资源
calicoctl delete -f <资源文件>
```

11.6　Calico 工作模式

Calico 工作模式决定了它基于哪种技术实现网络通信，包括：
- ☑ VXLAN（virtual extensible LAN）：在该模式下，Calico 使用 VLXAN 封装技术在不同节点之间建立逻辑的二层网络。Pod 的 IP 数据包被封装在这个二层网络中，并通过底层网络进行传输。
- ☑ IPIP（IP in IP）：在该模式下，Calico 使用 IPIP 封装技术在不同节点之间建立逻辑网络。Pod 的 IP 数据包被封装在这个逻辑网络中，并通过底层网络进行传输。
- ☑ BGP（border gateway protocol）：在该模式下，Calico 基于路由直接实现 Pod 之间的通信。每个节点上的 Calico 充当 BGP 路由器的角色，负责交换 Pod 的路由信息。

VXLAN 和 IPIP 模式属于覆盖网络（overlay network）。在覆盖网络中，逻辑网络（或称为虚拟通道）被构建在底层物理网络之上，通过一些封装技术，使得 Pod 之间能够直接通信，而无须了解底层网络的细节。

举一个生活中的例子，有一天你计划去一个地方骑行，但这个地方路途较远，直接骑行过去会耽误行程。于是，你想到一个好主意，将自行车放到汽车后备箱中，到达目的地后将自行车卸下来使用。

在这个场景中，汽车就像节点之间的网络，自行车就像 Pod 发出的数据包，而汽车的后备箱则是一种封装技术。封装技术利用节点之间的网络，建立一个逻辑网络，并通过这个逻辑网络将数据包安全传输到目的地。

不难理解，覆盖网络的设计思想是：将 Pod 发送到另一个 Pod 的数据包以封装成节点网络的数据包,然后通过节点网络传输到目标节点,目标节点从中获取到 Pod 之间的数据包,再转发到目标 Pod。

查看 Calico 当前工作模式:

```
[root@k8s-master ~]# calicoctl get ippool -o wide
NAME                CIDR            NAT     IPIPMODE   VXLANMODE     DISABLED
DISABLEBGPEXPORT    SELECTOR
default-ipv4-ippool 10.244.0.0/16   true    Never      CrossSubnet   false
false               all()
```

其中,"IPIPMODE"字段的值为"Never",表示关闭 IPIP 模式。"VXLANMODE"字段的值为"CrossSubnet",表示启用 VXLAN 模式并跨子网,即同一子网节点上的 Pod 之间的通信使用 BGP 路由实现,而不同子网节点上的 Pod 之间的通信使用 VXLAN 封装技术实现。

工作模式可以通过自定义资源文件(custom-resources.yaml)来设置,默认配置如下:

```
apiVersion: operator.tigera.io/v1
kind: Installation
metadata:
  name: default
spec:
  calicoNetwork:
    ipPools:
    - blockSize: 26
      cidr: 10.244.0.0/16
      encapsulation: VXLANCrossSubnet
      natOutgoing: Enabled
      nodeSelector: all()
```

在上述配置中,"ipPools"部分定义了与 Calico IP 地址池相关的配置,各字段含义如下。
- ☑ blockSize:IP 地址池中每个子网的块大小。
- ☑ cidr:IP 地址池的 IP 地址范围。
- ☑ encapsulation:IP 地址池的封装模式。有以下可选值。
  - ➢ VXLANCrossSubnet:表示启用 VXLAN 模式并跨子网。
  - ➢ VXLAN:表示启用 VXLAN 模式。
  - ➢ IPIP:表示启用 IPIP 模式。
- ☑ natOutgoing:是否启用 NAT 功能,这里值为"Enabled",表示启用 NAT 功能,允许 Pod 访问外部网络。
- ☑ nodeSelector:节点选择器,这里值为"all()",表示所有节点使用这个 IP 地址池进行配置。

11.6.1 覆盖网络：VXLAN 模式

为了更直观地学习 VLXAN 模式的工作原理，我们将工作模式修改为 VXLAN 模式，即无论节点是不是跨子网，均使用 VLXAN 封装技术。

定义 IPPool 自定义资源修改工作模式：

```
[root@k8s-master ~]# vi ippool.yaml
apiVersion: projectcalico.org/v3
kind: IPPool
metadata:
  name: default-ipv4-ippool
spec:
  cidr: 10.244.0.0/16
  vxlanMode: Always
```

更新自定义资源：

```
[root@k8s-master ~]# calicoctl apply -f ippool.yaml
```

查看 Calico 当前工作模式，结果如下：

```
NAME                  CIDR            NAT     IPIPMODE    VXLANMODE   DISABLED   DISABLEBGPEXPORT   SELECTOR
default-ipv4-ippool   10.244.0.0/16   false   Never       Always      false      false              all()
```

其中，"VXLANMODE" 字段的值为 "Always"，表示成功切换为 VXLAN 模式。

接下来，我们将深入了解在 VLXAN 模式下数据包是如何进行转发的。以 Node1 节点上的 Pod1 与 Node2 节点上的 Pod2 进行通信为例，如图 11-8 所示。

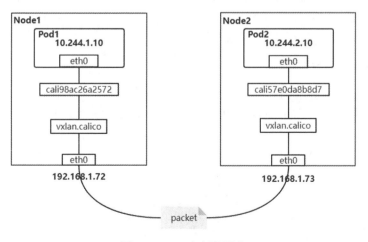

图 11-8　Pod 之间的通信

Pod1 与 Pod2 之间的通信过程具体如下。

1. 数据包进入宿主机

当 Pod1 发送数据包的目的 IP 地址与本机不在同一网段时，系统将数据包发送到默认网关，路由表如下：

```
/ # ip route
default via 169.254.1.1 dev eth0
169.254.1.1 dev eth0 scope link
```

第一条路由规则表示：当数据包的目标地址未匹配到其他路由规则时，数据包将被发送到网关地址"169.254.1.1"，从"eth0"网络接口发出。而"eth0"网络接口是 Veth 设备的一端，另一端是宿主机上网络接口"cali98ac26a2572"，但这个网络接口或其他设备并没有绑定 IP 地址"169.254.1.1"，这就意味着发送 ARP 请求获取网关 MAC 地址将不会得到设备的响应，导致 ARP 请求失败，无法完成后续的数据包传输。为了解决这个问题，Calico 在宿主机的网络接口"cali98ac26a2572"上启用了 ARP 代理功能，使其能够处理 ARP 请求并返回自身的 MAC 地址。这样一来，宿主机充当路由器的角色，处理 Pod 中发出的数据包。

2. 数据包进入 VXLAN 隧道设备

宿主机接收到数据包后，将匹配到以下路由规则：

```
10.244.2.0/26 via 10.244.2.136 dev vxlan.calico onlink
```

这条路由规则表示，目标网络为"10.244.2.0/26"的数据包通过网络接口"vxlan.calico"直接发送到下一跳地址"10.244.2.136"，而这个地址正是 Node2 节点上网络接口"vxlan.calico"的 IP 地址。这个网络接口是 Calico 基于 VXLAN 实现的，负责封装和解封装 VXLAN 数据包，工作在二层（数据链路层）。

3. VXLAN 封装数据包

Calico 通过 VXLAN 将 Pod1 的数据包封装成一个从本机网络接口"vxlan.calico"到目标节点上的网络接口"vxlan.calico"的二层数据帧（以下称为内部数据帧），即本机网络接口"vxlan.calico"的 MAC 地址作为源 MAC 地址，Node2 节点上的网络接口"vxlan.calico"的 MAC 作为目的 MAC 地址。这个目的 MAC 地址会被维护在本机 ARP 表中，可以通过以下命令查看：

```
[root@k8s-node1 ~]# ip neigh show dev vxlan.calico
10.244.2.136 lladdr 66:90:43:3d:b3:e7 PERMANENT
10.244.3.196 lladdr 66:d5:cf:d3:6b:7e PERMANENT
```

第 11 章　Kubernetes 网络插件之 Calico

内部数据帧的结构如图 11-9 所示。

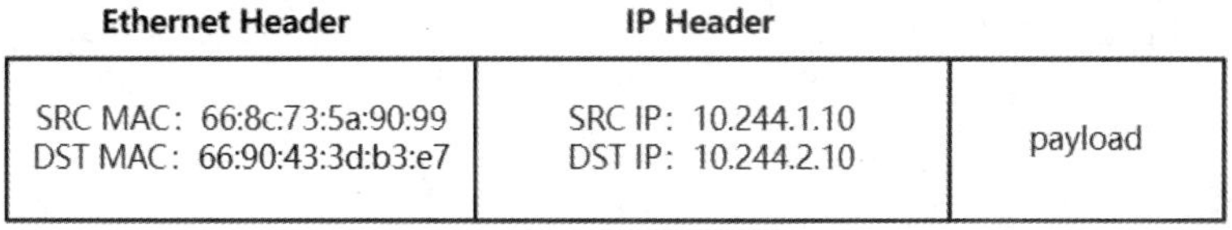

```
Ethernet Header                        IP Header
SRC MAC: 66:8c:73:5a:90:99    SRC IP: 10.244.1.10     payload
DST MAC: 66:90:43:3d:b3:e7    DST IP: 10.244.2.10
```

图 11-9　内部数据帧的结构

接着，VLXAN 将内部数据帧封装到一个 UDP 数据包中，这个数据包的源 IP 地址为 192.168.1.72，目的 IP 地址为 192.168.1.73，即内部数据帧中目的 MAC 地址所在节点的 IP 地址，它被维护在本机的 FDB（Forwarding Database，转发数据库）中，可以通过以下命令查看：

```
[root@k8s-node1 ~]# bridge fdb show dev vxlan.calico
66:d5:cf:d3:6b:7e dst 192.168.1.71 self permanent
66:90:43:3d:b3:e7 dst 192.168.1.73 self permanent
```

该数据包还会添加 VXLAN 头部，以标识这是一个 VXLAN 数据包。

UDP 数据包的结构如图 11-10 所示。

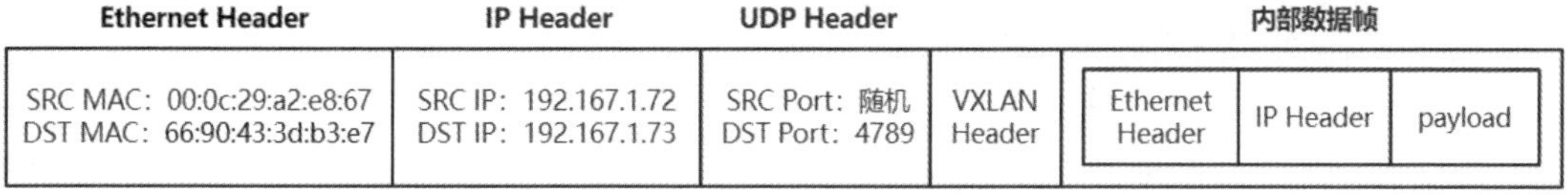

```
Ethernet Header              IP Header             UDP Header                     内部数据帧
SRC MAC: 00:0c:29:a2:e8:67  SRC IP: 192.167.1.72  SRC Port: 随机    VXLAN   Ethernet   IP Header   payload
DST MAC: 66:90:43:3d:b3:e7  DST IP: 192.167.1.73  DST Port: 4789   Header  Header
```

图 11-10　UDP 数据包的结构

这是一个用于节点之间通信的数据包，该数据包通过 UDP 协议发送到 Node2 节点的 4789 端口，以便将内部数据帧传输到目标节点。

4. 数据包到达目标节点

在 UDP 数据包到达 Node2 节点之后，发现它是一个 VXLAN 数据包，于是使用 VXLAN 对 UDP 数据包进行解封装，以从中获取内部数据帧。根据内部数据帧的目标 IP 地址（即 10.244.2.10）查找路由表，系统将匹配到以下路由规则：

```
10.244.2.10 dev cali57e0da8b8d7 scope link
```

这条路由规则表示：对于目标 IP 地址为 "10.244.2.10" 的数据包，它将被直接发送到网络接口 "cali57e0da8b8d7"，以进入 Pod2 中。

在这个过程中，可以使用 tcpdump 工具抓包来查看数据包的情况。例如，在 Pod1 中执行 "ping 10.244.2.10" 命令，并在 Pod2 所在的节点上执行 "tcpdump udp -i eth0 -n" 命令，将会看到以下的内容：

```
  21:52:10.013565 IP 192.168.1.72.33391 > 192.168.1.73.4789: VXLAN, flags
[I] (0x08), vni 4096
  IP 10.244.1.10 > 10.244.2.10: ICMP echo request, id 49, seq 78, length 64
  21:52:10.013707 IP 192.168.1.73.56703 > 192.168.1.72.4789: VXLAN, flags
[I] (0x08), vni 4096
  IP 10.244.2.10 > 10.244.1.10: ICMP echo reply, id 49, seq 78, length 64
```

这是两个 VXLAN 数据包，第一个数据包（ping 的请求）的字段含义如下。

- ☑ 源 IP 地址：192.168.1.72。
- ☑ 源端口号：33391。
- ☑ 目标 IP 地址：192.168.1.73。
- ☑ 目标端口号：4789（Calico VXLAN 的默认端口）。
- ☑ VXLAN 头部：标志位[I](0x08)表示内部数据包，VNI 为 4096。
- ☑ 内部数据包：ICMP echo request。
  - ➤ 源 IP 地址：10.244.1.10。
  - ➤ 目标 IP 地址：10.244.2.10。
  - ➤ ICMP 类型：echo request。
  - ➤ ID：49。
  - ➤ 序列号：78。
  - ➤ 数据长度：64 字节。

第二个数据包（ping 的响应）的字段含义如下。

- ☑ 源 IP 地址：192.168.1.73。
- ☑ 源端口号：56703。
- ☑ 目标 IP 地址：192.168.1.72。
- ☑ 目标端口号：4789（Calico VXLAN 的默认端口）。
- ☑ VXLAN 头部：标志位[I](0x08)表示内部数据包，VNI 为 4096。
- ☑ 内部数据包：ICMP Echo Reply。
  - ➤ 源 IP 地址：10.244.2.10。
  - ➤ 目标 IP 地址：10.244.1.10。
  - ➤ ICMP 类型：echo reply。
  - ➤ ID：49。
  - ➤ 序列号：78。
  - ➤ 数据长度：64 字节。

通过这些数据包的大致结构，我们可以清晰地看出 VXLAN 工作模式是在节点网络之上构建了一个虚拟的二层网络，Pod 之间的数据包在这个二层网络中进行传输，就像搭乘"顺风车"一样。

11.6.2 覆盖网络：IPIP 模式

IPIP 模式与 VXLAN 模式类似，但使用了不同的封装机制。IPIP 封装技术是将原始 IP 数据包封装到一个新的 IP 数据包中。

将工作模式修改为 IPIP 模式，定义 IPPool 自定义资源并对其进行更新：

```
[root@k8s-master ~]# vi ippool.yaml
apiVersion: projectcalico.org/v3
kind: IPPool
metadata:
  name: default-ipv4-ippool
spec:
  cidr: 10.244.0.0/16
  ipipMode: Always

[root@k8s-master ~]# calicoctl apply -f ippool.yaml
```

查看 Calico 当前工作模式。其中，"IPIPMODE"字段的值为"Always"，表示已将当前工作模式成功切换为 IPIP 模式。

还是以 Node1 节点上的 Pod1 与 Node2 节点上的 Pod2 进行通信为例，了解在 IPIP 模式式下数据包是如何进行转发的，如图 11-11 所示。

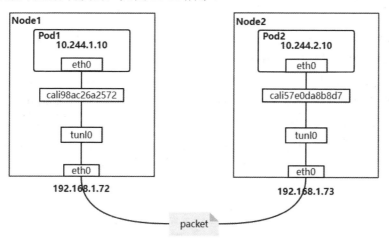

图 11-11 Pod 跨节点的通信

当 Pod1 发送数据包到达宿主机时，系统将匹配到以下路由规则：

```
10.244.2.0/26 via 192.168.1.73 dev tunl0 proto bird onlink
```

这条路由规则表示：目标网络为"10.244.2.0/26"网段的数据包通过网络接口"tunl0"发送到下一跳地址"192.168.1.73"（Pod2 所在节点的 IP 地址）。

"tunl0"是一个虚拟隧道接口（virtual tunnel interface），基于 IPIP 协议实现，Calico 使用这个接口来建立覆盖网络。"tunl0"接收到 IP 数据包后，该数据包会被内核的 IPIP 模块处理，进而将其封装到一个新的 IP 数据包中。IP 数据包结构如图 11-12 所示。

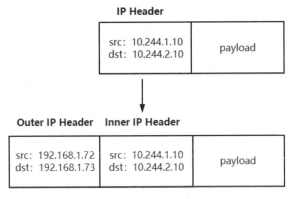

图 11-12　IP 数据包结构

这样一来，Pod1 的 IP 数据包被封装到节点网络的 IP 数据包中，即源 IP 地址为 192.168.1.72，目的 IP 地址为 192.168.1.73，然后它们通过节点之间的网络进行传输。

在 IP 数据包到达 Node2 节点之后，发现它是一个由 IPIP 协议封装的数据包，因此使用 IPIP 模块对其进行解封装，并从中获取 Pod1 的 IP 数据包。根据 IP 数据包的目标 IP 地址（即 10.244.2.10），系统将 IP 数据包直接路由到 Pod2。

同样可以使用 tcpdump 工具抓包来查看数据包的情况。例如，在 Pod1 中执行"ping 10.244.2.10"命令，并在 Pod2 所在的节点上执行"tcpdump udp -i eth0 -n proto 4"命令，将会看到以下的内容：

```
22:10:53.637559 IP 192.168.1.72 > 192.168.1.73: IP 10.244.1.10 > 10.244.2.10: ICMP echo request, id 56, seq 52, length 64 (ipip-proto-4)
22:10:53.638075 IP 192.168.1.73 > 192.168.1.72: IP 10.244.2.10 > 10.244.1.10: ICMP echo reply, id 56, seq 52, length 64 (ipip-proto-4)
```

这是两个 IP 包，第一个数据包（ping 请求包）的字段含义如下。
- ☑ 源 IP 地址：192.168.1.72。
- ☑ 目标 IP 地址：192.168.1.73。
- ☑ 内部数据包：ICMP echo request。
  - ➢ 源 IP 地址：10.244.1.10。
  - ➢ 目标 IP 地址：10.244.2.10。

- ➢ ID：56。
- ➢ 序列号：52。
- ➢ 数据长度：64 字节。

第二个数据包（ping 响应包）的字段含义如下。
- ☑ 源 IP 地址：192.168.1.73。
- ☑ 目标 IP 地址：192.168.1.72。
- ☑ 内部数据包：ICMP echo reply。
  - ➢ 源 IP 地址：10.244.2.10。
  - ➢ 目标 IP 地址：10.244.1.10。
  - ➢ ID：56。
  - ➢ 序列号：52。
  - ➢ 数据长度：64 字节。

通过这些数据包的大致结构，我们可以清晰地看出 IPIP 工作模式是在节点网络之上构建了一个虚拟隧道，Pod 之间的 IP 数据包在这个虚拟隧道中进行传输。

11.6.3　路由网络：BGP 模式

相较于 VXLAN 和 IPIP 模式，BGP 模式就简单多了，它将目标节点视为 BGP 路由器（网关），并直接通过节点网络转发数据包。

将工作模式修改为 IPIP 模式，定义 IPPool 自定义资源并对其进行更新：

```
[root@k8s-master ~]# vi ippool.yaml
apiVersion: projectcalico.org/v3
kind: IPPool
metadata:
  name: default-ipv4-ippool
spec:
  cidr: 10.244.0.0/16
  ipipMode: Never
  vxlanMode: Never
  natOutgoing: true

[root@k8s-master ~]# calicoctl apply -f ippool.yaml
```

查看 Calico 的当前工作模式。其中，"IPIPMODE"和"VXLANMODE"字段的值为"Never"，表示关闭 IPIP 和 VLXAN 模式，这就意味着使用默认的 BGP 模式。

假设 Node1 节点上的 Pod1 与 Node2 节点上的 Pod2 进行通信，如图 11-13 所示。

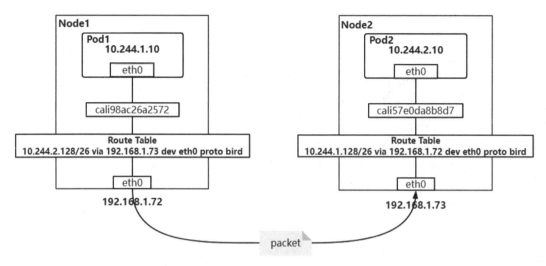

图 11-13 Pod 跨节点通信

当 Pod1 发送数据包到达宿主机时，系统将匹配到以下路由规则：

```
10.244.2.128/26 via 192.168.1.73 dev eth0 proto bird
```

这条路由规则表示：目标网络为"10.244.2.128/26"网段的数据包通过网络接口"eth0"发送到下一跳地址"192.168.1.73"。这将直接从节点网络将数据包发送到 Pod2 所在节点的 IP 地址。

当本机与目标节点在同一子网，即二层网络时，Pod1 的数据包将被封装成二层数据帧，使用下一跳的 MAC 地址作为目的 MAC 地址，并通过二层网络传输到目标节点。数据包到达 Node2 节点后，根据数据包的目标 IP 地址（即 10.244.2.10）直接路由到 Pod2。

需要注意的是，如果本机与目标节点不在同一子网中，即三层网络，则可能导致 Pod 之间无法直接进行通信。这是因为当下一跳不在同一子网中时，系统会将数据包发送到默认网关；网关路由器接收到数据包后，根据数据包的目标 IP 地址（即 10.244.2.10）匹配不到相应的路由规则，该数据包会被丢弃。

11.6.4 工作模式优缺点

Calico 的三种工作模式，各有优缺点。

1. VXLAN 和 IPIP 模式

- ☑ 优点：它们不依赖于底层网络环境，几乎可以在任何网络中使用。

- 缺点：数据包会经历两次封装和解封装，这会导致一定的性能开销。

2. BGP 模式

- 优点：它将节点视为一个 BGP 路由器，动态学习路由，基于路由转发，具有良好的网络性能。
- 缺点：它依赖于二层网络。如果突破限制，则需要在网关路由器上进行额外配置。

工作模式的选择需要根据具体的使用场景和需求。对于简单的节点网络，笔者更倾向于使用 BPG 模式；对于复杂的网络环境，尤其是涉及多个子网，建议使用 VXLAN 或 IPIP 模式。如果一个集群中的节点网络存在同一子网和不同子网，那么启用跨子网选项（如 VXLANCrossSubnet）是一个理想的选择，它可以灵活地适应不同的网络环境。

11.7 路由反射器

Calico 默认采用全互联（node-to-node mesh）模式管理 BGP 连接，这表示每个节点都需要与其他节点相互建立连接，以进行路由信息的交换。全互连模式如图 11-14 所示。

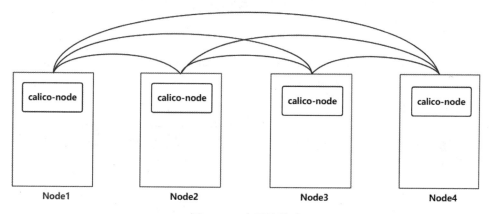

图 11-14 全互连模式

在这种模式下，随着节点数量的增加，连接数也会呈指数级增长，形成巨大的服务网格，从而增加资源开销。为了解决这个问题，Calico 引入了路由反射器（route reflector）机制。通过在集群中选择少数节点作为路由反射器，其他节点只需与这些路由反射器建立 BGP 连接，从而有效地减少连接数量的激增。路由反射器如图 11-15 所示。

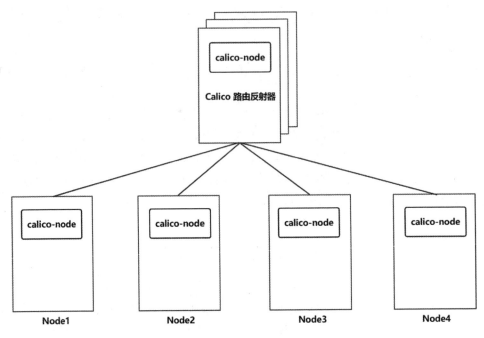

图 11-15 路由反射器

查看节点 BGP 连接状态：

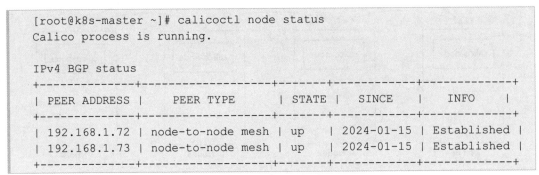

这个结果表明本节点与 Calico 网络中的其他节点建立了 BGP 连接。其中，对等类型为 "node-to-node mesh"，表示 BGP 对等关系使用全互连模式。

例如，集群中有 100 个节点，分别被命名为 Node1～Node100。我们可以使用路由反射器机制来优化 BGP 连接管理，具体操作步骤如下：

1. 选择路由反射器节点

选择 Node1、Node2 和 Node3 作为路由反射器，并为这些节点设置反射器的集群 ID。

它通常是一个未使用的 IPv4 地址，如 "244.0.0.1"，执行以下命令：

```
[root@k8s-master ~]# kubectl annotate node Node1 Node2 Node3 projectcalico.org/RouteReflectorClusterID=244.0.0.1
```

2．配置 BGP 对等体关系

定义 BGPPeer 资源，匹配路由反射器节点：

```
[root@k8s-master ~]# vi bgppeer.yaml
apiVersion: projectcalico.org/v3
kind: BGPPeer
metadata:
  name: peer-with-route-reflectors
spec:
  nodeSelector: all()
  peerSelector: route-reflector == 'true'

[root@k8s-master ~]# calicoctl apply -f bgppeer.yaml
```

上述配置字段含义如下。

- nodeSelector：指定与此 BGP 对等体关联的节点。这里值为 "all()"，表示适用于所有节点。
- peerSelector：指定与此 BGP 对等体建立对等关系的对端节点的选择条件。这里值为 "route-reflector == 'true'"，表示此 BGP 对等体仅与具有标签 "route-reflector=true" 的节点建立对等关系。因此，需要给路由反射器节点添加该标签：

```
[root@k8s-master ~]# kubectl label node Node1 Node2 Node3 route-reflector=true
```

3．禁用全互连模式

修改默认的 BGPConfiguration 资源，禁用 BGP 全互连模式：

```
[root@k8s-master ~]# vi bgpconfig.yaml
apiVersion: projectcalico.org/v3
kind: BGPConfiguration
metadata:
  name: default
spec:
  nodeToNodeMeshEnabled: false

[root@k8s-master ~]# calicoctl apply -f bgpconfig.yaml
```

查看节点 BGP 连接状态，将看到类似以下内容：

```
+----------------+----------------+-------+----------+-------------+
| PEER ADDRESS   | PEER TYPE      | STATE | SINCE    | INFO        |
+----------------+----------------+-------+----------+-------------+
| 192.168.1.72   | node specific  | up    | 02:37:06 | Established |
| 192.168.1.73   | node specific  | up    | 02:37:06 | Established |
+----------------+----------------+-------+----------+-------------+
```

其中对等类型为"node specific"，表示 BGP 对等关系是特定于指定节点的，即路由反射器模式。

需要注意的是，从全互连模式切换到路由反射器模式可能会导致 BGP 会话中断，引起 Pod 网络短暂中断（约 2 s）。因此，应该在完成一系列配置后，关闭全互连模式。

11.8 本章小结

本章介绍了 Docker 网络模型和 Kubernetes 网络模型，重点讲解了 Calico 网络插件的概念、部署、管理和工作原理。具体如下：

- ☑ Docker 通过使用 Veth 设备打通了容器与宿主机的网络命名空间，并使用 Iptables 的 NAT 功能处理容器的出入站网络流量。
- ☑ Kubernetes 安装网络插件的主要目的是实现不同节点上的 Pod 之间的通信。
- ☑ Calico 支持多种工作模式，包括 VXLAN、IPIP 和 BGP 模式，这三种工作模式代表了大部分网络插件的实现方法。通过选择合适的工作模式，我们可以优化网络的性能、安全性和可扩展性。
- ☑ 路由反射器旨在优化 BGP 连接管理，减少资源开销和提高扩展性，尤其是在大规模集群中。

第 12 章 Kubernetes 部署利器 Helm

当部署应用程序时,我们通常会将涉及的资源配置保存在文件中,然后使用"kubectl apply"命令在 Kubernetes 集群中创建这些资源。但对于复杂的应用程序,尤其是微服务架构,可能会涉及数十个资源文件,这种方式就显得不够高效了。此外,kubectl 还缺少应用级别的版本管理,例如只能回滚单个工作负载资源,而其他资源则无法回滚。为了解决这些问题,Helm 应运而生。

12.1 Helm 介绍

Helm 是一个 Kubernetes 的包管理工具,用于简化应用程序的部署和管理,并提供应用级别的版本管理。

Helm 使用一种称为"Chart"的打包格式来组织和管理 Kubernetes 资源文件。使用 Chart,可以轻松地共享和复用应用程序的资源配置,从而减少配置工作量。

12.2 Helm 安装

在 Helm 项目的 GitHub Releases 页面(https://github.com/helm/helm/releases)中找到适用你系统平台版本的软件包,下载该软件包并将其上传到 Master 节点上,然后将其放到系统的"PATH"路径下:

```
[root@k8s-master ~]# tar zxvf helm-v3.12.2-linux-amd64.tar.gz
[root@k8s-master ~]# mv linux-amd64/helm /usr/bin/
```

12.3 Helm 命令概述

Helm 提供了丰富的管理命令，通过 "helm --help" 命令可以查看这些命令。Helm 子命令概要如表 13-1 所示。

表 13-1　Helm 子命令概要

命　令	描　述
completion	为指定的 Shell 生成自动补全脚本
create	创建一个新的 Chart 模板
dependency	管理 Chart 的依赖项
env	显示 Helm 客户端的环境信息
get	获取指定发布版本的详细信息
help	显示任何命令的帮助信息
history	显示指定 Release（发布）的历史修订版
install	将 Chart 安装到 Kubernetes 集群中
lint	检查 Chart 是否存在可能的问题
list	列出当前命名空间中所有的 Release
package	将 Chart 目录打包成 Chart 归档文件
plugin	管理 Helm 客户端插件
pull	从远程仓库下载 Chart
push	将本地 Chart 推送到远程仓库
registry	登录或注销远程仓库
repo	管理本地 Chart 仓库
rollback	将指定 Release 回滚到之前的版本
search	在 Artifact Hub 平台或本地仓库中搜索 Chart
show	显示 Chart 信息
status	显示指定 Release 的状态
template	在本地渲染 Chart 模板并输出它
test	运行 Release 测试
uninstall	卸载 Release
upgrade	对已部署的 Chart 进行升级
verify	验证指定 Chart 是否具有有效的可信文件
version	打印客户端版本信息

12.4　Helm 基本使用

本节将从 Helm 管理应用程序的生命周期开始介绍，包括创建、安装、升级、回滚和卸载，以下是相关的命令：
- ☑ helm create。
- ☑ helm install。
- ☑ helm upgrade。
- ☑ helm rollback。
- ☑ helm uninstall。

12.4.1　制作 Chart

使用 Helm 部署应用程序的第一步是创建一个 Chart。Chart 是一个预定义的目录结构，其中包含描述应用程序的 Kubernetes 资源配置、配置参数、依赖关系以及其他相关文件。

创建一个 Chart 模板：

```
[root@k8s-master ~]# helm create demo
Creating demo
```

这将在当前目录下生成一个名为"demo"的目录，其中包含 Chart 所需的基本文件和目录，如下所示：

```
├── charts
├── Chart.yaml
├── templates
│   ├── deployment.yaml
│   ├── _helpers.tpl
│   ├── hpa.yaml
│   ├── ingress.yaml
│   ├── NOTES.txt
│   ├── serviceaccount.yaml
│   ├── service.yaml
│   └── tests
│       └── test-connection.yaml
└── values.yaml
```

这些文件和目录的用途如下。
- ☑ charts 目录：用于存放与当前 Chart 相关的子 Chart，可选。

- ☑ Chart.yaml：用于描述 Chart 信息，如名称、版本、描述等。
- ☑ templates 目录：主要用于存放 Kubernetes 资源的模板文件。该目录下有以下三类文件。
  - ➢ 模板文件：Kubernetes 资源文件，如 Deployment、Service 等。这些文件使用 Go 模板语法，允许通过变量、表达式和函数来灵活定义资源结构和配置。
  - ➢ _helpers.tpl：存放 Helm 模板函数，该模板函数可以在模板文件中重复使用，以简化模板文件的编写，并提高可维护性。
  - ➢ NOTES.txt：在安装或升级 Chart 后显示的提示和说明。
- ☑ values.yaml：用于定义 Chart 的默认值，这些默认值通常在模板文件中引用。你可以在安装 Chart 时修改这些值，以灵活地改变应用程序的配置。

这个 Chart 提供了一个完整的 Nginx 应用示例，可作为制作新 Chart 的参考。

接下来，根据应用程序的需求手动制作一个新 Chart。首先，创建一个名为"mychart"的目录，并在其中按照以下结构创建必要的文件和目录：

```
├── Chart.yaml
├── templates
│   ├── deployment.yaml
│   ├── service.yaml
│   ├── _helpers.tpl
│   └── NOTES.txt
└── values.yaml
```

Chart.yaml 文件内容如下。

```
apiVersion: v2
name: mychart
description: A Helm chart for Kubernetes
type: application
version: 0.1.0
appVersion: "1.20.0"
```

上述配置字段含义如下。

- ☑ apiVersion：Chart API 版本。
- ☑ name：Chart 名称。
- ☑ description：Chart 简要描述。
- ☑ type：指定 Chart 类型，可选值为"application"和"library"。"application"是一个应用程序类型的 Chart，用于部署和管理一个完整的应用程序。"library"是一个库类型的 Chart，用于封装和共享某些功能，其他 Chart 可以通过引用这个库来使用这些资源。

- version：Chart 版本号。当 Chart 更改时，你可以递增它，以对 Chart 进行版本管理。
- appVersion：Chart 中应用程序的版本号。当应用程序版本发生更改时，可以递增它，以表示当前部署的应用程序版本。

values.yaml 文件内容如下：

```
replicas: 1
image:
  repository: nginx
  tag: "1.20"
service:
  type: ClusterIP
  port: 80
  targetPort: 80
```

上述配置定义了一些 Chart 的默认值，字段含义如下。
- replicas：定义默认的副本数。
- image：这部分定义了默认的镜像仓库地址和标签。
- service：这部分定义了默认的 Service 类型、端口和目标端口。

templates/deployment.yaml 文件内容如下：

```
apiVersion: apps/v1
kind: Deployment
metadata:
  name: {{ .Release.Name }}
spec:
  replicas: {{ .Values.replicas }}
  selector:
    matchLabels:
      release-name: {{ .Release.Name }}
  template:
    metadata:
      labels:
        release-name: {{ .Release.Name }}
    spec:
      containers:
      - image: {{ .Values.image.repository }}:{{ .Values.image.tag }}
        name: web
```

在上述配置中，双花括号"{{ }}"用于定义和插入变量、表达式和函数，如".Release.Name"是一个内置变量，用于插入安装 Chart 时指定的 Release 名称，这里被用作 Deployment 资源的名称和标签。以".Values"开头的变量则用于引用在 values.yaml 文件中定义的变量，例如".Values.replicas"将从文件中获取 replicas 的值并将该值插入模板中。

templates/service.yaml 文件内容如下：

```yaml
apiVersion: v1
kind: Service
metadata:
  name: {{ .Release.Name }}
spec:
  type: {{ .Values.service.type }}
  selector:
    release-name: {{ .Release.Name }}
  ports:
    - protocol: TCP
      port: {{ .Values.service.port }}
      targetPort: {{ .Values.service.targetPort }}
```

templates/NOTES.txt 文件内容如下：

```
欢迎使用 Chart！
```

你可以在此处定义任意文本字符串，这些文本字符串将会在安装或升级 Chart 时输出。至此，一个简单的 Chart 制作完成。

12.4.2 安装 Chart

在安装 Chart 之前，有两种方式可以预览模板文件的渲染结果：

（1）使用"helm template mychart"命令进行本地渲染和输出。这个命令在 helm 客户端中执行，不依赖于 Kubernetes 集群，因此可以在任意主机上进行测试。

（2）使用"helm install web-nginx mychart --dry-run"命令模拟 Helm 安装操作并输出渲染结果，而不会实际执行安装。这个命令会发送模拟安装到 Kubernetes API 中，因此需要在 Kubernetes 集群环境中使用它。

通过以上两个命令，你可以检查生成的 Kubernetes 资源配置是否符合预期。

将 Chart 安装到 Kubernetes 集群的 test 命名空间中：

```
[root@k8s-master ~]# helm install web-nginx mychart -n test
NAME: web-nginx
LAST DEPLOYED: Sat Jan 16 05:57:32 2024
NAMESPACE: test
STATUS: deployed
REVISION: 1
TEST SUITE: None
NOTES:
欢迎使用 Chart！
```

安装 Chart 后，Helm 会保存与该安装相关的记录，这个记录被称为"Release"。每个 Release 代表了一个特定应用程序的部署。通过 Release，可以进行升级、回滚、删除等操作。上述命令中的"web-nginx"则是 Release 名称。

查看 Release：

```
[root@k8s-master ~]# helm list -n test
NAME          NAMESPACE   REVISION   UPDATED
STATUS    CHART           APP VERSION
web-nginx     test         1         2024-01-16 05:57:32.38353788 +0800 CST
deployed  mychart-0.1.0   1.20.0
```

查看 Chart 创建的资源对象：

```
[root@k8s-master ~]# kubectl get po,deploy,svc -n test
NAME                              READY   STATUS    RESTARTS   AGE
pod/web-nginx-8cf5b768f-jptcq     1/1     Running   0          20s

NAME                         READY   UP-TO-DATE   AVAILABLE   AGE
deployment.apps/web-nginx    1/1     1            1           20s

NAME                  TYPE        CLUSTER-IP       EXTERNAL-IP   PORT(S)   AGE
service/web-nginx     ClusterIP   10.109.31.208    <none>        80/TCP    20s
```

由此可见，在执行安装 Chart 时，Helm 会先将 Chart 中的模板文件渲染为实际的 Kubernetes 资源配置，然后与 Kubernetes 进行交互（默认读取~/.kube/config 文件），将生成的资源配置应用到 Kubernetes 集群中。Helm 工作流程如图 12-1 所示。

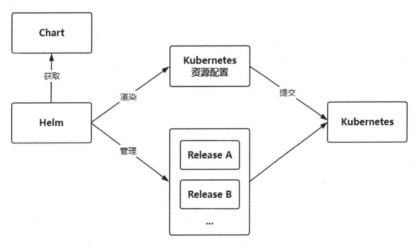

图 12-1　Helm 工作流程

Chart 中模板文件用于定义 Kubernetes 资源配置。我们可以将这些资源配置可能变化的字段定义到 values.yaml 文件中，并在模板文件中引用。这样，安装 Chart 时，我们可以动态地修改这些字段的默认值，以生成不同的 Kubernetes 资源配置，而无须手动编辑资源文件。这种方式使得应用程序的部署逻辑和配置参数被打包成一个可重用的单元。换句话说，Chart 可以被视为一个部署应用程序的模板，通过这个模板，我们可以轻松实现多个应用程序的部署。

有以下两种方式可以动态修改 values.yaml 文件中的默认值。

（1）通过在"helm install"命令中添加"--set"参数来覆盖指定字段的默认值，命令示例如下：

```
helm install nginx mychart --set key1=value1,key2=value2
```

（2）通过在"helm install"命令中添加"-f"或"--values"参数来指定 YAML 文件，该文件包含要覆盖的字段和值，与 values.yaml 文件中字段结构保持一致。命令示例如下：

```
helm install nginx mychart -f custom-values.yaml
```

例如，使用 Chart 部署一个 httpd 服务，并将 Service 类型设置为 NodePort：

```
[root@k8s-master ~]# helm install web-httpd mychart --set image.repository=httpd,image.tag=2.2,service.type=NodePort -n test
```

或者指定 YAML 文件覆盖默认值：

```
[root@k8s-master ~]# vi custom-values.yaml
image:
  repository: nginx
  tag: "2.2"
service:
  type: NodePort
[root@k8s-master ~]# helm install web-httpd mychart -f custom-values.yaml -n test
```

12.4.3 更新 Release

"helm upgrade"命令用于将 Release 更新到新的 Chart 版本，以更新应用程序的版本或配置。例如，将名为"web-nginx"的 Release 的镜像版本从 1.20 版本升级到 1.21 版本，并将副本数从 1 个扩展为 3 个：

```
[root@k8s-master ~]# helm upgrade web-nginx mychart --set replicas=3,image.repository=nginx,image.tag=1.21,service.type=NodePort -n test
```

查看 Release 的历史版本：

```
[root@k8s-master ~]# helm history web-nginx -n test
REVISION   UPDATED                     STATUS       CHART           APP VERSION   DESCRIPTION
1          Fri Jan 8 22:32:35 2024     superseded   mychart-0.1.0   1.20.0        Install complete
2          Sat Jan 9 00:19:12 2024     deployed     mychart-0.1.0   1.20.0        Upgrade complete
```

部分字段含义如下。

- ☑ REVISION：修订版本号，从 0 开始递增。
- ☑ DESCRIPTION：简要描述。"--description"参数可用于在升级或安装时自定义描述，这有助于更好地区分每次变更。

12.4.4 回滚 Release

"helm rollback"命令用于将 Release 回滚到之前的版本。例如，将名为"web-nginx"的 Release 回滚到上一个版本：

```
[root@k8s-master ~]# helm rollback web-nginx -n test
```

指定修订版本号可回滚到指定的版本。例如回滚到修订版本号"1"：

```
[root@k8s-master ~]# helm rollback web-nginx 1 -n test
```

如果在历史版本中无法确定要回滚的版本，则可以查看修订版本号对应的资源配置：

```
[root@k8s-master ~]# helm get manifest web-nginx --revision 1 -n test
```

12.4.5 卸载 Release

"helm uninstall"命令用于卸载 Release，以清理与应用程序相关的资源。例如卸载名为"web-nginx"的 Release：

```
[root@k8s-master ~]# helm uninstall web-nginx -n test
```

12.5 深入理解 Chart 模板

Helm 的核心在于模板引擎，它支持丰富的模板语法，包括变量、条件判断、循环、函数等，以满足更复杂的模板处理需求。

12.5.1 缩进函数

indent 和 nindent 函数用于在插入值前面添加缩进。

例如，在插入值的前面添加 4 个空格，配置如下：

```
apiVersion: v1
kind: ConfigMap
metadata:
  name: {{ .Release.Name }}
data:
  test: |
{{ .Release.Name | indent 4 }}
{{ .Release.Name | nindent 4 }}
```

渲染结果如下：

```
apiVersion: v1
kind: ConfigMap
metadata:
  name: web
data:
  test: |
    web

web
```

可以看出这两个函数的区别：indent 函数缩进 4 个空格，而 nindent 函数先添加一个换行再缩进 4 个空格。

这两个函数可以自动处理缩进，以确保渲染结果符合预期的格式。

12.5.2 toYaml 函数

toYaml 函数用于将 values.yaml 文件中的片段插入模板文件中的指定位置。

例如，在 values.yaml 文件中有以下关于容器资源的配置：

```
resources:
  limits:
    cpu: 500m
    memory: 512Mi
  requests:
    cpu: 100m
    memory: 128Mi
```

在模板文件"deployment.yaml"中，可以使用"{{.Values.resources.limits.cpu}}"引用这些值，但这样做显得比较烦琐。在 values.yaml 文件中的字段结构与模板文件中的字段结构一致的情况下，使用 toYaml 函数引用更为方便，配置如下：

```
spec:
  containers:
  - image: {{ .Values.image.repository }}:{{ .Values.image.tag }}
    name: web
    resources:
{{ toYaml .Values.resources | indent 10 }}
```

在上述配置中，toYaml 函数从文件中获取"resources"下的所有字段并保持它们的原有格式，然后将它们插入当前位置。这些插入的字段通过 indent 函数进行了缩进，以确保它们被放置到正确的位置。

如果希望 toYaml 的位置在模板中对齐，可以使用 nindent 函数对其进行缩进，配置如下：

```
spec:
  containers:
  - image: {{ .Values.image.repository }}:{{ .Values.image.tag }}
    name: web
    resources: {{ toYaml .Values.resources | nindent 10 }}
```

12.5.3 条件判断

条件判断"{{ if ... }} ... {end}"用于根据不同的条件生成不同的内容。这对于根据配置或环境动态生成 Kubernetes 资源配置，或者根据用户选择启用或禁用特定的功能非常有用。例如，Ingress 是一个常用的资源，但并非所有应用程序都需要它。因此，通过在 values.yaml 文件中设置一个"开关"，可以根据需求灵活地启用 Ingress，配置如下：

```
ingress:
  enabled: false
  className: "nginx"
  http:
    host: www.example.com
    path: /
```

在上述配置中，"enabled"字段是一个布尔型，用于控制是否创建 Ingress 资源。该字段的默认值为"false"，表示不创建 Ingress 资源。

在 templates 目录下创建 ingress.yaml 模板文件，内容如下：

```
{{ if .Values.ingress.enabled }}
apiVersion: networking.k8s.io/v1
kind: Ingress
```

```
metadata:
  name: {{ .Release.Name }}
spec:
  ingressClassName: {{ .Values.ingress.className }}
  rules:
  - host: {{ .Values.ingress.http.host }}
    http:
      paths:
      - path: {{ .Values.ingress.http.path }}
        pathType: Prefix
        backend:
          service:
            name: {{ .Release.Name }}
            port:
              number: {{ .Values.service.port }}
{{ end }}
```

在上述配置中，如果".Values.ingress.enabled"为真，那么整个 Ingress 配置将被渲染在输出中。

当安装 Chart 时，如果需要创建 Ingress 资源，则需将"ingress.enabled"值设置为"true"：

```
helm install web mychart --set ingress.enabled=true
```

注意：在条件表达式中，false、空值、0 均为假。

12.5.4 循环

range 函数用于遍历数组、对象等数据结构。

例如，在 values.yaml 文件中有以下关于容器变量的配置：

```
envs:
  APP_NAME: "gateway"
  JAVA_OPTS: "-Xmx1G"
```

为了简化模板文件中的代码，可以使用 range 函数遍历"envs"对象，配置如下：

```
spec:
  containers:
  - image: {{ .Values.image.repository }}:{{ .Values.image.tag }}
    name: web
    resources: {{ toYaml .Values.resources | nindent 10 }}
    env:
    {{ range $k, $v := .Values.envs }}
      - name: {{ $k }}
        value: {{ $v }}
```

```
{{ end }}
```

上述配置使用 range 函数遍历了"envs"对象，并通过赋值操作符":="将键和值分别赋值给变量名"k"和"v"，然后在指定位置引用了变量。

12.5.5 变量作用域

变量作用域是指变量生效的范围，分为以下两种。

（1）全局作用域：在所有模板文件中都可以访问的变量，例如 values.yaml 文件中定义的变量。

（2）局部作用域：在模板文件中定义的变量，例如上述 range 函数中的变量"k"和"v"，只能在 range 块内使用。

with 函数用于创建一个局部作用域，在这个作用域中执行特定的模块代码块。

例如，values.yaml 文件中有以下关于节点选择器的配置：

```
nodeSelector:
  team: ec
  gpu: nvidia
```

为了简化模板文件中的代码，可以使用 with 函数限定作用域范围，配置如下：

```
spec:
  {{ with .Values.nodeSelector }}
  nodeSelector:
    team: {{ .team }}
    gpu: {{ .gpu }}
  {{ end }}
```

在上述配置中，with 函数将作用域限定在"nodeSelector"字段范围内，在块内可以直接通过"."来引用该字段中的子字段，如".team"和".gpu"。

需要注意的是，在 with 块内不支持引用外部变量，如".Values.nodeClass"。为了解决这个问题，可以在 with 块之前定义一个变量，并在内部引用该变量，配置如下：

```
spec:
  {{ $nodeClass := .Values.nodeClass }}
  {{ with .Values.nodeSelector }}
  nodeSelector:
    team: {{ .team }}
    gpu: {{ .gpu }}
    nodeClass: {{ $nodeClass }}
  {{ end }}
```

如果".Values.nodeSelector"未定义或者为空，那么 with 函数将不执行里面的模块代码块。因此，可以利用这个特性，将一些不常用的配置设置为空，相当于预留一个位置，以便用户自定义。

例如，在 values.yaml 文件中定义以下配置：

```
nodeSelector: []
tolerations: []
```

在模板中引用：

```
spec:
  {{ with .Values.nodeSelector }}
  nodeSelector:
    {{ toYaml . | nindent 8 }}
  {{ end }}
  {{ with .Values.tolerations }}
  tolerations:
    {{ toYaml . | nindent 8 }}
  {{ end }}
```

安装 Chart 时，可以按如下方式设置节点选择器的标签：

```
helm install web mychart --set nodeSelector.team=ec,nodeSelector.gpu=nvidia
```

12.5.6 读取文件

在制作 Chart 时，如果需要用到 ConfigMap 资源来存储配置文件，通常的做法是先手动创建一个 configmap.yaml 文件，然后将配置文件的内容复制到该文件中。这种方式相对缺乏灵活性，尤其在配置文件较多或经常发生变更的情况下。因此，Helm 提供了内置对象".Files"，用于将文件内容插入模板中的指定位置处。

例如，将一个名为"mysql.properties"的配置文件内容自动插入 ConfigMap 资源中。首先，在 Chart 中创建一个名为"files"的目录，将配置文件放置在该目录中。然后，在 templates 目录下创建 configmap.yaml 文件，内容如下：

```
apiVersion: v1
kind: ConfigMap
metadata:
  name: {{ .Release.Name }}
data:
  mysql.properties: |
{{- .Files.Get "files/mysql.properties" | nindent 4 }}
```

上述配置使用 ".Files.Get" 方法读取了 "files/mysql.properties" 文件内容并将其插入当前位置，同时对插入的内容缩进了 4 个空格。

渲染结果如下：

```
apiVersion: v1
kind: ConfigMap
metadata:
  name: web
data:
  mysql.properties: |
    url = jdbc:mysql://localhost:3306/test
    username = root
    password = 123456
```

当配置文件较多时，可以使用 ".Files.Glob" 方法获取匹配指定通配符模式的文件列表，并通过 range 函数遍历这些文件以读取其内容。

例如，在 files 目录下存在多个以 ".properties" 为后缀的配置文件，模板中配置如下：

```
apiVersion: v1
kind: ConfigMap
metadata:
  name: {{ .Release.Name }}
data:
  {{- $root := . }}
  {{- range $path,$bytes := .Files.Glob "files/*.properties" }}
  {{ base $path }}: |
    {{- $root.Files.Get $path | nindent 4 }}
  {{- end }}
```

上述配置首先定义了一个变量 "$root"，用于保存全局作用域上下文 "."，以便在 range 函数中（局部作用域）使用 ".Files" 对象，即 "$root.Files.Get"。接着通过 range 函数遍历了 ".Files.Glob" 方法匹配的文件列表，将文件路径保存到变量 "$path" 中，将文件大小保存到变量 "$bytes" 中。然后使用 base 函数获取了文件路径的文件名，用作键名。最后使用 "$root.Files.Get" 方法读取了文件内容，并缩进了 4 个空格。

这样一来，files 目录下所有以 ".properties" 为后缀的文件将被存储到 ConfigMap 资源中，并使用文件名作为键名。

12.5.7 自定义模板

在制作 Chart 时，可以将一些重复使用的模板代码写在 _helpers.tpl 文件中，以减少代码冗余和简化代码结构。

例如，模板文件中有资源标签，可以将其设置为一个通用的模板。_helpers.tpl 文件的内容如下：

```
{{- define "commonLabels" -}}
chart: {{ .Chart.Name }}
release: {{ .Release.Name }}
{{- end -}}
```

上述配置定义了一个名为"commonLabels"的模板，其中包含两个标签：第一个标签的键名为"chart"，值为 Chart 名称；第二个标签的键名为"release"，值为 Release 名称。

在模板文件中使用"include"引用该模板，配置如下：

```
# deployment.yaml
apiVersion: apps/v1
kind: Deployment
metadata:
  name: {{ .Release.Name }}
  labels:
    {{- include "commonLabels" . | nindent 4 }}
spec:
  replicas: {{ .Values.replicas }}
  selector:
    matchLabels:
      {{- include "commonLabels" . | nindent 6 }}
  template:
    metadata:
      labels:
        {{- include "commonLabels" . | nindent 8 }}
...
# service.yaml
apiVersion: v1
kind: Service
metadata:
  name: {{ .Release.Name }}
spec:
  type: {{ .Values.service.type }}
  selector:
    {{- include "commonLabels" . | nindent 4 }}
...
```

通过"commonLabels"自定义模板，这减少了对标签代码块的重复编写，使得标签能够进行统一维护。

在上述配置中，"{{}}"中的横杠"-"用于去除表达式执行后遗留的空白行，使得渲染的结果更加紧凑和美观。

12.6　自建 Chart 仓库

在企业环境中，通常会搭建一个 Helm Chart 仓库，用于集中存储和共享 Chart，以便于其他 Kubernetes 集群或团队成员使用这些 Chart。

12.6.1　搭建 Chart 仓库服务器

ChartMuseum 是 Helm 开源的 Chart 仓库服务，支持多种后端存储，如 AWS S3、阿里云 OSS、腾讯云 COS 等。使用 ChartMuseum 来自建 Chart 仓库服务器是一个不错的选择。

使用 Docker 创建 ChartMuseum 容器：

```
[root@localhost ~]# docker run -d \
  --name=chart-repository \
  -p 8080:8080 \
  -e DEBUG=1 \
  -e STORAGE=local \
  -e BASIC_AUTH_USER=admin \
  -e BASIC_AUTH_PASS=123456 \
  -e STORAGE_LOCAL_ROOTDIR=/charts \
  -v /opt/chart-repository:/charts \
lizhenliang/chartmuseum:v0.14.0
```

假设宿主机 IP 是"192.168.1.90"，浏览器访问"http://192.168.1.90:8080"，输入上述设置的用户名和密码，将看到 ChartMuseum 的欢迎页面。

12.6.2　推送本地 Chart 到远程仓库

在推送 Chart 之前，需要将 Chart 目录进行打包：

```
[root@k8s-master ~]# helm package mychart
```

将在当前目录中生成一个名为"mychart-0.1.0.tgz"的归档文件。

使用 curl 工具将这个 Chart 推送到 ChartMuseum 远程仓库：

```
[root@k8s-master ~]# curl -u admin:123456 --data-binary "@mychart-0.1.0.tgz" http://192.168.1.90:8080/api/charts
```

或者使用 helm-push 插件进行推送：

```
[root@k8s-master ~]# helm plugin install https://github.com/chartmuseum/
```

```
helm-push
    [root@k8s-master ~]# helm cm-push mychart-0.1.0.tgz http://192.168.1.
90:8080 --username=admin --password=123456
```

12.6.3 通过远程仓库安装 Chart

在使用 Chart 之前，需要将远程仓库添加到本地仓库列表中：

```
[root@k8s-master ~]# helm repo add myrepo http://192.168.1.90:8080
--username=admin --password=123456
```

查看本地仓库列表：

```
[root@k8s-master ~]# helm repo list
NAME     URL
myrepo   http://192.168.1.90:8080
```

使用"myrepo"本地仓库安装 Chart：

```
[root@k8s-master ~]# helm install web myrepo/mychart
NAME: web
LAST DEPLOYED: Sat Jan  9 11:46:10 2024
NAMESPACE: default
STATUS: deployed
REVISION: 1
TEST SUITE: None
NOTES:
欢迎使用Chart!
```

当 Chart 存在多个版本时，可以通过"--version"参数指定 Chart 版本号。

12.7 公共 Chart 仓库

公共 Chart 仓库通常指的是由公司或开源组织维护的一个存储 Helm Chart 的远程仓库，任何人都可以通过 Helm 工具访问和使用其中的 Chart。

常见的公共 Chart 仓库如下：
- ☑ Helm 官方 Chart 仓库（https://charts.helm.sh/incubator）。
- ☑ Bitnami Chart 仓库（https://charts.bitnami.com/bitnami）。
- ☑ Azure Chart 仓库（http://mirror.azure.cn/kubernetes/charts）。
- ☑ 阿里云 Chart 仓库（https://kubernetes.oss-cn-hangzhou.aliyuncs.com/charts）。

随着 Artifact Hub 平台的出现，上述公共 Chart 仓库的维护和更新逐渐减少，第三方

Chart 开始迁移到 Artifact Hub 平台上进行维护和分享。

Artifact Hub 是一个开放式平台，用于集中管理和分享云原生生态系统中的各种软件包，其中包括 Helm Chart、Kubernetes Operator 等。通过提供的网站 https://artifacthub.io，用户可以轻松查找、发现和使用各种 Chart。

12.7.1 部署 MySQL 集群

假设需要在 Kubernetes 集群中部署一个 MySQL 集群，可以在 Artifact Hub 网站搜索关键字"mysql"，将看到与"mysql"相关的 Chart，如图 12-2 所示。

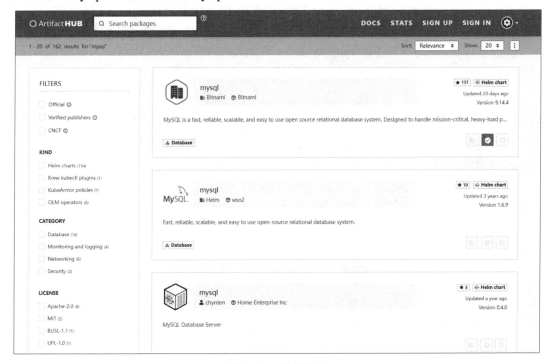

图 12-2　搜索结果

单击任意 Chart 进入详情页面，将看到该 Chart 的介绍、使用方法、环境要求、参数、作者、等信息。

例如，安装 Bitnami 维护的 MySQL Chart：

```
[root@k8s-master ~]# helm install mysql-cluster \
 oci://registry-1.docker.io/bitnamicharts/mysql \
 --set global.storageClass=nfs-client \
 --set architecture=replication \
 --set secondary.replicaCount=2
```

上述命令中各参数含义如下。

- ☑ "oci://registry-1.docker.io/bitnamicharts/mysql"：指定安装 Chart 的来源。这里使用了 OCI（open container initiative）标准的命名方式来指定 Chart 的位置。"registry-1.docker.io" 是 OCI registry 的地址，"bitnamicharts/mysql" 则是 Chart 的名称和路径。
- ☑ "--set global.storageClass=nfs-client"：指定存储类名称，这里值为 "nfs-client"，确保当前集群已经存在该存储类名称并可用。
- ☑ "--set architecture=replication"：指定 MySQL 架构，这里值为 "replication"，表示 MySQL 主从复制架构。默认值为 "standalone"，表示单 MySQL 实例。
- ☑ "--set secondary.replicaCount=2"：指定 Secondary 角色的副本数，这里值为 2，表示部署两个 Secondary 实例。默认值为 "1"，即一个 Secondary 实例。

安装完成后，输出安装信息和使用方法，大概操作如下：

（1）使用以下命令获取 MySQL 数据库的 root 账号的随机密码。

```
MYSQL_ROOT_PASSWORD=$(kubectl get secret -n default mysql-cluster -o jsonpath="{.data.mysql-root-password}" | base64 -d)
```

设置变量 "MYSQL_ROOT_PASSWORD"，值是从名为 mysql-cluster 的 Secret 中提取的 root 账号的密码。

（2）使用以下命令创建一个临时 Pod 作为 MySQL 客户端，并设置变量 "MYSQL_ROOT_PASSWORD" 的值为上一步获取的 root 账号的密码。

```
kubectl run -n default mysql-client \
 -it --rm \
 --env MYSQL_ROOT_PASSWORD=$MYSQL_ROOT_PASSWORD \
 --image=docker.io/bitnami/mysql:8.0.34-debian-11-r8 \
 -- bash
```

（3）使用以下命令连接相应的 MySQL 实例。

```
# 连接 Primary 的 Service（读写）
mysql -h mysql-cluster-primary.default.svc.cluster.local -uroot -p"$MYSQL_ROOT_PASSWORD"
# 连接 Secondary 的 Service（只读）
mysql -h mysql-cluster-secondary.default.svc.cluster.local -uroot -p"$MYSQL_ROOT_PASSWORD"
```

按照上述操作，连接到 Secondary 实例，查看主从复制状态，结果如下：

```
mysql> SHOW SLAVE STATUS\G;
*************************** 1. row ***************************
               Slave_IO_State: Waiting for source to send event
                  Master_Host: mysql-cluster-primary
```

```
        Master_User: replicator
        Master_Port: 3306
      Connect_Retry: 10
      Master_Log_File: mysql-bin.000003
  Read_Master_Log_Pos: 157
       Relay_Log_File: mysql-relay-bin.000006
        Relay_Log_Pos: 373
Relay_Master_Log_File: mysql-bin.000003
     Slave_IO_Running: Yes
    Slave_SQL_Running: Yes
...
```

IO 和 SQL 线程都运行中,说明主从复制工作正常。

查看相关资源对象:

```
[root@k8s-master ~]# kubectl get pod,sts,svc -l app.kubernetes.io/name=mysql
NAME                                 READY   STATUS    RESTARTS   AGE
pod/mysql-cluster-primary-0          1/1     Running   0          27m
pod/mysql-cluster-secondary-0        1/1     Running   0          27m
pod/mysql-cluster-secondary-1        1/1     Running   0          26m

NAME                                          READY   AGE
statefulset.apps/mysql-cluster-primary        1/1     27m
statefulset.apps/mysql-cluster-secondary      2/2     27m

NAME                                       TYPE        CLUSTER-IP       EXTERNAL-IP   PORT(S)    AGE
service/mysql-cluster-primary              ClusterIP   10.108.233.80    <none>        3306/TCP   27m
service/mysql-cluster-primary-headless     ClusterIP   None             <none>        3306/TCP   27m
service/mysql-cluster-secondary            ClusterIP   10.97.150.254    <none>        3306/TCP   27m
service/mysql-cluster-secondary-headless   ClusterIP   None             <none>        3306/TCP   27m
```

可以看到,该 Chart 使用了两个 StatefulSet("mysql-cluster-primary"和"mysql-cluster-secondary")分别管理 Primary 和 Secondary 角色的 MySQL 实例。同时,它相应创建了两个 Headless Service("mysql-cluster-primary-headless"和"mysql-cluster-secondary-headles"),使得 MySQL 实例之间可以通过 Pod 域名进行通信。为了方便客户端访问,它还创建了两个普通的 Service("mysql-cluster-primary"和"mysql-cluster-secondary"),以提供统一访问入口和负载均衡功能。

在读写分离的环境下,在进行写操作时,应用程序可以通过 Service 域名"mysql-cluster-primary.default.svc.cluster.local"访问 MySQL Primary 节点；而在进行读操作时，应用程序可以通过 Service 域名 "mysql-cluster-secondary.default.svc.cluster.local"访问 MySQL Secondary 节点。

这个案例通过使用两个 StatefulSet 来管理不同角色的 MySQL 实例，使得管理和维护工作比使用单个 StatefulSet 更加清晰和简单。同时，它为未来类似的部署需求提供了一个可行性的参考案例。如果想深入了解具体实现，可通过命令"helm pull oci://registry-1.docker.io/bitnamicharts/mysql --untar"将该 Chart 下载到本地。

12.7.2 部署 Redis 集群

安装 Bitnami 维护的 Redis Chart：

```
[root@k8s-master ~]# helm install redis-cluster \
  oci://registry-1.docker.io/bitnamicharts/redis \
  --set global.storageClass=nfs-client
```

安装成功后，输出安装信息和使用方法，大概操作如下：

（1）使用以下命令获取 Redis 数据库的随机密码。

```
export REDIS_PASSWORD=$(kubectl get secret -n default redis-cluster -o jsonpath="{.data.redis-password}" | base64 -d)
```

（2）使用以下命令创建一个临时 Pod 作为 Redis 客户端，并设置变量"REDIS_PASSWORD"的值为上一步获取的密码。

```
kubectl run -n default redis-client \
  -it --rm \
  --env REDIS_PASSWORD=$REDIS_PASSWORD \
  --image=docker.io/bitnami/redis:7.0.12-debian-11-r19 \
  -- bash
```

（3）使用以下命令连接相应的 Redis 实例。

```
# 连接 Master 的 Service
REDISCLI_AUTH="$REDIS_PASSWORD" redis-cli -h redis-cluster-master
# 连接 Slave 的 Service
REDISCLI_AUTH="$REDIS_PASSWORD" redis-cli -h redis-cluster-replicas
```

按照上述操作，连接 Master 实例，查看主从复制信息，结果如下：

```
redis-cluster-master:6379> info replication
# Replication
role:master
connected_slaves:3
```

```
 slave0:ip=redis-cluster-replicas-0.,port=6379,state=online,offset=6300,
lag=0
 slave1:ip=redis-cluster-replicas-1.,port=6379,state=online,offset=6300,
lag=0
 slave2:ip=redis-cluster-replicas-2.,port=6379,state=online,offset=6300,
lag=1
 …
```

当前 Redis 实例担任 "master" 角色,并且有三个在线状态的 "slave" 节点。

查看相关资源对象:

```
[root@k8s-master ~]# kubectl get pod,sts,svc -l app.kubernetes.io/name=redis
 NAME                              READY   STATUS    RESTARTS   AGE
 pod/redis-cluster-master-0        1/1     Running   0          121m
 pod/redis-cluster-replicas-0      1/1     Running   0          121m
 pod/redis-cluster-replicas-1      1/1     Running   0          121m
 pod/redis-cluster-replicas-2      1/1     Running   0          120m

 NAME                                          READY   AGE
 statefulset.apps/redis-cluster-master         1/1     121m
 statefulset.apps/redis-cluster-replicas       3/3     121m

 NAME                               TYPE        CLUSTER-IP       EXTERNAL-IP   PORT(S)    AGE
 service/redis-cluster-headless     ClusterIP   None             <none>        6379/TCP   121m
 service/redis-cluster-master       ClusterIP   10.103.38.13     <none>        6379/TCP   121m
 service/redis-cluster-replicas     ClusterIP   10.100.170.195   <none>        6379/TCP   121m
```

与 MySQL Chart 类似,两个 StatefulSet 分别用于管理 Master 和 Slave 角色的 Redis 实例。客户端可以通过 Service 地址来访问 Redis 实例,即 "redis-cluster-master.default.svc.cluster.local" 和 "redis-cluster-replicas.default.svc.cluster.local"。

需要注意的是,应在 Artifact Hub 平台上选择可信任的 Chart,以确保所使用的软件包和工具具有高质量、可靠的来源,这有助于避免引入潜在的安全风险。

12.8 本章小结

本章讲解了 Helm 的概念、基本使用、Chart 模板以及 Chart 仓库,具体如下:

- ☑ Helm 适用于管理复杂应用、微服务架构的场景。
- ☑ Helm 通过 Chart 部署和管理应用程序。一个 Chart 就像一个模板，可以使用它部署多个应用程序。
- ☑ 对于自主开发的应用程序，通常需要用户自行创建 Chart，而对于一些开源服务，如 MySQL、Redis 等，官方或社区已经提供了现成的 Chart，用户可以直接在 Artifact Hub 平台上进行搜索和使用。

第 13 章
基于 Jenkins 的 CI/CD 平台

Jenkins 是一款流行的持续集成和持续交付系统,它提供了丰富的插件和功能,可以与各种代码仓库(如 Git、SVN)、构建工具(如 Maven、Gradle)和测试框架(如 JUnit)集成,以便对整个软件生命周期的工作流程进行快速、灵活的配置和自动化,为实施 CI/CD 流程提供有力的支持。

13.1 CI/CD 简介

CI(continuous integration,持续集成)/CD(continuous delivery,持续交付)或(continuous deployment,持续部署)是软件开发中的一种重要实践和方法,它是一种旨在提高软件的交付效率、质量和可靠性而设计的一种工作流程。

13.1.1 持续集成

在项目开发过程中,开发人员需要在编写完代码后将其提交到代码仓库。为了确保合并后代码的正确性,通常会进行一次编译、单元测试和部署来验证代码的可用性。这个过程可能每天都会发生,甚至一天发生多次,如果每次都需要手动来做,效率就太低了!

因此,建立自动化的集成流程是提高工作效率的重要手段。提交代码后,它会自动触发编译、单元测试、部署等操作,如果在这个集成过程中发现了问题,如编译失败,将通知开发人员,让他们及时修复问题。这个过程被称为持续集成,如图 13-1 所示。

持续集成是一种自动化实践,它强调开发人员应频繁地将代码的变更合并到代码仓库,然后通过自动化流程对其进行快速验证,以便及时发现和解决问题,从而有效地避免了问题在代码仓库中逐渐累积,降低集成阶段出现问题的风险,提高代码质量。

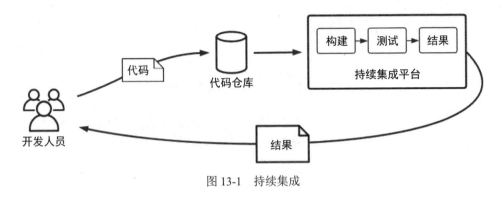

图 13-1 持续集成

13.1.2 持续交付和持续部署

持续交付是持续集成的下一个阶段，旨在通过自动化流程将应用程序更频繁地、可靠地交付到生产环境中。

在持续集成阶段通过后，由开发人员或运维人员将代码手动触发发布到生产环境中，这种手动触发可以让团队对即将发布的软件进行最后的检查，并确保它符合质量标准和预期的要求，从而进一步降低它在生产环境中出现问题的风险。

持续部署是持续交付的更高级别实践。在持续集成阶段通过后，系统自动触发将代码发布到生产环境中，即每次的代码变更都将自动发布到生产环境中，而无须人工干预。这意味着，必须对自动化测试和质量保障流程有高度的信心，确保每次发布的版本都是稳定且可靠的。持续交付和持续部署如图 13-2 所示。

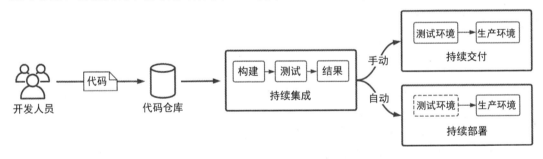

图 13-2 持续交付和持续部署

总之：持续集成的核心在于进行频繁的代码合并和单元测试，快速反馈集成的结果；持续交付的核心在于交付前可进一步确认集成后的代码在整体软件中的可用性和稳定性，确保应用程序的质量达到交付标准，随时可以可靠地发布到生产环境中；而持续部署使得持续交付更理想化，从持续集成到生产环境的流程全自动化完成，缩短软件的发布周期，提高整体交付效率。

13.2 CI/CD 流程设计

以下是一个典型的 CI/CD 流程设计,如图 13-3 所示。

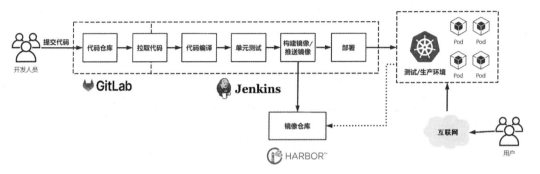

图 13-3　CI/CD 流程设计

在图 13-3 中,CI/CD 流程中各阶段含义如下。
(1) 提交代码:开发人员将代码变更提交到 GitLab 代码仓库。
(2) 拉取代码:Jenkins 从 GitLab 代码仓库中拉取最新代码。
(3) 代码编译:获取代码后,根据项目所使用的编程语言,决定是否需要进行编译操作。对于编译型语言(如 C/C++、Java、Go),代码需要先被编译成可执行文件,才能在所需的环境中运行;对于解释型语言(如 Python、PHP),代码则无须被编译,而是由解释器在运行时逐行解释和执行,使其能够直接在所需的环境中运行。
(4) 单元测试:运行预先编写的单元测试,以验证代码的特定部分是否符合预期行为。
(5) 构建镜像/推送镜像:将编译后的文件或程序打包到镜像中,并将该镜像推送到 Harbor 镜像仓库,以备后续部署使用。
(6) 部署:将软件部署到 Kubernetes 集群中。

通过这个 CI/CD 流程,我们能够快速将代码变更交付给用户,降低潜在错误的风险,加速产品迭代,从而显著提升整体工作效率。

13.3 相关软件环境准备

在开始实施 CI/CD 流程之前,需要准备好相关的软件环境,包括 GitLab、Harbor 和 Jenkins,确保这些系统能够正常工作。你如果已经拥有这些系统,则可以直接使用它们;如果没有,则可以使用 Docker 进行容器化部署,这将极大地简化部署过程。

假设有一台已安装 Docker 的服务器，IP 地址为"192.168.1.90"，我们将在这台服务器上使用 Docker 搭建 GitLab、Harbor 和 Jenkins。

13.3.1　部署 GitLab 代码仓库

使用 Docker 创建 GitLab 容器：

```
[root@localhost ~]# docker run -d \
  --name gitlab \
  --hostname 192.168.1.90 \
  -p 443:443 \
  -p 88:80 \
  -p 2222:22  \
  --restart always  \
  -v /opt/gitlab/config:/etc/gitlab \
  -v /opt/gitlab/logs:/var/log/gitlab \
  -v /opt/gitlab/data:/var/opt/gitlab \
  gitlab/gitlab-ce:latest
```

通过以上命令，创建一个 GitLab CE 容器，将宿主机端口映射到容器端口，同时将宿主机上的目录挂载到容器中，以持久性存储 GitLab 的配置文件、日志和数据。

容器启动后，在浏览器中访问"http:// 192.168.1.90:88"，将看到 GitLab 登录页面，如图 13-4 所示。

图 13-4　GitLab 登录页面

默认用户名为 root，密码由系统随机生成，该密码保存在容器的文件"/etc/gitlab/initial_root_password"中，该文件可以通过"docker exec gitlab cat /etc/gitlab/initial_root_password"命令获取。用户登录成功后，即可进入 GitLab 首页，如图 13-5 所示。

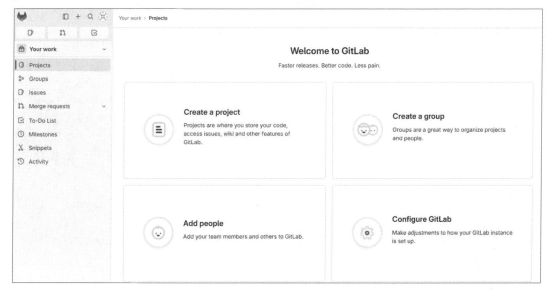

图 13-5　GitLab 首页

GitLab 系统默认为英文，但为了方便使用，用户可以将它设置为中文：单击左上角用户头像→Preferences→Language→选择"简体中文"→保存。

注意：随机生成的密码存在安全风险，请第一时间对其进行修改。

13.3.2　部署 Harbor 镜像仓库

首先从 Harbor 项目的 GitHub Releases 页面（https://github.com/goharbor/harbor/releases）下载 Harbor 安装包，如图 13-6 所示。

图 13-6　Harbor 安装包

安装包名称中带有"offline"表示离线安装包，它包含了 Harbor 安装所需的镜像，适合在没有网络的情况下进行部署。安装包名称中带有"online"表示在线安装包，需要联网下载镜像。这里使用离线安装包进行部署，将下载后的压缩包上传到服务器上并对其进行解压：

```
[root@localhost ~]# tar zxvf harbor-offline-installer-v2.8.3.tgz
```

进入解压目录，复制配置文件模板并对其进行修改：

```
[root@localhost ~]# cd harbor
[root@localhost ~]# cp harbor.yml.tmpl harbor.yml
[root@localhost ~]# vi harbor.yml
hostname: 192.168.1.90
http:
  port: 80
# https:
#   port: 443
#   certificate: /your/certificate/path
#   private_key: /your/private/key/path
...
```

harbor.yml 配置文件修改如下：
- ☑ 设置 hostname 字段为访问 Harbor 的 IP 地址或域名，这里设置的是服务器 IP 地址。
- ☑ 注释 https 相关配置，表示不启用 HTTPS 访问。

接着，执行"prepare"脚本，生成 Harbor 所需的文件；再执行"install.sh"脚本，将预先打包的镜像导入本地，并使用 Docker Compose 创建相关容器。

执行完成后，执行"docker compose ps"命令查看 Harbor 相关容器，如图 13-7 所示。

```
[root@localhost harbor]# docker compose ps
NAME              IMAGE                                 COMMAND                  SERVICE      CREATED        STATUS
harbor-core       goharbor/harbor-core:v2.8.3           "/harbor/entrypoint…"    core         3 months ago   Up 33 minutes (healthy)
harbor-db         goharbor/harbor-db:v2.8.3             "/docker-entrypoint…"    postgresql   3 months ago   Up 33 minutes (healthy)
harbor-jobservice goharbor/harbor-jobservice:v2.8.3     "/harbor/entrypoint…"    jobservice   3 months ago   Up 32 minutes (healthy)
harbor-log        goharbor/harbor-log:v2.8.3            "/bin/sh -c /usr/loc…"   log          3 months ago   Up 33 minutes (healthy)
harbor-portal     goharbor/harbor-portal:v2.8.3         "nginx -g 'daemon of…"   portal       3 months ago   Up 33 minutes (healthy)
nginx             goharbor/nginx-photon:v2.8.3          "nginx -g 'daemon of…"   proxy        3 months ago   Up 32 minutes (healthy)
redis             goharbor/redis-photon:v2.8.3          "redis-server /etc/r…"   redis        3 months ago   Up 33 minutes (healthy)
registry          goharbor/registry-photon:v2.8.3       "/home/harbor/entryp…"   registry     3 months ago   Up 33 minutes (healthy)
registryctl       goharbor/harbor-registryctl:v2.8.3    "/home/harbor/start.…"   registryctl  3 months ago   Up 33 minutes (healthy)
```

图 13-7　Harbor 相关容器

所有容器状态为"Running"，表示 Harbor 工作正常。

在浏览器中访问"http://192.168.1.90"，将看到 Harbor 登录页面，如图 13-8 所示。

默认用户名为"admin"，密码为"Harbor12345"。登录成功后，进入 Harbor 首页，如图 13-9 所示。

注意：默认密码存在安全风险，请第一时间修改它。

图 13-8　Harbor 登录页面

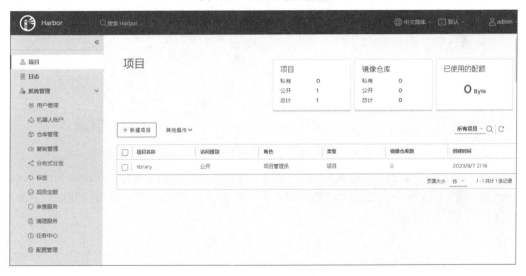

图 13-9　Harbor 首页

13.3.3　部署 Jenkins 发布系统

使用 Docker 创建 Jenkins 容器：

```
[root@localhost ~]# docker run -d \
  --name jenkins \
  -p 8080:8080 \
```

```
-p 50000:50000 \
--restart always \
-v /opt/jenkins:/var/jenkins_home \
jenkins/jenkins:2.400
```

以上命令创建了一个 Jenkins 容器，并将宿主机端口映射到了容器端口，同时将宿主机上的目录挂载到了容器中，以持久性存储 Jenkins 数据。

在浏览器中访问"http:// 192.168.1.90:8080"，将看到解锁 Jenkins 页面，如图 13-10 所示。

图 13-10　解锁 Jenkins 页面

这里输入管理员密码（随机生成），该密码被保存在容器的文件"/var/jenkins_home/secrets/initialAdminPassword"中，输入密码后，单击"继续"按钮，进入插件安装方式选择页面，如图 13-11 所示。

图 13-11　插件安装方式选择页面

这里选择"选择插件来安装"选项，单击"继续"按钮，进入安装插件页面，如图 13-12 所示。

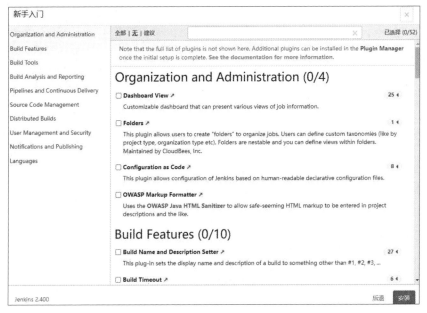

图 13-12　安装插件页面

这里单击"无"，取消默认选中的插件，即不安装任何插件。单击"安装"按钮，进入创建管理员用户页面，如图 13-13 所示。

图 13-13　创建管理员用户页面

这里设置管理员的用户名、密码和完整名称，然后单击"保存并完成"按钮，进入实例配置页面，如图 13-14 所示。

图 13-14　实例配置页面

这里保持默认，单击"保存并完成"按钮，初始化配置完成，进入 Jenkins 首页，如图 13-15 所示。

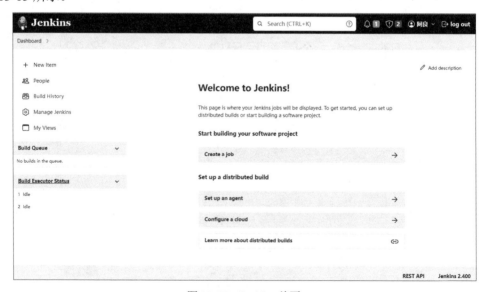

图 13-15　Jenkins 首页

13.4 Jenkins 初体验

Jenkins 在 CI/CD 流程中扮演着关键的角色，为了更充分地使用它，掌握其核心功能至关重要。

接下来，将从一个经典案例出发，介绍 Jenkins 的基本功能和应用场景。

13.4.1 流程设计

假设有一个 Web 前端项目，希望在每次代码发生变更时，能够自动触发构建流程并将最新的代码发布到目标服务器上，以便用户可以直接访问并体验新的页面内容。Web 前端项目 CI/CD 流程如图 13-16 所示。

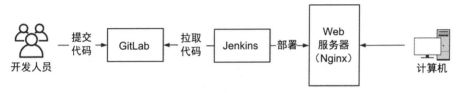

图 13-16　Web 前端项目 CI/CD 流程

在这个流程中，开发人员将代码提交到 GitLab 代码仓库上，Jenkins 检测到代码变更后，获取最新代码并通过 SSH 协议将其推送到 Web 服务器上，完成整个发布过程。

13.4.2 提交代码

首先，在服务器上创建一个名为"web-demo"的目录，用作 Web 前端项目的开发目录。然后在该目录下创建一个名为"index.html"的文件，内容如下：

```
<!DOCTYPE html>
<html>
<head>
  <meta charset="utf-8">
  <title>示例</title>
</head>
<body>
  <h1>Hello K8s! </h1>
</body>
</html>
```

接着，在 GitLab 上为 Web 前端项目创建一个仓库：GitLab 首页→新建项目/仓库→创建空白项目，在该页面上输入项目名称、项目 URL 以及选择关联的用户，其他选项保持默认即可，如图 13-17 所示。

图 13-17 创建空白项目

单击"新建项目"按钮，创建空白项目并进入 GitLab 项目页面，如图 13-18 所示。

图 13-18 GitLab 项目页面

默认存在一个名为"main"的分支，在 GitLab 之前版本，这个默认分支被命名为"master"。

在软件开发过程中，通常会基于分支来进行版本管理，这意味着一个代码仓库中会存在多个分支，每个分支都有特定的用途和职责，以下是几种常见的分支类型。

- ☑ 主分支（main-branch）：主分支通常被视为项目的主要代码线，经过严格的测试和验证，符合生产环境的标准，即用户使用的代码版本。
- ☑ 开发分支（develop-branch）：用于开发人员日常功能开发、修复和测试的代码版本。
- ☑ 发布分支（release-branch）：准备上线的代码版本。在准备上线前，开发人员会基于开发分支创建一个发布分支，在这个分支上进行全面测试，一旦测试通过，就将其合并到主分支上。

然后，使用 Git 将本地代码提交到 GitLab 仓库上：

```
# 进入代码目录
cd web-demo
# 初始化一个 Git 仓库
git init
# 将所有文件添加到暂存区中
git add .
# 将所有文件提交到本地仓库中
git commit -m 'Initial commit'
# 关联远程仓库（GitLab 项目 URL）
git remote add origin http://192.168.1.90:88/root/web-demo.git
# 创建并切换到 dev 分支
git checkout -b dev
# 推送 dev 分支到远程仓库中
git push origin dev
```

代码提交完成后，在 GitLab 项目页面左上方选择 dev 分支，将看到该分支的代码文件，如图 13-19 所示。

图 13-19　dev 分支代码

13.4.3 创建项目

在 Jenkins 上创建一个 Item（项目），为 Web 前端项目配置 CI/CD 流程。单击 New Item 按钮，输入项目名称并选择项目类型，配置如图 13-20 所示。

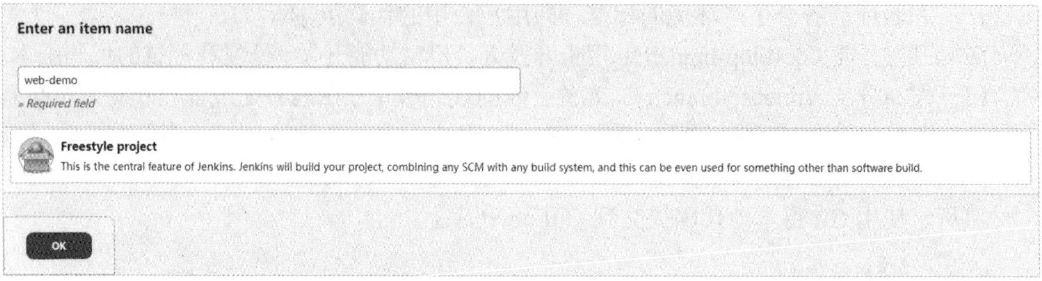

图 13-20 创建项目

Freestyle project 是一种经典的自由风格项目类型，具有高度的灵活性，可自定义构建过程、构建环境以及后续操作等。

单击 OK 按钮，创建项目并进入项目配置页面，该页面包含多个部分。

- ☑ General（常规）：项目的基本设置，如项目名称、描述、参数化构建选项、并发构建数等。
- ☑ Source Code Management（源代码管理）：代码仓库的配置，如 URL、分支、认证等信息。
- ☑ Build Triggers（构建触发器）：表示在什么条件下自动构建项目，用户可以选择定时构建、代码提交触发构建、其他项目构建成功触发构建等。
- ☑ Build Steps（构建步骤）：配置实际的构建过程，用户可以添加多个构建步骤，每个步骤代表一个操作，该操作可以是代码编译、单元测试等。构建步骤是项目的核心，它定义了实际的构建流程。
- ☑ Post-build Actions（后续操作）：在构建完成后执行的操作，用户可以添加多个操作，这些操作可以是发送通知、部署到服务器、触发其他项目等。

13.4.4 项目配置

1. 配置源代码管理

源代码管理部分显示"None"，因为该功能需要 Git 插件的支持，我们需要额外安装该插件：Manage Jenkins→Plugins→Available plugins→搜索关键字"Git"，选中"Git"，单击 Install without restart 按钮进行安装。

安装完成后，你将看到与 Git 相关的配置选项，如图 13-21 所示。

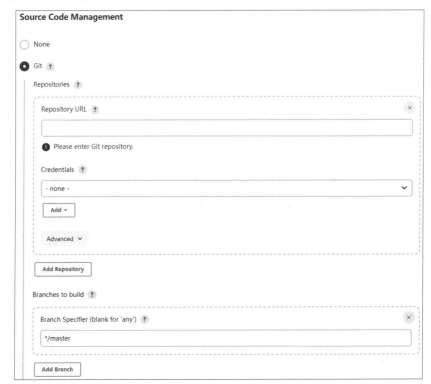

图 13-21　源代码管理

在这里配置如下。

- ☑ Repository URL：指定代码仓库地址。这里输入"http://192.168.1.90:88/root/web-demo.git"
- ☑ Credentials：选择访问代码仓库的凭据。上述代码仓库是私有的，即下载和上传代码都需要用户认证。单击下方的 Add 按钮添加凭据，选择 Jenkins，填写以下字段。
  - ➢ Username：用户名。这里输入"root"。
  - ➢ Password：密码。这里输入 root 用户的密码。
  - ➢ Description：凭据描述。这里输入"gitlab-auth"。

  添加凭据后，再选择该凭据。
- ☑ Branches to build：指定构建的代码分支。这里输入"*/dev"。

2．配置构建触发器

在配置构建触发器部分选择"Poll SCM"，以定期轮询检查代码仓库中是否有新的提交。如果有，则自动触发构建。如每分钟执行一次检查，在"Scheduler"字段中输入 Cron

表达式"*****",如图 13-22 所示。

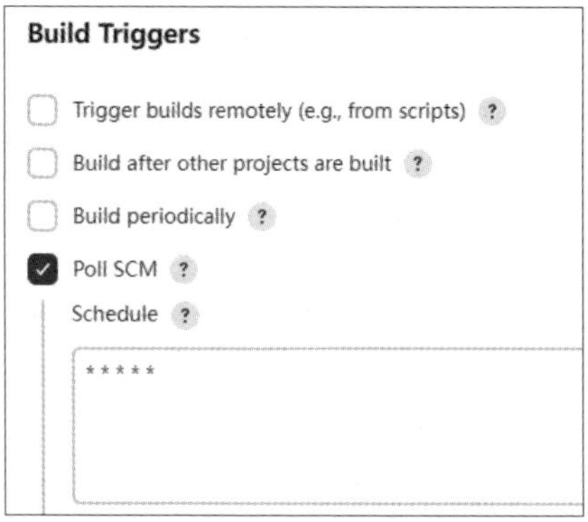

图 13-22 定期轮训配置

需要注意的是,频繁的轮询会产生更多的负载,用户可以适当增大检查间隔时间。

3. 配置构建步骤

构建步骤部分的主要任务是将获取的代码文件推送到 Web 服务器上并将其部署到网站程序的根目录中。这类需求可以使用 scp、rsync 等工具来实现,并在"Execute shell"中定义具体的命令。这类需求还可以使用 Publish Over SSH 插件来实现,并支持在目标服务器上执行 Shell 脚本。该插件需要额外进行安装:Manage Jenkins→Plugins→Available plugins→搜索关键字"Publish Over SSH",选中"Publish Over SSH",单击 Install without restart 按钮进行安装。

安装完成后,首先添加目标服务器:Manage Jenkins→System→Publish over SSH,单击 Add 按钮添加服务器,配置如下:

- ☑ Name:服务器名称,可自定义,如"web-server"。
- ☑ Hostname:主机名或 IP 地址。
- ☑ Username:登录服务器的用户名。
- ☑ Remote Directory:远程目录,这里设置为"/tmp"。
- ☑ 单击 Advanced 按钮,设置用户名对应的密码或密钥。

配置完成后,可以单击 Test Configuration 按钮验证 SSH 连接是否成功,单击 Save 按钮保存配置。

然后,在构建步骤部分选择"Send files or excute commands over SSH",配置如下。

- ☑ Name:选择刚添加的目标服务器。
- ☑ Transfer Set Source files:指定传输文件的源路径,可以使用通配符来匹配多个文件。这里输入"**/*",表示传输当前目录(代码目录)下的所有文件和目录。
- ☑ Remove prefix:如果在"Transfer Set Source files"设置的源路径中包含路径信息,

可以在这里指定移除路径的前缀。
- Remote directory：远程目录，这个目录会与添加目标服务器那里的"Remote Directory"目录进行拼接。例如，这里设置为"web-demo"，那么将传输到目标服务器的目录"/tmp/web-demo"中。
- Exec command：传输完成后，在远程服务器上执行的命令。这里主要实现将"/tmp/web-demo"目录代码移动到网站程序的根目录"/usr/share/nginx/html"中。

Publish Over SSH 插件配置如图 13-23 所示。

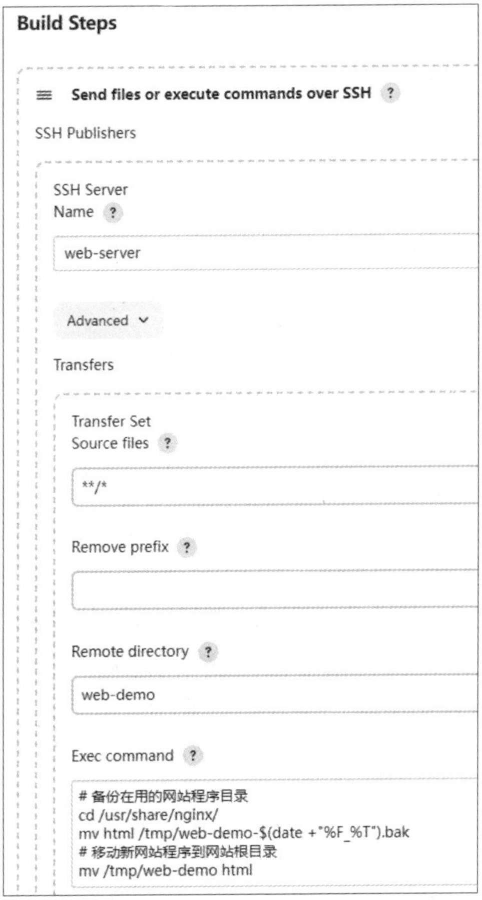

图 13-23　Publish Over SSH 插件配置

13.4.5　验证与测试

项目配置完成后，手动执行一次构建以验证整个自动化流程。

单击项目名称"web-demo"，选择"Build Now"，开始执行构建流程。在项目的左下角会生成一个构建编号，从 1 开始递增，单击构建编号，选择"Console Output"以查看控制台输出，以确认每个步骤是否正常执行，如图 13-24 所示。

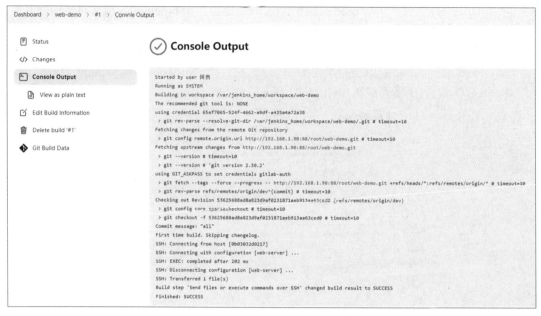

图 13-24　控制台输出

在上述控制台输出中，显示了整个构建的过程。首先表明当前构建的工作空间（/var/jenkins_home/workspace/web-demo），即源代码所在目录，下面的所有操作都将在这个目录下执行。接着，将 dev 分支代码从代码仓库下载到当前目录中。然后，通过 SSH 将当前目录下的文件（源代码）传输到目标服务器"web-server"上并执行命令。

此时，通过浏览器访问 Web 服务器，将看到网站首页，内容为"Hello K8s！"。

继续进一步测试，在项目开发目录中修改"index.html"文件，模拟代码变更操作，例如将"Hello K8s！"修改为"Hello Jenkins！"，使用 Git 提交最新代码：

```
# 添加所有变更文件
git add .
# 提交变更文件到本地仓库
git commint -m 'index.html update'
# 推送到远程仓库
git push origin dev
```

代码提交完成后，Jenkins 检测到代码仓库的变更，自动触发构建。构建流程完成后，再次访问 Web 服务器，将看到新的页面内容"Hello Jenkins！"。

至此，完成了一个简单的 CI/CD 流程。

13.5 Jenkins 参数化构建

Jenkins 参数化构建是一项功能，允许在触发构建时通过指定参数来动态配置和定制构建任务。这种灵活性使得一个构建流程可以使用不同的配置进行，从而适应不同的场景和需求。

参数化构建支持多种参数类型，如下所示。

- ☑ Boolean Parameter（布尔值参数）：布尔值（true 或 false），可用于开启或关闭某些构建步骤。
- ☑ Choice Parameter（选项参数）：列表单选，可用于执行不同构建步骤。
- ☑ Credentials Parameter（凭据参数）：选择已保存的凭据，用于访问其他系统。
- ☑ File Parameter（文件参数）：上传一个文件，如配置文件、部署文件等，以便在构建过程中使用。
- ☑ Multi-line String Parameter（多文本参数）：输入多行文本，可用于配置复杂的脚本或配置信息。
- ☑ Password Parameter（密码参数）：输入密码，输入的密码会以加密方式存储，用于访问其他系统。
- ☑ Run Parameter（运行参数）：选择指定项目中的某个构建编号，将该构建编号的 URL 公开到构建流程中。
- ☑ String Parameter（字符串参数）：输入字符串，可用于传递任何类型的文本信息。

例如，在项目"web-demo"中添加一个选项参数，可以在触发构建时选择要发布的代码分支。在项目配置页面的常规部分中，选中"This project is parameterized"，再单击 Add Parameter 按钮选择"Choice Parameter"，配置如下。

- ☑ Name：参数名称，这个名称作为环境变量被公开在构建过程中。
- ☑ Choices：选项，每一行代表一个选项，第一行作为默认值。
- ☑ Description：参数描述。

具体的选项参数配置如图 13-25 所示。

在上述配置中，参数名称为 Branch，包含 main 和 dev 两个选项，并提供了参数描述。同时，你需要将源代码管理中的"Branches to build"字段的值从"*/dev"改为"*/$Branch"，以便动态引用选择的分支名。

保存配置后，单击项目会发现触发构建按钮由 Build Now 转为 Build with Parameters，这表示是一个参数化的项目，单击 Build with Parameters 按钮后，进入用户交互页面，如图 13-26 所示。

图 13-25 选项参数配置

图 13-26 用户交互页面

这样，Jenkins 将根据用户选择的分支获取代码并进行构建流程，从而发布指定版本的代码。

13.6 Jenkins 主从架构

Jenkins 主从架构（Master-Slave）是一种分布式架构，主节点（Master）负责管理项目配置、任务调度和监控，从节点（Slave）用于执行具体的构建任务。Jenkins 主从架构如图 13-27 所示。

当项目触发构建时，主节点将任务分配到某个从节点，从节点根据项目配置执行一系列操作，如拉取代码、代码编译、部署到目标服务器等。这种方式可以将构建过程中产生的负载有效地分散到各个从节点上，从而减轻主节点的负担，提高系统的稳定性。尤其是在多个项目同时构建的场景下，主从架构能够显著提高整体的执行效率。

例如，向 Jenkins 中添加一个从节点，单击 "Manage Jenkins"，再单击 "Nodes and Clouds" 进入节点管理页面，如图 13-28 所示。

默认存在一个名为 "Built-In Node" 的节点，这个节点是 Jenkins 本机，它不是一个真正的分布式构建节点。换句话说，在不添加其他节点的情况下，所有项目构建都在本机执行。

第 13 章 基于 Jenkins 的 CI/CD 平台

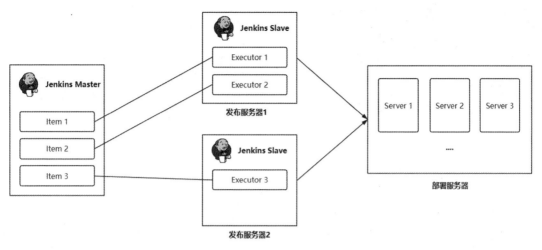

图 13-27 Jenkins 主从架构

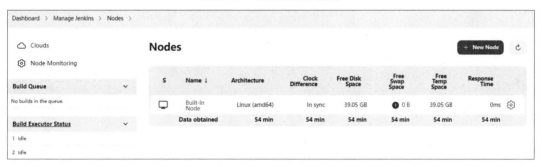

图 13-28 节点管理页面

单击右上角的"New Node"按钮添加一个从节点，进入设置节点名称页面，这里输入"jenkins-slave1"，单击"Create"按钮创建并进入节点配置页面，配置如下。

- ☑ Name：节点名称。
- ☑ Description：节点描述。
- ☑ Number of executors：节点执行器数量，用于设置同时执行构建任务的数量。
- ☑ Remote root directory：远程根目录，用于存储工作时产生文件。
- ☑ Labels：节点标签，用于标识节点特性或用途的关键词。
- ☑ Usage：选择如何使用该节点，这里选择"Use this node as much as possible"，表示希望尽可能使用这个节点来执行构建任务。
- ☑ Launch method：选择如何启动代理，这里选择"Launch agent by connecting it to the controller"，表示手动在节点上启动代理程序。

具体的节点配置如图 13-29 所示。

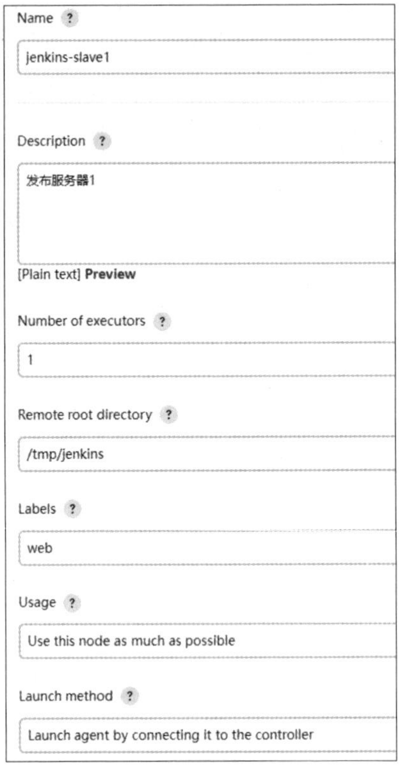

图 13-29　节点配置

保存配置后，该节点进入离线状态，需要在节点服务器上启动代理程序，登录从节点服务器上，下载代理程序文件：

```
curl -s http://192.168.1.90:8080/jnlpJars/agent.jar -o /usr/local/jenkins-agent.jar
```

安装运行代理程序所需的 JDK 环境：

```
yum install java-11-openjdk -y
```

后台启动代理程序：

```
nohup java -jar /usr/local/jenkins-agent.jar -jnlpUrl http://192.168.1.90:8080/computer/jenkins%2Dslave1/jenkins-agent.jnlp -secret ffccbf99253cd1ef533dc21af4312c1b82811be820b1577138602d6cdc81af70 -workDir "/tmp/jenkins" &> /usr/local/jenkins-agent.log &
```

一旦代理程序启动并成功连接到 Jenkins，该节点就会转为在线状态。

此时，项目触发构建，Jenkins 会优先将任务分配到这个从节点上。在控制台输出中，可以看到信息"Building remotely on jenkins-slave1"，这说明构建过程在 jenkins-slave1 节点上进行，而不是在 Jenkins 本机上执行。

Jenkins 还提供了代理程序的容器镜像"jenkins/inbound-agent"。使用 Docker 创建代理程序容器的命令示例如下：

```
docker run -d --restart always --init jenkins/inbound-agent -url http://<Jenkins Server>:<Port> <Secret> <AgentName>
```

13.7　Jenkins Pipeline

在创建"web-demo"项目时，使用的是 Freestyle project 自由风格项目类型。此外，Jenkins 还提供了 Pipeline 项目类型（又称流水线），它具有以下特点。

- ☑ 基于代码的描述：通过代码描述整个构建过程，Pipeline 脚本可以被存储在代码仓库中进行版本管理。团队成员还可以通过查看脚本来了解整个软件交付流程。
- ☑ 可读性和可维护性：Pipeline 脚本由于是代码，因此具有结构化和模块化的特点，使得构建过程更易读、易维护。它可以轻松地被复制到其他项目中供使用。
- ☑ 可视化展示：可视化的执行流程页面，展示整个构建流程的执行情况。这有助于实时监控流程、定位问题以及了解构建进度。

Pipeline 项目类型为用户提供了更灵活、强大且可编程的 CI/CD 流程，使得团队能够更好地应对复杂的软件交付流程。

13.7.1　Pipeline 语法

Pepline 提供了两种不同的语法风格。

1．Scripted Pipeline（脚本式语法风格）

这是 Jenkins 早期版本中唯一可用的语法风格。它使用完整的 Groovy 语法来定义构建流程，具备很高的灵活性和编程能力。脚本式语法结构如下：

```
node {
  stage('Build') {
    // 构建
  }
  stage('Test') {
    // 测试
  }
  stage('Deploy') {
    // 部署
  }
}
```

2. Declarative Pipeline（声明式语法风格）

声明式语法风格是 Jenkins 后来引入的，它注重以简洁、直观的编程风格来表达意图，因而得到广泛应用。声明式语法结构如下：

```
pipeline {
  agent any
  stages {
    stage('Build') {
      steps {
        // 构建
      }
    }
    stage('Test') {
      steps {
        // 测试
      }
    }
    stage('Deploy') {
      steps {
        // 部署
      }
    }
  }
}
```

上述结构各部分含义如下。

- ☑ agent：指定运行的节点。这里值为"any"，表示可以在任何可用的节点上执行。
- ☑ stages：定义构建流程中的阶段（stage），它可以包含一个或多个阶段，这些阶段会按照定义的顺序从上向下依次执行。
- ☑ stage：定义具体的阶段，每个阶段代表一个逻辑分段，它可以包含一个或多个步骤（steps），会按照定义顺序从上向下依次执行。
- ☑ steps：定义执行的具体步骤，如编译代码、执行命令等。

通过这种层次结构，构建流程被清晰地描述为一系列阶段和步骤，从而使整个流程更加易于理解和管理。

13.7.2　基于 Kubernetes 动态创建代理

Jenkins 支持基于 Kubernetes 动态创建代理，使代理程序能够运行在 Pod 中。这种方法可以根据构建任务的变化动态地增减代理，充分利用 Kubernetes 的特性，为分布式构建提供灵活的运行环境，如图 13-30 所示。

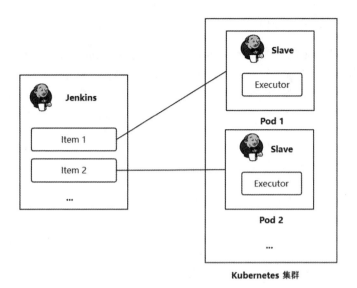

图 13-30　Pod 作为从节点

当项目触发构建时，Jenkins 会调用 Kubernetes API 创建一个专用的 Pod 作为从节点，在该 Pod 中执行一系列构建任务。一旦完成构建流程，该 Pod 就会自动销毁，实现资源的高效利用。具体使用步骤如下。

1. Kubernetes 插件配置

基于 Kubernetes 动态创建代理功能由 "kubernetes" 插件提供，在使用之前，需要在插件管理中安装它。

安装完成后，添加 Kubernetes 云：Manage Jenkins→Nodes and Clouds→Clouds→Add a new cloud→Kubernetes，配置如下。

- ☑ Kubernetes 地址：指定 Kubernetes API 地址和端口（它们通常是 Master 节点 IP 地址和 6443 端口），并使用 HTTPS 协议。
- ☑ 凭据：选择访问 Kubernetes API 的凭据。单击 Add 按钮添加凭据，选择 Jenkins，填写以下字段。
  - ➤ Kind：指定类型。这里选择 "Secret file"。
  - ➤ File：选择文件。这里上传 kubectl 使用的 kubeconfig 认证文件。为了提高安全性，该 kubeconfig 认证文件仅需授予管理 Pod 资源的权限。
  - ➤ Description：凭据描述。这里输入 "jenkins-agent-kubeconfig"。

单击 Add 按钮添加凭据，然后选择该凭据。可以单击右下方 "连接测试" 按钮验证访问 Kubernetes API 是否成功。

- ☑ Jenkins 地址：指定 Jenkins 访问地址。这里输入 "http://192.168.1.90:8080"。

2. 创建 Pipeline 类型项目

Pipeline 项目类型是由"Pipeline"插件提供，在使用之前，需要在插件管理中安装它。

创建一个名为"web-pipeline-demo"的项目，并选择 Pipeline 项目类型，单击 OK 按钮进行创建并进入项目配置页面，在 Pipeline 部分定义"Script"脚本，如图 13-31 所示。

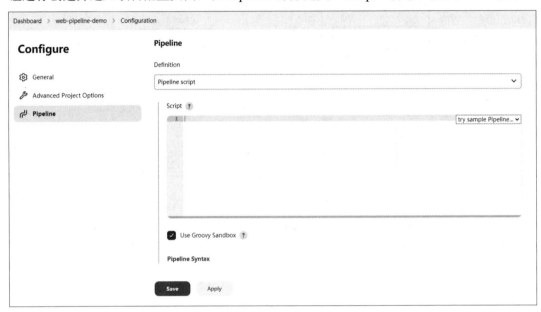

图 13-31　Pipeline 项目配置

Pipeline 脚本内容如下：

```
pipeline {
  agent {
    kubernetes {
      yaml '''
        apiVersion: v1
        kind: Pod
        metadata:
          labels:
            app: jenkins-slave
        spec:
          containers:
          - name: jnlp
            image: jenkins/inbound-agent
            args: ['\$(JENKINS_SECRET)', '\$(JENKINS_NAME)']
      '''
    }
```

```
    }
    stages {
      stage('Build') {
        steps {
            echo 'Build...'
        }
      }
      stage('Test') {
        steps {
            echo 'Test...'
        }
      }
      stage('Deploy') {
        steps {
            echo 'Deploy...'
        }
      }
    }
}
```

在上述脚本中,"agent"部分使用了 kubernetes 指令,表示基于 Kubernetes 动态创建代理,其中"yaml"块用于定义 Pod 资源配置,包含一个使用"jenkins/inbound-agent"镜像创建的容器,并通过参数和引用变量(JENKINS_SECRET 和 JENKINS_NAME)将连接 Jenkins 所需的认证密钥和代理名称传递给代理程序。但这两个环境变量在 Pod 中并未被定义,实际上,Jenkins 在将 Pod 配置发送到 Kubernetes API 之前,会自动将以下环境变量添加到容器中。

☑ JENKINS_URL:Jenkins 访问地址。
☑ JENKINS_SECRET:连接 Jenkins 的认证密钥。
☑ JENKINS_NAME:代理名称。

接着,定义三个阶段,每个阶段中有一个步骤,输出一个字符串。

3. 验证与测试

执行一次构建以验证 Jenkins Pipeline 和基于 Kubernetes 动态创建代理功能。

项目触发构建后,Jenkins 会调用 Kubernetes API 创建一个代理 Pod,如下所示:

```
[root@k8s-master ~]# kubectl get pods
web-pipeline-demo-1-1nvf1-2mq1m-vsvl9   1/1   Running   0   57s
```

Pod 名称由项目名称和构建编号等信息组成。一旦构建流程完成,该 Pod 就会自动销毁。同时,在项目中可以实时查看每个阶段的执行结果和耗时。阶段视图如图 13-32 所示。

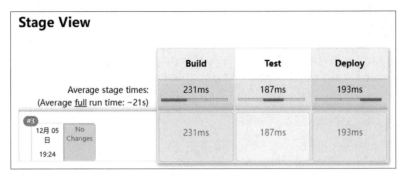

图 13-32　阶段视图

13.7.3　常用指令

在编写 Pipeline 脚本时，会涉及各种指令，这些指令用于实现构建过程中的不同功能。熟悉这些指令后，编写一个完整的 Pipeline 脚本将变得十分简单。

1. sh

sh 指令用于执行 Shell 命令。配置示例如下：

```
stage('Build') {
    steps {
        sh 'hostname'
    }
}
```

在上述配置中，在构建的步骤中，执行一个"hostname"命令以显示主机名。

如果需要执行多条命令或者 Shell 脚本，可以使用三双引号包裹。配置示例如下：

```
stage('Build') {
    steps {
        sh """
          hostname
          pwd
          ls
        """
    }
}
```

2. environment

environment 指令用于在 Pipeline 中定义环境变量，这些环境变量可以在任意步骤中使用。配置示例如下：

```
pipeline {
    agent any
    environment {
        APP_NAME = 'portal'
    }
    stages {
        stage('Build') {
            steps {
                echo "$APP_NAME"
            }
        }
    }
}
```

在上述配置中,"environment"块定义了一个名为"APP_NAME"的环境变量,值为"portal"。在构建的步骤中,使用"$APP_NAME"引用该变量,并使用"echo"指令输出它。

3. parameters

parameters指令用于定义参数,即参数化构建。配置示例如下:

```
pipeline {
    agent any
    parameters {
        choice (choices: ['main', 'dev'], description: '请选择发布的分支', name: 'Branch')
    }
    stages {
        stage('Build') {
            steps {
                echo "${params.Branch}"
            }
        }
    }
}
```

在上述配置中,"parameters"块定义了一个选项参数,名称为"Branch",该名称将作为环境变量被公开在构建流程中。在构建的步骤中,使用"${params.Branch}"引用该变量,并使用"echo"指令输出它。

4. triggers

triggers指令用于定义触发器,即自动触发构建的条件,如定时触发、代码变更时触发等。配置示例如下：

```
pipeline {
    agent any
    triggers {
        pollSCM '* * * * *'
    }
    stages {
        stage('Build') {
            steps {
                echo "Building…"
            }
        }
    }
}
```

在上述配置中，"triggers"块定义了一个"pollSCM"触发器，表示每分钟检查一次代码仓库是否有变更。

5. when

when指令用于定义在特定条件下执行某个阶段或步骤。配置示例如下：

```
pipeline {
    agent any
    stages {
        stage('Build') {
            when {
                expression { return params.BUILD_ENV == 'dev' }
            }
            steps {
                echo "Building in dev environment..."
            }
        }
    }
}
```

在上述配置中，"Build"阶段使用了"when"指令，表示只有当参数"BUILD_ENV"的值为"dev"时，才执行下面的步骤。

6. script

script指令用于在Pipeline中执行一段Groovy脚本，这样可以实现更复杂的逻辑，如条件判断、循环等。配置示例如下：

```
pipeline {
    agent any
    stages {
        stage('Build') {
            steps {
                script {
                    def colors = ['red', 'blue', 'orange']
                    for (def color in colors) {
                      if (color == 'blue') {
                          echo "Blue"
                      } else {
                          echo color
                      }
                    }
                }
            }
        }
    }
}
```

在上述配置中,"script"块执行了一段 Groovy 脚本,其中包含了一个基本的数组遍历和逻辑判断。

7. post

post 指令用于在 Pipeline 执行结束后执行一些操作,如通知、清理等。配置示例如下:

```
pipeline {
    agent any
    stages {
        stage('Build') {
            steps {
                echo "Building..."
            }
        }
    }
    post {
        always {
            echo 'Pipeline completed'
        }
        success {
            echo 'Pipeline succeeded'
        }
        failure {
            echo 'Pipeline failed'
        }
```

```
        }
    }
}
```

在上述配置中,"post"块定义了根据构建状态执行相应的操作,具体如下。
- ☑ always:在 Pipeline 执行完成后,无论成功与否都会执行。
- ☑ success:在 Pipeline 执行成功时执行。
- ☑ failure:在 Pipeline 执行失败时执行。

13.7.4 片段生成器

Jenkins 片段生成器是一个强大的工具,可以帮助用户以图形界面的方式生成 Pipeline 脚本的代码片段。

在 Pipeline 脚本下方,单击"Pipeline Syntax"进入片段生成器页面,如图 13-33 所示。

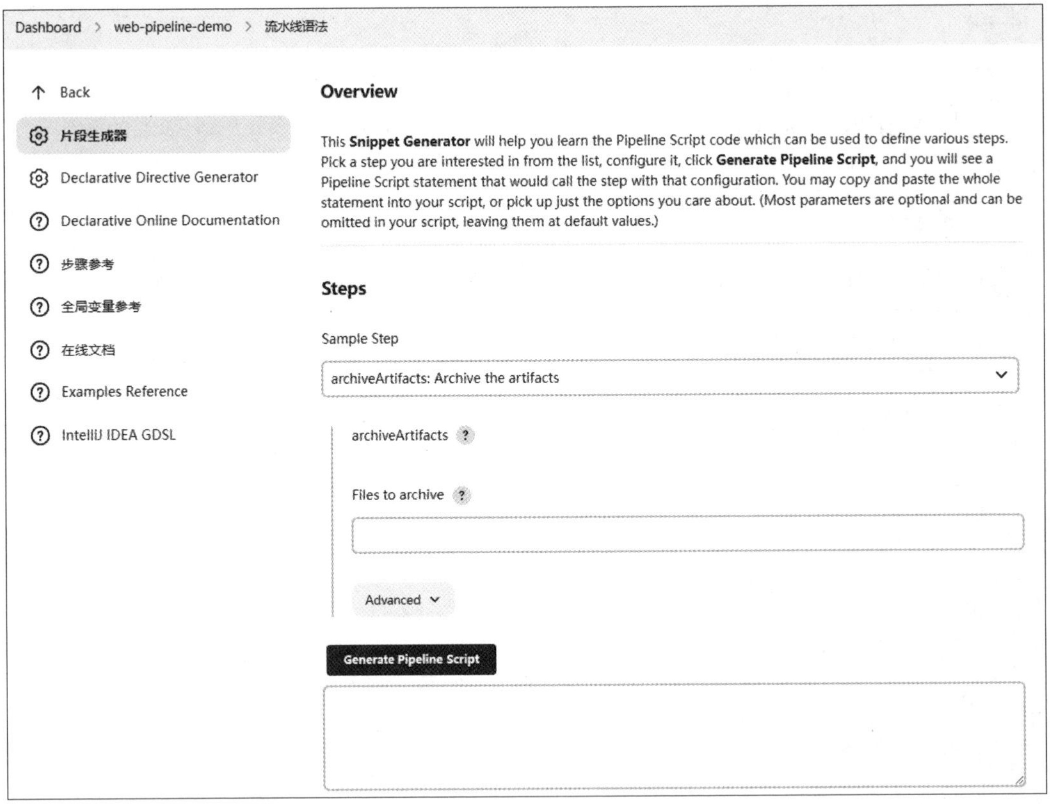

图 13-33 片段生成器

在"Sample Step"列表中选择需要生成的功能后,下方会显示相应的图形页面。配置完成后，单击 Generate Pipeline Script 按钮生成对应的代码片段，可直接将其复制到 Pipeline 脚本中以供使用。

Jenkins 还提供了一个专门为声明式语法风格设计的生成器，名为"Declarative Directive Generator（声明式指令生成器）"，主要用于生成 Pipeline 指令的代码片段，如图 13-34 所示。

通过这两个生成器，用户可以很轻松地编写 Pipeline 脚本，减少手动编写的工作量，提高工作效率。

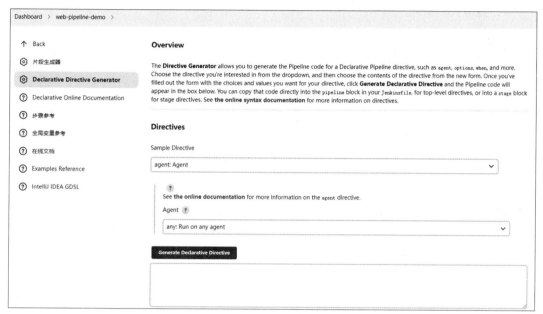

图 13-34　声明式指令生成器

13.8　案例：Pipeline 实现网站项目的自动发布

为了更好地理解 Pipeline 脚本和 CI/CD 流程，我们将使用一个用 Java 语言开发的用户信息管理系统进行实践。

项目源代码的仓库地址为 https://gitee.com/zhenliangli/java-web-demo。

13.8.1　Pipeline 脚本基本结构

我们将 Pipeline 脚本的构建过程分为拉取代码、代码编译、构建镜像、部署到 K8s 集群、反馈 5 个阶段，如图 13-35 所示。

图 13-35 流程设计

各阶段的任务如下。

1. 拉取代码阶段

- ☑ 从代码仓库拉取最新代码。
- ☑ 根据选择的分支拉取对应的代码版本。

2. 代码编译阶段

- ☑ 执行代码编译工作。
- ☑ 生成可部署的文件。

3. 构建镜像阶段

- ☑ 编写 Dockerfile。
- ☑ 构建镜像。
- ☑ 推送镜像到镜像仓库。

4. 部署到 K8s 集群阶段

- ☑ 编写资源配置。
- ☑ kubectl 执行部署和更新操作。

5. 反馈阶段

发送邮件告知相关负责人执行结果。

综上所述，Pipeline 脚本基本结构如下：

```
pipeline {
  agent {
    kubernetes {
      yaml '''
        apiVersion: v1
        kind: Pod
        spec:
          containers:
          - name: jnlp
            image: jenkins/inbound-agent:latest
            args: ['\$(JENKINS_SECRET)', '\$(JENKINS_NAME)']
      '''
```

```
        }
    }
    stages {
        stage('拉取代码') {
            steps {
                echo "拉取代码..."
            }
        }
        stage('代码编译') {
            steps {
                echo "代码编译..."
            }
        }
        stage('构建镜像') {
            steps {
                echo "构建镜像..."
            }
        }
        stage('部署到K8s集群') {
            steps {
                echo "部署..."
            }
        }
    }
    post {
        always {
            echo "构建完成"
        }
        success {
            echo "构建成功"
        }
        failure {
            echo "构建失败"
        }
    }
}
```

13.8.2 拉取代码阶段

假设我们已经将项目源代码提交到自建的 GitLab 上,仓库地址为 http://192.168.1.90:88/root/java-web-demo.git。

这个拉取代码步骤可以通过片段生成器生成,在生成器中选择"checkout: Check out from version control",输入仓库地址、访问凭据和构建分支。具体配置如图 13-36 所示。

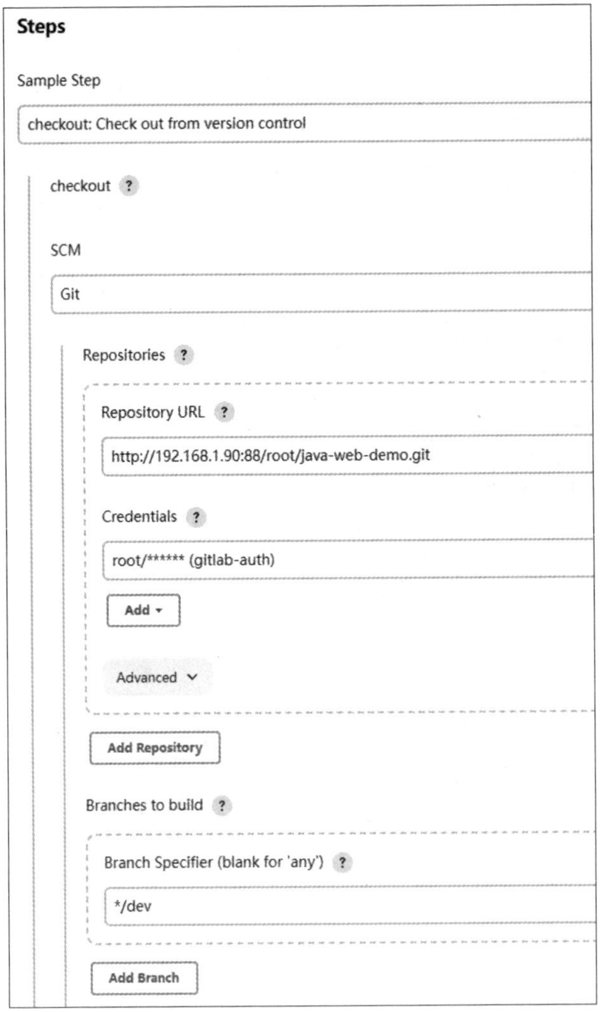

图 13-36 生成 Git 代码片段配置

将生成的代码片段复制到 Pipeline 中，如下所示：

```
stage('拉取代码') {
  steps {
      checkout  scmGit(branches: [[name: '*/dev']], extensions: [], userRemoteConfigs: [[credentialsId: '65ef7065-524f-4662-a9df-a435a4a72a38', url: 'http://192.168.1.90:88/root/java-web-demo.git']])
  }
}
```

为了让用户在触发构建时可以选择并动态获取分支，这里使用 Git Parameter，该 Parameter 由 "Git Parameter" 插件提供，该插件需要额外安装。这个步骤可以通过声明式指令生成器生成，在生成器中选择"parameters: Parameters"，然后添加"Git Parameter"，输入名称、描述、参数类型和默认分支。具体配置如图 13-37 所示。

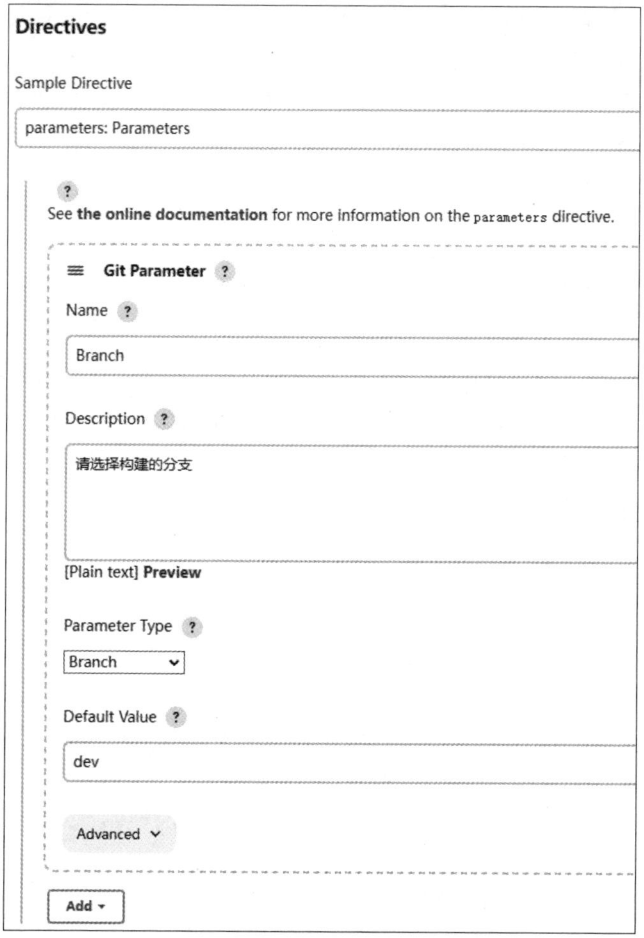

图 13-37　生成 Git Parameter 代码片段配置

将生成的代码片段复制到 Pipeline 中，如下所示：

```
    parameters {
        gitParameter branch: '', branchFilter: '.*', defaultValue: 'dev',
description: '请选择构建的分支', name: 'Branch', quickFilterEnabled: false,
selectedValue: 'NONE', sortMode: 'NONE', tagFilter: '*', type:
'GitParameterDefinition'
    }
    stages {
      stage('拉取代码') {
```

```
    steps {
        checkout scmGit(branches: [[name: "${params.Branch}"]], extensions:
[], userRemoteConfigs: [[credentialsId: '65ef7065-524f-4662-a9df-
a435d4a72a38', url: 'http://192.168.1.90:88/root/java-web-demo.git']]])
    }
  }
}
```

同时，将"scmGit"中的分支名称设置为"${params.Branch}"，以便根据用户选择的分支名称拉取代码。

13.8.3　代码编译阶段

这个 Java Web 项目使用 Maven 工具进行项目管理。因此，在这个阶段需要执行"mvn clean package"命令进行代码编译和构建，该命令执行完成后将生成一个可部署的 JAR 文件。将该命令放置在代码编译阶段中，配置如下：

```
stage('代码编译') {
  steps {
      sh 'mvn clean package'
  }
}
```

这时会引发一个问题：mvn 命令是否可以顺利执行？

答案是否定的，因为这个命令会在代理 Pod 中执行，而代理 Pod 是由"jenkins/inbound-agent"镜像创建的，该镜像仅运行代理程序，并没有提供 Maven 环境。

为了解决这个问题，需要确保代理 Pod 中具备 Maven 环境，这可以通过以下两种方法实现：

（1）基于"jenkins/inbound-agent"镜像构建一个包含 Maven 环境的镜像，并使用该镜像创建代理 Pod。

（2）在代理 Pod 中添加一个具有 Maven 环境的容器，在构建步骤中使用"container()"指令切换到该容器，并在该容器中执行 mvn 命令。

这里采用第二种方法，它具有很高的灵活性，易于扩展代理 Pod 的功能。

在 Pod 中添加一个名为"maven"的容器，并通过"maven:3.2.3-jdk-8"镜像创建该容器，配置如下：

```
apiVersion: v1
kind: Pod
spec:
  containers:
  - name: jnlp
```

```
      image: jenkins/inbound-agent:latest
      args: ['\$(JENKINS_SECRET)', '\$(JENKINS_NAME)']
    - name: maven
      image: maven:3.2.3-jdk-8
      command:
      - cat
      tty: true
```

在构建步骤中使用"container()"指令切换到该容器,并在该容器中执行 mvn 命令,配置如下:

```
stage('代码编译') {
  steps {
    container('maven') {
      sh 'mvn clean package'
    }
  }
}
```

13.8.4 构建镜像阶段

mvn 命令执行完成后,生成的 JAR 文件被放置在"target"目录下,文件名为"web-demo-0.1.0.jar"。这个构建镜像阶段生成 Dockerfile 文件,将该文件构建到 JDK 环境镜像中,并将其推送到 Harbor 镜像仓库,配置如下:

```
stage('构建镜像') {
  steps {
    sh """
      echo '
        FROM lizhenliang/java:8-jdk-alpine
        COPY ./target/*.jar /app/web-demo.jar
        EXPOSE 8080
        CMD java -jar /app/web-demo.jar
      ' > Dockerfile
      # 使用构建编号作为镜像标签
      image=192.168.1.90/java-web-demo/web:$BUILD_NUMBER
      docker build -t \${image} .
      docker login -uadmin -p'Harbor12345' 192.168.1.90
      docker push \${image}
    """
  }
}
```

这时也会面临与上一个阶段相同的问题:代理 Pod 中没有 Docker 环境,无法执行 Docker 命令。解决这个问题的思路还是一样,在 Pod 中添加一个名为"docker"的容器,该容器使用"docker"镜像创建，配置如下：

```yaml
apiVersion: v1
kind: Pod
spec:
  containers:
  - name: jnlp
    image: jenkins/inbound-agent:latest
    args: ['\$(JENKINS_SECRET)', '\$(JENKINS_NAME)']
  - name: maven
    image: maven:3.2.3-jdk-8
    command:
    - cat
    tty: true
  - name: docker
    image: docker:latest
    command:
    - cat
    tty: true
    volumeMounts:
    - mountPath: /var/run/docker.sock
      name: sock
  volumes:
  - name: sock
    hostPath:
      path: /var/run/docker.sock
```

需要注意的是，"docker"容器仅包含了 Docker 命令，并非一个完整的 Docker 容器运行时环境。因此，还需要将节点上的 UNIX 套接字文件"/var/run/docker.sock"挂载到容器中，以便与节点上的 Docker 容器运行时进行交互，执行与 Docker 相关的命令。

在构建步骤中使用"container()"指令切换到该容器，并在该容器中执行 Docker 命令，配置如下：

```
stage('构建镜像') {
  steps {
    container('docker') {
      sh """
        echo '
          FROM lizhenliang/java:8-jdk-alpine
          COPY ./target/*.jar /app/web-demo.jar
          EXPOSE 8080
          CMD java -jar /app/web-demo.jar
        ' > Dockerfile
        image=192.168.1.90/java-web-demo/web:$BUILD_NUMBER
```

```
            docker build -t \${image} .
            docker login -uadmin -p'Harbor12345' 192.168.1.90
            docker push \${image}
        """
      }
    }
}
```

需要注意的是,"docker login"命令使用明文传递密码,这会导致密码显示在控制台输出中,存在密码泄露的风险。为了提高安全性,可以使用"withCredentials"语句将凭据中的密码安全地注入构建过程中。使用片段生成器生成代码片段,配置如图13-38所示。

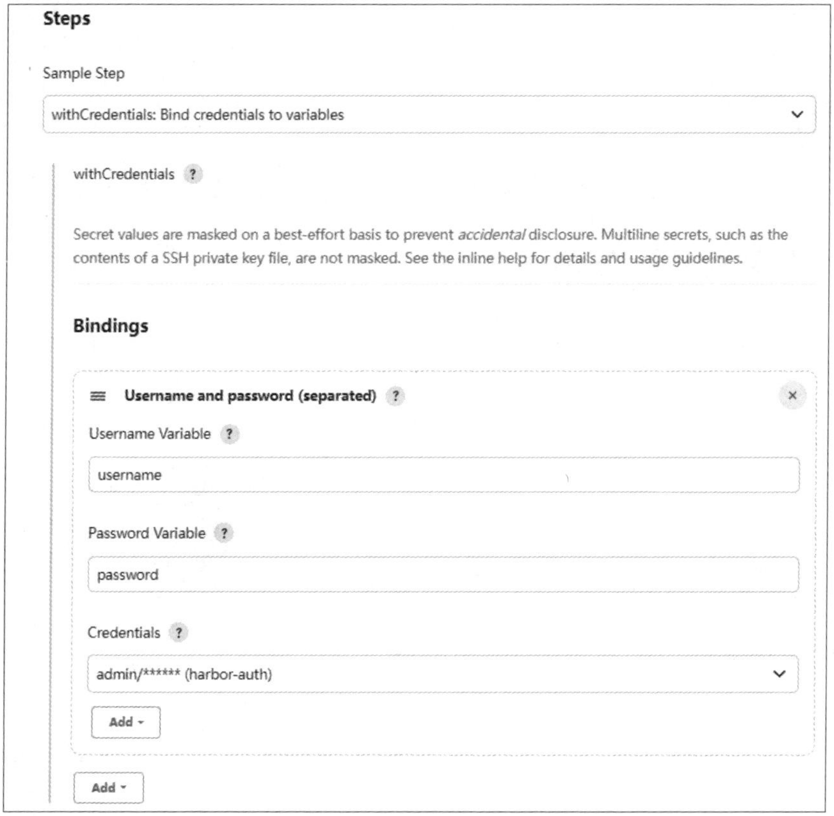

图 13-38 生成 withCredentials 代码片段配置

我们需要先将 Harbor 用户名和密码保存到 Jenkins 凭据中并选中它们,然后生成以下代码片段:

```
withCredentials([usernamePassword(credentialsId:
'1e9589dd-ee58-4866-9e4f-6619ceb68661', passwordVariable: 'password',
```

```
usernameVariable: 'username')]) {
    // some block
}
```

withCredentials 为凭据 ID "1e9589dd-ee58-4866-9e4f-6619ceb68661"中的用户名和密码分别设置环境变量"username"和"password",这两个环境变量只能在该块内被引用。例如将用户名和密码传递给 Docker 命令,配置如下:

```
container('docker') {
  withCredentials([usernamePassword(credentialsId: "${harbor_credentials_id}", passwordVariable: 'password', usernameVariable: 'username')]) {
    sh """
      ...
      docker login -u ${username} -p '${password}'
    """
  }
}
```

通过这样的配置,实际的密码将隐藏在控制台输出中,以防止密码泄露。

13.8.5 部署到 K8s 集群阶段

为应用程序定义 Deployment、Service 和 Ingress 资源配置,并将它们统一保存在 "k8s-deploy.yaml" 文件中,内容如下:

```yaml
apiVersion: apps/v1
kind: Deployment
metadata:
  name: java-web-demo
spec:
  replicas: 3
  selector:
    matchLabels:
      app: web-demo
  template:
    metadata:
      labels:
        app: web-demo
    spec:
      imagePullSecrets:
      - name: private-registry-auth
      containers:
      - name: web
        image: 192.168.1.90/java-web-demo/web:1
---
```

```yaml
apiVersion: v1
kind: Service
metadata:
  name: java-web-demo
spec:
  selector:
    app: web-demo
  ports:
    - protocol: TCP
      port: 80
      targetPort: 8080
---
apiVersion: networking.k8s.io/v1
kind: Ingress
metadata:
  name: java-web-demo
spec:
  ingressClassName: nginx
  rules:
  - host: web-demo.aliangedu.cn
    http:
      paths:
      - path: /
        pathType: Prefix
        backend:
          service:
            name: java-web-demo
            port:
              number: 80
```

然后使用"kubectl apply -f k8s-deploy.yaml"命令完成应用程序的部署，但在当前环境中，存在以下问题：

（1）代理 Pod 中没有 kubectl 环境，还需要按照之前的方式，在 Pod 中添加一个 kubectl 容器，在步骤中使用"container()"指令切换到该容器，并在该容器中执行 kubectl 命令。但还没有资源文件"k8s-deploy.yaml"，无法执行"kubectl apply -f"命令。

（2）假设 kubectl 能读取到资源文件，但 Pod 中没有 kubeconfig 认证文件，kubectl 无法与 Kubernetes 集群交互。

（3）假设成功执行"kubectl apply -f k8s-deploy.yaml"命令。但镜像标签每次构建都会发生变化，如何将该标签动态地修改为正确的标签呢？

问题（1）的解法是，将资源文件"k8s-deploy.yaml"提交到代码仓库，以便与项目代码一起进行版本管理。这样，在源代码目录也可以访问资源文件。

在 Pod 中添加一个名为"kubectl"的容器，使用"bitnami/kubectl:1.28.4"镜像创建，配置如下：

```yaml
apiVersion: v1
kind: Pod
spec:
  containers:
  - name: jnlp
    image: jenkins/inbound-agent:latest
    args: ['\$(JENKINS_SECRET)', '\$(JENKINS_NAME)']
  - name: kubectl
    image: bitnami/kubectl:1.28.4
    command:
    - cat
    tty: true
    securityContext:
      runAsUser: 0
...
```

问题（2）的解法是，将 kubectl 使用的 kubeconfig 认证文件以"Secret file"类型保存到 Jenkins 凭据中，然后通过"withCredentials"语句将凭据安全注入构建过程中。使用片段生成器生成代码片段，配置如图 13-39 所示。

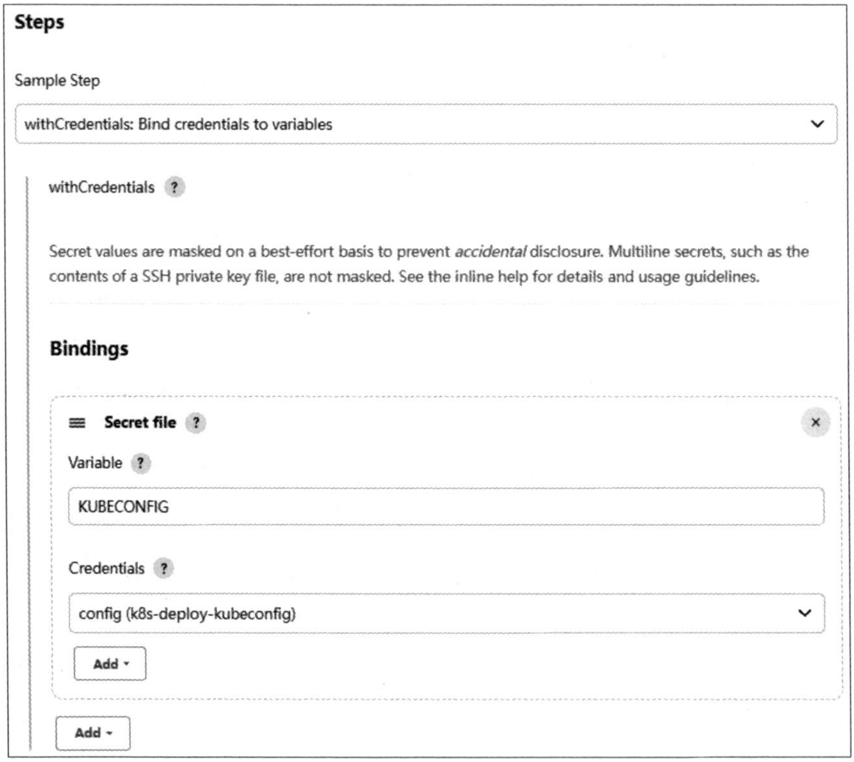

图 13-39　生成 withCredentials 代码片段配置

将生成的代码片段复制到 Pipeline 中，配置如下：

```
stage('部署到K8s集群') {
    steps {
        container('kubectl') {
            withCredentials([file(credentialsId:
'4491d2aa-375a-459b-af0b-1278e70c6d31', variable: 'KUBECONFIG')]) {
                sh """
                    kubectl apply -f k8s-deploy.yaml
                """
            }
        }
    }
}
```

kubectl 默认会通过环境变量"KUBECONFIG"获取 kubeconfig 的内容，因此无须通过"--kubeconfig"参数指定文件路径。

问题（3）的解法是，在部署之前，使用 sed 命令将"k8s-deploy.yaml"文件中的镜像标签修改为当前最新的镜像标签，配置如下：

```
stage('部署到K8s集群') {
    steps {
        container('kubectl') {
            withCredentials([file(credentialsId:
'4491d2aa-375a-459b-af0b-1278e70c6d31', variable: 'KUBECONFIG')]) {
                sh """
                    sed -i -r "s#(image: ).*#\\1192.168.1.90/java-web-demo/web:\$BUILD_NUMBER#" k8s-deploy.yaml
                    kubectl apply -f k8s-deploy.yaml
                """
            }
        }
    }
}
```

13.8.6 反馈阶段

Pipeline 流程执行完成后，Jenkins 将其结果发送邮件，以通知相关负责人。Jenkins 发送邮件的功能是由"Email Extension"插件提供的，这需要额外安装该插件。

首先配置邮件通知：Manage Jenkins→System→Extended E-mail Notification，配置如下：

- ☑ SMTP server：SMTP 服务器的域名。这里使用的是 163 个人邮箱，163 的 SMTP 服务器域名是"smtp.163.com"。
- ☑ SMTP Port：SMTP 服务器的端口号，通常是 25（非加密）或 465（加密），这里填写 25 端口。
- ☑ Credentials：选择登录 SMTP 服务器的凭据。单击 Add 按钮添加凭据，选择"Username with password"作为凭据类型，输入用户名和密码，即邮箱账号和密码，完成凭据的添加，然后选择该凭据。
- ☑ Default user e-mail suffix：默认的发件邮箱后缀，这里输入"@163.com"。
- ☑ Default Content Type：默认内容类型，可以是纯文本、HTML 等，这里设置为 HTML，以支持更丰富的邮件内容格式。

邮件通知配置如图 13-40 所示。

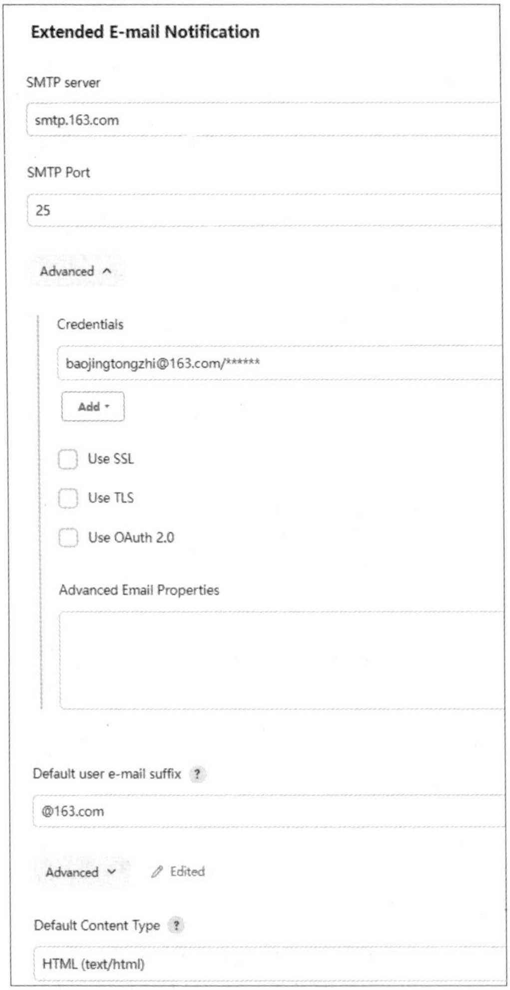

图 13-40 邮件通知配置

然后，在"post"部分添加发送邮件的步骤，配置如下：

```
    post {
        success {
            echo '构建成功'
            emailext (
                subject: "构建成功:项目 '${JOB_NAME} [${BUILD_NUMBER}]'",
                body: """
                    <p>构建成功,项目 '${JOB_NAME} [${BUILD_NUMBER}]'</p>
                    <p>构建代码分支:${Branch}</p>
                    <p>构建持续时间:${currentBuild.durationString}</p>
                    <p>详细信息请查看控制台输出: <a href="${BUILD_URL}"> ${JOB_NAME} [${BUILD_NUMBER}]</a>
                """,
                to: "1121267855@qq.com,962510244@qq.com",
                from: "baojingtongzhi@163.com"
            )
        }
        failure {
            echo '构建失败'
            emailext (
                subject: "构建失败:项目 '${JOB_NAME} [${BUILD_NUMBER}]'",
                body: """
                    <p>构建失败,项目 '${JOB_NAME} [${BUILD_NUMBER}]'</p>
                    <p>构建代码分支:${Branch}</p>
                    <p>构建持续时间:${currentBuild.durationString}</p>
                    <p>详细信息请查看控制台输出: <a href="${BUILD_URL}"> ${JOB_NAME} [${BUILD_NUMBER}]</a>
                """,
                to: "1121267855@qq.com,962510244@qq.com",
                from: "baojingtongzhi@163.com"
            )
        }
    }
}
```

在上述配置中,"emailext"步骤用于在 Pipeline 执行成功或失败时执行发送邮件通知。其中,各字段含义如下。

- ☑ subject:定义邮件主题。
- ☑ body:定义邮件正文,采用 HTML 格式。
- ☑ to:指定收件人的邮箱,多个邮箱地址以逗号分隔。

为了丰富邮件内容,在邮件中引用了多个 Jenkins 内置变量,以获取相关构建信息。

13.8.7 验证与测试

为了提高代码的可维护性和灵活性,将 Pipeline 脚本中的可修改的数据设置为环境变量，并在"environment"块内定义该环境变量，如仓库地址、凭据 ID 等。

完整的 Pipeline 脚本如下：

```
pipeline {
  agent {
    kubernetes {
      yaml '''
        apiVersion: v1
        kind: Pod
        spec:
          containers:
          - name: jnlp
            image: jenkins/inbound-agent:latest
            args: ['\$(JENKINS_SECRET)', '\$(JENKINS_NAME)']
          - name: maven
            image: maven:3.2.3-jdk-8
            command:
            - cat
            tty: true
          - name: docker
            image: docker:latest
            command:
            - cat
            tty: true
            volumeMounts:
            - mountPath: /var/run/docker.sock
              name: sock
          - name: kubectl
            image: bitnami/kubectl:1.27.4
            command:
            - cat
            tty: true
            securityContext:
              runAsUser: 0
          volumes:
          - name: sock
            hostPath:
              path: /var/run/docker.sock
      '''
    }
  }
  environment {
    gitlab_repo_url = 'http://192.168.1.90:88/root/java-web-demo.git'
    gitlab_credentials_id = '65ef7065-524f-4662-a9df-a435a4a72a38'
    harbor_registry = '192.168.1.90'
    harbor_credentials_id = 'de5540ae-b36f-49e0-8e24-aa4611b7d0b2'
```

```groovy
            harbor_image = '${harbor_registry}/java-web-demo/web'
            k8s_kubeconfig_id='4491d2aa-375a-459b-af0b-1278e70c6d31'
            mail_notification_recipients = '1121267855@qq.com, zhenliang369@163.com'
    }
    parameters {
        gitParameter branch: '', branchFilter: '.*', defaultValue: 'dev', description: '请选择发布的分支名', name: 'Branch', quickFilterEnabled: false, selectedValue: 'NONE', sortMode: 'NONE', tagFilter: '*', type: 'GitParameterDefinition'
    }
    stages {
      stage('拉取代码') {
        steps {
          checkout scmGit(branches: [[name: "${params.Branch}"]], extensions: [], userRemoteConfigs: [[credentialsId: "${gitlab_credentials_id}", url: "${gitlab_repo_url}"]])
        }
      }
      stage('代码编译') {
        steps {
            container('maven') {
              sh """
                  # 配置阿里云 Maven 仓库,提高依赖文件下载速度
                  sed -i "s#<mirrors>#<mirrors>\
<mirror>\
  <id>aliyunmaven</id>\
  <url>https://maven.aliyun.com/repository/public</url>\
  <mirrorOf>*</mirrorOf>\
</mirror>#" /usr/share/maven/conf/settings.xml

                  mvn clean package
              """
            }
        }
      }
      stage('构建镜像') {
        steps {
            container('docker') {
              withCredentials([usernamePassword(credentialsId: "${harbor_credentials_id}", passwordVariable: 'password', usernameVariable: 'username')]) {
                  sh """
                      image=${harbor_image}:${BUILD_NUMBER}   # 完整镜像地址
                      docker build -t \${image} .   # 根据当前目录中的 Dockerfile 文件构建镜像
                      docker login -u ${username} -p '${password}' ${harbor_
```

```
registry}                              # 在推送镜像之前登录
                    docker push \${image}         # 推送镜像到Harbor镜像仓库
                    """
                }
            }
        }
    }
        stage('部署到K8s集群') {
            steps {
                container('kubectl') {
                    withCredentials([file(credentialsId: "${k8s_kubeconfig_id}", variable: 'KUBECONFIG')]) {
                        sh """
                        sed -i -r "s#(image: )(.*)#\\1${harbor_image}:${BUILD_NUMBER}#" k8s-deploy.yaml
                        kubectl apply -f k8s-deploy.yaml
                        sleep 3
                        kubectl get pod,service,ingress
                        """
                    }
                }
            }
        }
    }
    post {
        success {
            echo '构建成功'
            emailext (
                subject: "构建成功：项目 '${JOB_NAME} [${BUILD_NUMBER}]'",
                body: """
                    <p>构建成功，项目 '${JOB_NAME} [${BUILD_NUMBER}]'</p>
                    <p>构建代码分支：${Branch}</p>
                    <p>构建持续时间：${currentBuild.durationString}</p>
                    <p>详细信息请查看控制台输出：<a href="${BUILD_URL}">${JOB_NAME} [${BUILD_NUMBER}]</a>
                """,
                to: "${mail_notification_recipients}",
                from: "baojingtongzhi@163.com"
            )
        }
        failure {
            echo '构建失败'
            emailext (
                subject: "构建失败：项目 '${JOB_NAME} [${BUILD_NUMBER}]'",
                body: """
                    <p>构建失败，项目 '${JOB_NAME} [${BUILD_NUMBER}]'</p>
```

第 13 章 基于 Jenkins 的 CI/CD 平台

```
                    <p>构建代码分支：${Branch}</p>
                    <p>构建持续时间：${currentBuild.durationString}</p>
                    <p>详细信息请查看控制台输出: <a href="${BUILD_URL}">${JOB_NAME} [${BUILD_NUMBER}]</a>
                    """,
                    to: "${mail_notification_recipients}",
                    from: "baojingtongzhi@163.com"
                )
            }
        }
    }
}
```

创建一个名为"java-web-demo"的 Pipeline 类型项目,将上述脚本放置到 Pipeline 脚本编辑框中,然后单击项目的 Build Now 按钮触发构建。

同时,在项目中可以实时查看每个阶段的执行结果和耗时。步骤视图如图 13-41 所示。

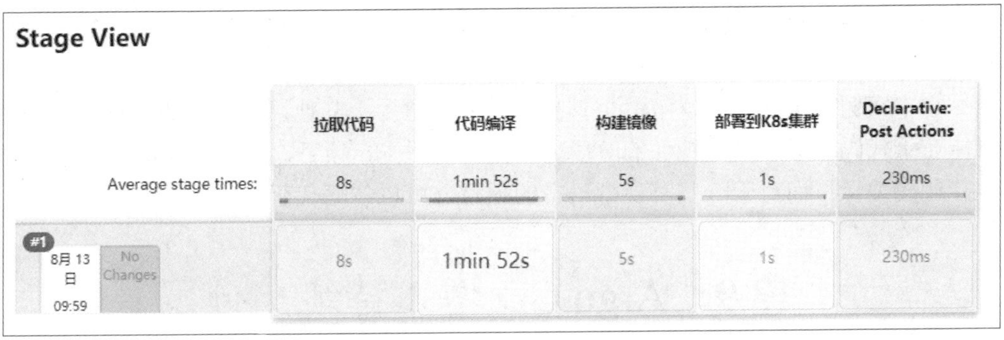

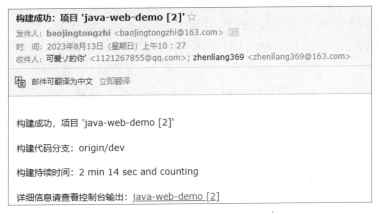

图 13-41　步骤视图

最后会发送邮件通知,邮件内容如图 13-42 所示。

图 13-42　邮件内容

通过 Ingress 访问域名，将看到网站首页，如图 13-43 所示。

图 13-43　网站首页

小结：可以感受到，编写 Pipeline 脚本并不是一项简单的任务，它需要对 Pipeline 结构、语法、指令以及相关插件（Git、Kubernetes、Pipeline、Email Extension）有深入的了解和熟悉。

尽管本案例以 Java 项目为例，但该构建流程也适用于其他语言开发的项目，其主要区别可能在于代码编译和构建镜像的阶段。例如：对于 Go 项目，则需要使用 Go 环境的容器进行代码编译；而对于一些解释型语言的项目，可以省略代码编译阶段。

13.9　Argo CD 增强持续交付

在 Jenkins CI/CD 流程中的持续交付阶段，即部署到 K8s 集群阶段，使用 kubectl 工具来进行应用程序的部署和更新操作，但这种方式无法实时跟踪应用程序的状态。这将造成用户在 CI/CD 流程完成后需要额外操作 Kubernetes 集群，以进一步查看应用程序的状态。为了解决这些问题，可以引入 Argo CD 来增强持续交付阶段，如图 13-44 所示。

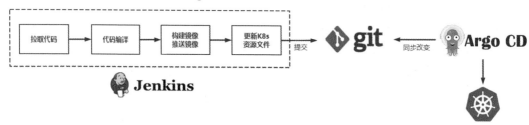

图 13-44　Jenkins 与 Argo CD 结合

在图 13-44 中，Jenkins 仍然负责持续集成阶段，包括拉取代码、代码编译和构建镜像等任务。一旦完成这些任务，Jenkins 就会将最新的状态更新到存储在 Git 代码仓库的 Kubernetes 资源文件中。Argo CD 负责执行 Kubernetes 资源文件的更新操作，并持续监控 Git 代码仓库中的 Kubernetes 资源文件的变化，如果检测到变更，Argo CD 会自动将这些变更同步到 Kubernetes 集群中，以完成对应用程序的更新操作。同时，用户可以通过可视化界面实时观察应用程序的更新状态。

这种分工和协作机制充分发挥了 Jenkins 和 Argo CD 的优势，实现了更可靠、自动化和可视化的持续交付流程。

13.9.1　Argo CD 部署

将 Argo CD 部署到 Kubernetes 集群中：

```
[root@k8s-master ~]# kubectl create ns argocd
[root@k8s-master ~]# kubectl apply -n argocd -f https://raw.githubusercontent.com/argoproj/argo-cd/stable/manifests/install.yaml
```

查看 Argo CD 相关 Pod，如图 13-45 所示。

```
[root@k8s-master ~]# kubectl get pod,svc -n argocd
NAME                                                        READY   STATUS    RESTARTS   AGE
pod/argocd-application-controller-0                         1/1     Running   0          154m
pod/argocd-applicationset-controller-5f975ff5-rfqbw         1/1     Running   0          154m
pod/argocd-dex-server-7bb445db59-brths                      1/1     Running   0          87m
pod/argocd-notifications-controller-566465df76-cxrx8        1/1     Running   0          154m
pod/argocd-redis-6976fc7dfc-jjd49                           1/1     Running   0          154m
pod/argocd-repo-server-6d8d59bbc7-w2tgl                     1/1     Running   0          112m
pod/argocd-server-58f5668765-94l57                          1/1     Running   0          154m

NAME                                              TYPE        CLUSTER-IP       EXTERNAL-IP   PORT(S)                      AGE
service/argocd-applicationset-controller          ClusterIP   10.103.215.243   <none>        7000/TCP,8080/TCP            154m
service/argocd-dex-server                         ClusterIP   10.108.91.99     <none>        5556/TCP,5557/TCP,5558/TCP   154m
service/argocd-metrics                            ClusterIP   10.104.11.168    <none>        8082/TCP                     154m
service/argocd-notifications-controller-metrics   ClusterIP   10.97.241.117    <none>        9001/TCP                     154m
service/argocd-redis                              ClusterIP   10.107.180.51    <none>        6379/TCP                     154m
service/argocd-repo-server                        ClusterIP   10.102.42.22     <none>        8081/TCP,8084/TCP            154m
service/argocd-server                             ClusterIP   10.110.242.237   <none>        80/TCP,443/TCP               154m
service/argocd-server-metrics                     ClusterIP   10.99.179.111    <none>        8083/TCP                     154m
```

图 13-45　查看 Argo CD 相关 Pod

使用 "kubectl edit svc argocd-server -n argocd" 命令编辑 Service 对象，将 "type" 字段的值从 ClusterIP 更改为 NodePort，并使用 "kubectl get svc -n argocd" 命令获取 NodePort 端口以进行访问。将看到 Argo CD 的登录页面，如图 13-46 所示。

默认用户名为 "admin"，密码由系统随机生成，可通过以下命令获取：

```
[root@k8s-master ~]# kubectl get secret argocd-initial-admin-secret -n argocd -o jsonpath="{.data.password}" | base64 -d ; echo
```

登录成功后，进入 Argo CD 首页，如图 13-47 所示。

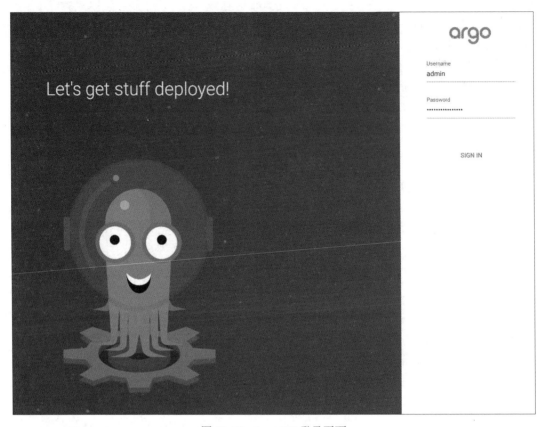

图 13-46　Argo CD 登录页面

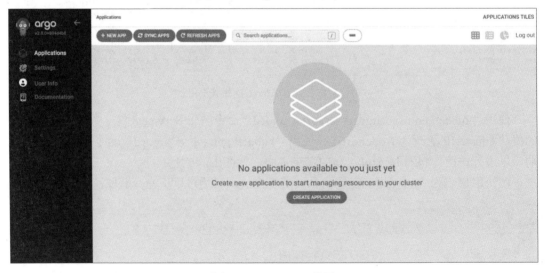

图 13-47　Argo CD 首页

13.9.2 Argo CD 实践

1. 添加代码仓库

在 Dashboard 中添加 Git 代码仓库：Settings→Repositories→CONNECT REPO，配置如下。
- Choose your connection method：指定连接方式。这里选择 "VIA HTTPS"。
- CONNECT REPO USING HTTPS：配置与仓库相关的信息。
- Type：类型。这里选择 "git"。
- Project：项目。这里选择 "default"。
- Repository URL：仓库 URL。这里输入 "http://192.168.1.90:88/root/java-web-demo.git"。
- Username：用户名。
- Password：密码。
- Force HTTP basic auth：强制使用 HTTP 基础认证。这里选中它。

单击 CONNECT 按钮连接测试并添加 Git 代码仓库。

2. 创建应用

应用（Application）用于定义 Kubernetes 资源的来源（Source）和目标（Destination）。来源是指 Kubernetes 资源文件在代码仓库中的位置，而目标是指资源部署的命名空间。

单击导航栏 "Applications"，接着单击 CREATE APPLICATION 按钮创建应用，进入应用配置页面，其中包含以下部分。

（1）GENERAL（常规）。
- Application Name：应用名称。这里输入 "java-web-demo"。
- Project Name：项目名称。这里选择默认项目 "default"。项目用于逻辑上管理不同的应用，当应用比较多时，基于项目管理应用非常方便。
- SYNC POLICY：同步策略。这里选择 "Automatic"（自动），表示 Argo CD 自动检测 Git 代码仓库中资源文件的变更，并根据变更自动同步资源状态。另一种是 "Manual"（手动），表示 Argo CD 自动检测代码仓库中资源文件的变更，但不会自动同步资源状态，即需要手动触发同步操作。

选择 "Automatic" 后，将以下两个选项选中。
  - PRUNE RESOURCES（清理资源）：如果选中该选项，当代码仓库的资源文件中的资源被删除时，Kubernetes 集群中的相应资源也会被删除。
  - SELF HEAL（自愈）：如果选中该选项，当代码仓库中的资源文件与 Kubernetes 集群中的资源状态不一致时，尝试自动修复。

（2）SOURCE（源）。

- ☑ Repository URL：代码仓库地址。这里选择上述添加的 Git 仓库。
- ☑ Revision：指定仓库的版本。这里输入 dev，表示只有 dev 分支中的资源文件更新时才会进行同步。输入"HEAD"，表示所有分支中的资源文件更新时都会进行同步。
- ☑ Path：指定资源文件在仓库中的路径（目录）。这里将路径指定为"manifests"，即资源文件都需要放到这个目录下。

（3）DESTINATION（目标）。

- ☑ Cluster URL：Kubernetes 集群的访问地址。这里选择默认地址"https://kubernetes.default.svc"。
- ☑ Namespace：指定资源部署的命名空间。这里输入"default"。

完成配置后，单击 CREATE 按钮创建应用。将看到该应用的状态，如图 13-48 所示。

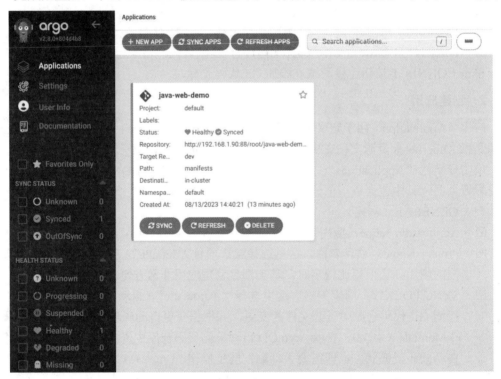

图 13-48　应用的状态

ArgoCD 还提供了通过定义资源来创建应用的方法，这种方法更利于自动化操作。Application 自定义资源配置示例如下：

```
apiVersion: argoproj.io/v1alpha1
kind: Application
metadata:
```

```
  name: java-web-demo
  namespace: argocd
spec:
  project: default
  source:
    repoURL: "http://192.168.1.90:88/root/java-web-demo.git"
    targetRevision: dev
    path: manifests
  destination:
    server: https://kubernetes.default.svc
    namespace: default
  syncPolicy:
    automated:
      prune: true
      selfHeal: true
```

3. Git 仓库中 Kubernetes 资源文件变更

根据上述应用配置，将资源文件"k8s-deploy.yaml"提交到代码仓库中名为"manifests"的目录下。提交完成后，Argo CD 会检测到该目录下资源文件的变更，自动在"default"命名空间中创建这些资源。同时，实时呈现资源的最新状态，资源状态如图 13-49 所示。

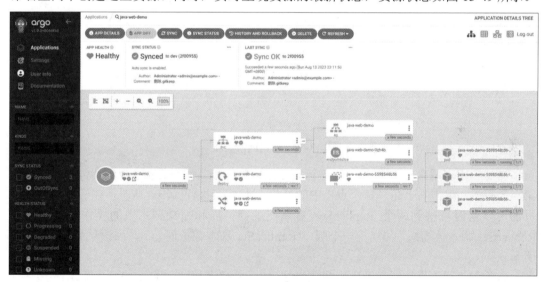

图 13-49　资源状态

可以直观地看到，"java-web-demo"应用与 svc、deploy 和 ing 资源对象以及它们之间的关系相关联，这些资源与代码仓库中的资源文件保持一致。

假设修改了代码仓库中的资源文件,例如修改 Deployment 资源中的镜像地址,Argo CD 会检测到本次的变更,自动将这些变更同步到 Kubernetes 集群中,从而完成对应用程序的更新。在更新应用程序的过程中,这些资源对象状态会实时变化,以帮助你更好地了解该应用程序的最新状态。

如果某个资源状态异常,可以单击资源的"三个点"按钮中的"Details"来获取更多信息,如事件、日志等。

4. 应用回滚

Argo CD 会记录每次的更新记录,以便进行回滚。单击 History and rollback 按钮,查看应用的历史版本,如图 13-50 所示。

图 13-50 应用回滚页面

当前应用有两个历史版本,第一个是当前版本,第二个是上一个版本。例如,回滚到第一个版本,单击右上角"三个点"中的 Rollback 按钮执行回滚。此时,在资源对象状态页面可以实时观察到两个 ReplicaSet 对象在进行扩展和缩减副本数的操作,直到当前 ReplicaSet 副本数缩减为 0,上一个版本 ReplicaSet 副本数扩展为 3,回滚结果如图 13-51 所示。

当单击"回滚"按钮后,应用状态将从"Synced"变更为"OutOfSync",并关闭自动同步(Auto sync is not enabled)。这是一项保护措施,因为回滚完成后 Kubernetes 集群中的资源状态会与代码仓库中的资源文件不一致。如果启用自动同步,会导致回滚操作的失效或引发其他问题。因此,Argo CD 在执行回滚后不再自动同步,而是等待用户手动触发同步操作,通常是在下一次持续集成后执行。

第 13 章 基于 Jenkins 的 CI/CD 平台

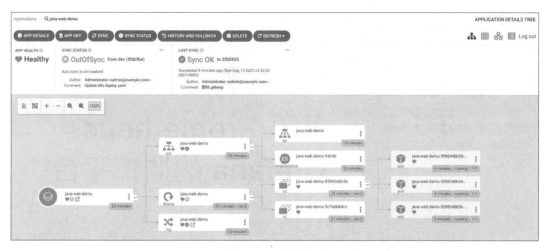

图 13-51　回滚结果

小结：Argo CD 是一个强大的持续交付工具，以 GitOps 模式为基础，使用 Git 仓库作为定义应用程序状态的真实来源。Argo CD 不仅支持 Kubernetes 资源文件，还支持 Helm Charts 和 Kustomize，这使得用户可以根据需求灵活地管理和部署多种类型的应用程序。

Argo CD 除了可以通过 Dashboard 进行日常管理，还提供了 argocd 命令行管理工具，更加方便与其他系统环境集成。该工具可在 Argo CD 项目的 GitHub Releases 页面（https://github.com/argoproj/argo-cd）中进行下载。

13.10　本章小结

本章讲解了如何基于 Jenkins 构建一套 CI/CD 平台。通过在 Jenkins 上定义构建流程，用户可以一键将应用程序自动化发布到任何环境中，从而实现高效、可靠的持续集成和持续交付流程。

- ☑ Jenkins 支持两种项目类型：Freestyle project 和 Pipeline。其中，Freestyle project 类型通过图形界面自由定义构建流程，而 Pipeline 通过代码定义构建流程。
- ☑ Jenkins 参数化构建用于与用户进行交互，根据输入的参数执行不同的行为。
- ☑ Jenkins 主从架构提供了一个分布式构建环境，能够满足大规模构建的需求。
- ☑ 从节点（代理）可以运行在任何环境中，包括虚拟机、容器和 Pod。运行在 Pod 中时，它可以充分利用 Kubernetes 的特性，实现代理的动态增减。
- ☑ Jenkins 在持续交付阶段的能力相对薄弱，可以通过整合 Argo CD 来增强持续交付流程。

第 14 章 基于 Prometheus+Grafana 的监控平台

在整个项目周期中，监控系统扮演着关键的角色。通过监控系统，我们可以实时观察业务的运行状态和历史趋势分析。当发生故障时，监控系统会立即通知相关负责人，并及时处理相关问题，从而降低故障对业务的影响。因此，监控系统是预测问题和发现问题最有效的方法。

14.1 Prometheus 和 Grafana 简介

Prometheus（普罗米修斯）是一款开源的监控系统，针对容器化环境提供了强大的支持，例如自动发现和监控，这对于容器即开即用的特点至关重要，使其能够成为监控 Docker、Kubernetes 的首选解决方案。

Prometheus 在监控可视化方面的功能比较薄弱，它仅提供了一个简单的 Web UI，难以满足企业对监控可视化的需求。为了填补这一不足，Prometheus 通常会与 Grafana 结合使用，形成一套完整的可视化监控方案。

Grafana 是一款开源的数据可视化系统，它提供了丰富的可视化功能，包括仪表盘、图表等，可以以直观的方式展示监控数据。Grafana 支持多种数据源，如 Prometheus、InfluxDB、MySQL 等，因此在监控可视化领域得到了广泛的应用。

14.2 Prometheus 架构

Prometheus 监控系统由多个组件组成。Prometheus 架构如图 14-1 所示。

第 14 章 基于 Prometheus+Grafana 的监控平台

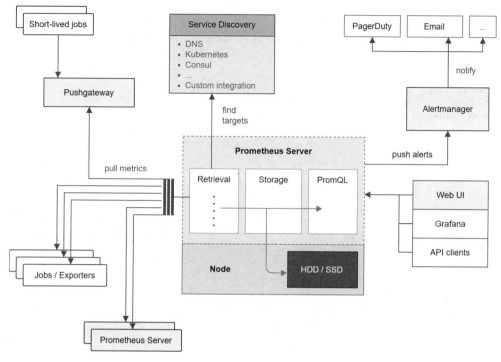

图 14-1 Prometheus 架构

在图 14-1 中，主要包括以下部分。

1．采集层

- Exporters：采集各种应用和服务的指标数据并以 HTTP 方式暴露给 Prometheus Server。Prometheus 提供了大量的 Exporter（https://prometheus.io/docs/instrumenting/exporters），用于采集操作系统、数据库、Web 服务器等领域的监控数据。
- Pushgateway：用于集中管理临时性或周期性任务的指标数据，并暴露给 Prometheus Server。

2．存储和处理层

- 数据存储：Prometheus Server 是整个架构的核心，负责汇总来自 Exporters、Pushgateway 以及其他程序提供的指标数据，并将这些数据存储在本地磁盘上。Prometheus Server 还可以将数据存储到第三方存储系统，如 InfluxDB、OpenTSDB，以满足高效的存储需求。
- 查询和分析：提供强大的 PromQL 查询语言，支持多维数据查询和分析。

3．展示层

- Web UI：内置的 Web 界面，可以对 Prometheus 进行基本的管理。

- ☑ Grafana：提供对 Grafana 的支持，为用户呈现更丰富的图表和仪表盘。
- ☑ API clients：包含多种编程语言的客户端库，用于与 Prometheus API 进行交互，为开发者提供简单易用的编程接口。

4．告警层

Alertmanager：负责接收来自 Prometheus Server 的告警事件，根据预定义的策略将告警通知发送到不同的通讯软件，如邮箱、微信等。

14.3　部署 Prometheus 和 Grafana

14.3.1　部署 Prometheus

使用 Docker 创建 Prometheus 容器：

```
[root@localhost ~]# docker network create monitoring
[root@localhost ~]# docker run -d \
  --name=prometheus \
  --net=monitoring \
  -v /etc/prometheus:/etc/prometheus/ \
  -v prometheus-data:/prometheus \
  -p 9090:9090 \
  prom/prometheus:latest
```

在执行上述命令之前，需要确保宿主机上已存在 Prometheus 配置文件（/etc/prometheus/prometheus.yml），该配置文件内容如下：

```
global:
  scrape_interval: 15s
  evaluation_interval: 15s
alerting:
  alertmanagers:
    - static_configs:
        - targets:
          # - alertmanager:9093
rule_files:
  # - "first_rules.yml"
  # - "second_rules.yml"
scrape_configs:
  - job_name: "prometheus"
    static_configs:
      - targets: ["localhost:9090"]
```

上述配置各部分的含义如下。
- ☑ global：全局配置。
  - ➤ scrape_interval：对监控目标收集的间隔时间。
  - ➤ evaluation_interval：告警规则评估的间隔时间。
- ☑ alerting：告警配置，这里定义了 Alertmanager 的配置。
- ☑ rule_files：告警规则文件的路径。
- ☑ scrape_configs：抓取配置。可以配置多个作业（job），每个作业都有自己的抓取配置，在作业中添加监控目标。这里定义了一个自身的监控目标。

在浏览器中访问"http://<宿主机 IP 地址>:9090"，将看到首页，如图 14-2 所示。

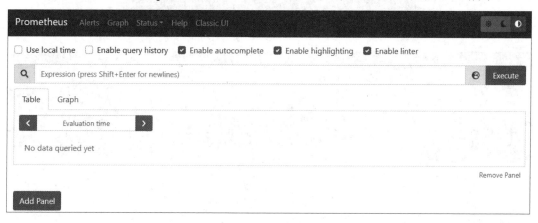

图 14-2　Prometheus Web UI

14.3.2　部署 Grafana

使用 Docker 创建 Grafana 容器：

```
[root@localhost ~]# docker run -d \
 --name=grafana \
 --net=monitoring \
 -v grafana-data:/var/lib/grafana \
 -p 3000:3000 \
 grafana/grafana:latest
```

在浏览器中访问"http://<宿主机 IP 地址>:3000"，将看到 Grafana 登录页面，如图 14-3 所示。

默认用户名和密码均为"admin"。初次登录，系统会提示设置新的密码，设置完成后，进入 Grafana 首页，如图 14-4 所示。

图 14-3 Grafana 登录页面

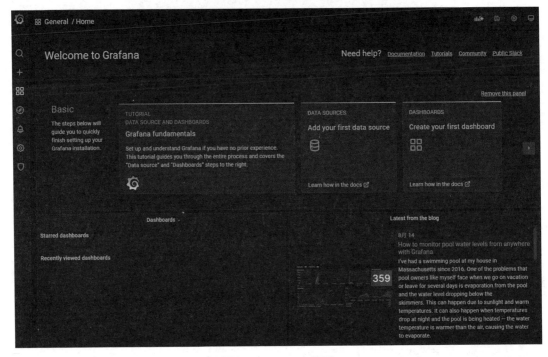

图 14-4 Grafana 首页

14.3.3 在 Grafana 中添加 Prometheus 作为数据源

在 Grafana 中添加 Prometheus 作为数据源：Configuration→Add data source→Prometheus，进入数据源配置页面，在 HTTP 部分的 URL 中输入 Prometheus 的访问地址"http://prometheus:9090"（容器的域名地址）或者输入"http://<宿主机 IP 地址>:9090"，

单击 Save&test 按钮进行保存和测试。

添加成功后查看数据源，如图 14-5 所示。

图 14-5　数据源

14.4　Prometheus 监控案例

接下来，我们将通过一些具体的监控案例，深入理解 Prometheus+Grafana 监控系统的操作和使用。

14.4.1　监控 Linux 服务器

Node Exporter 用于采集和暴露本机的系统性能数据，包括但不限于 CPU、内存、硬盘、网络接口等指标。

1. 部署 Node Exporter

Node Exporter 支持多种安装方式，包括 Docker 和二进制。如果目标主机已安装 Docker，则建议使用 Docker 容器部署；反之，使用二进制方式更方便。

这里采用二进制方式部署，在官网（https://prometheus.io/download/#node_exporter）上下载 Node Exporter 的安装包，对其进行解压并将其移动到"/usr/local/node_exporter"目录下：

```
[root@localhost ~]# tar zxvf node_exporter-1.6.1.linux-amd64.tar.gz
[root@localhost ~]# mv node_exporter-1.6.1.linux-amd64 /usr/local/node_exporter
```

使用 Systemd 管理 node_exporter 程序，创建服务文件：

```
[root@localhost ~]# vi /usr/lib/systemd/system/node_exporter.service
[Unit]
Description=node_exporter
[Service]
```

```
ExecStart=/usr/local/node_exporter/node_exporter
ExecReload=/bin/kill -HUP $MAINPID
KillMode=process
Restart-on-failure
[Install]
WantedBy=multi-user.target
```

启动并设置开机启动：

```
[root@localhost ~]# systemctl start node_exporter
[root@localhost ~]# systemctl enable node_exporter
```

Node Exporter 默认监听 9100 端口。假设这台主机 IP 地址是"192.168.1.72"，可以通过浏览器访问"http://192.168.1.72:9100/metrics"以查看采集的指标数据。

2. Prometheus 添加监控目标

为了将这台主机加入 Prometheus 监控中，还需要在 Prometheus 配置文件（/etc/prometheus/prometheus.yml）中添加监控目标，配置如下：

```
scrape_configs:
  - job_name: "prometheus"
    static_configs:
      - targets: ["localhost:9090"]
  - job_name: "Linux-Server"
    # metrics_path: '/metrics'   # 指定指标接口路径，默认是"/metrics"
    # scheme: http               # 指定连接协议，默认是"http"
    static_configs:
      - targets: ["192.168.1.72:9100"]
```

上述配置在"scrape_configs"部分添加了一个名为"Linux-Server"的作业，其中"targets"字段用于添加监控目标，多个监控目标以逗号","分隔。这里添加了一个监控目标"192.168.1.72:9100"，这是 Node Exporter 的访问地址。

配置完成后，重启 Prometheus 容器或者向 Prometheus 进程发送"SIGHUP"信号以重新加载配置文件：

```
[root@localhost ~]# docker exec -it prometheus kill -HUP 1
```

单击 Web UI 导航栏中的"Status"，然后选择 Targets 以查看监控目标，如图 14-6 所示。

主机"192.168.1.72:9100"的状态为"UP"，表明已经成功监控。Prometheus 会定期收集从"Endpoint"显示的地址中获取指标数据并对该数据进行存储。在导航栏"Graph"中，可以使用 PromQL 查询语句检索存储在 Prometheus 中的指标数据。例如，查看与 CPU 相关的指标，输入"node_cpu_seconds_total{instance="192.168.1.72:9100"}"，PromQL 查询结果如

图 14-7 所示。

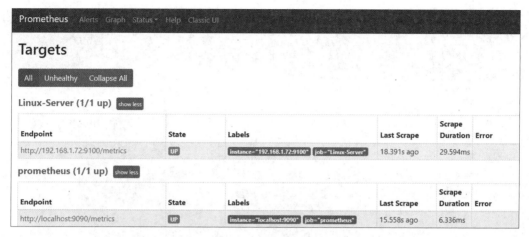

图 14-6　监控目标

图 14-7　PromQL 查询结果

其中，"node_cpu_seconds_total"为指标名称，花括号"{}"为查询条件，条件由一个或多个标签组成，例如标签"instance="192.168.1.72:9100""表示仅查询"192.168.1.72:9100"实例的指标数据。

3．Grafana 导入仪表盘

Grafana 导入仪表盘：Create→Import→在弹出窗口中输入仪表盘 ID "12633"→单击 Load 按钮加载→进入仪表盘配置界面，这里设置仪表盘的名称和 Prometheus 数据源→单击 Import 按钮完成导入，将看到仪表盘界面，如图 14-8 所示。

通过这个仪表盘，可以直观地观察这台主机的性能指标，包括系统负载、CPU 利用率、内存利用率、硬盘利用率、网络接口流量等。这些性能指标有助于了解主机运行状态，并及时发现潜在的性能问题。

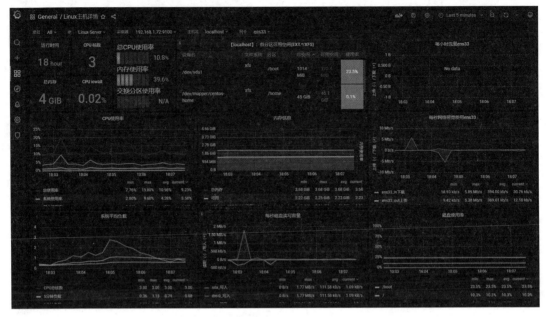

图 14-8　Node Exporter 仪表盘

这个仪表盘来自 Grafana 仪表盘共享库（https://grafana.com/grafana/dashboards），这是官方为用户提供的一个集中获取和分享的平台，汇集了丰富的仪表盘资源。

14.4.2　监控 Docker 服务器

cAdvisor Exporter 用于采集和暴露本机上容器的资源使用情况。

1. 部署 cAdvisor Exporter

在 Docker 主机上创建 cAdvisor 容器：

```
[root@localhost ~]# docker run -d \
  --name=cadvisor \
  --volume=/:/rootfs:ro \
  --volume=/var/run:/var/run:ro \
  --volume=/sys:/sys:ro \
  --volume=/var/lib/docker/:/var/lib/docker:ro \
  --volume=/dev/disk/:/dev/disk:ro \
  --publish=8080:8080 \
  --privileged \
  --device=/dev/kmsg \
  google/cadvisor:latest
```

假设这台主机 IP 地址是"192.168.1.72",可以通过浏览器访问"http://192.168.1.72:8080/metrics"来查看采集的指标数据。

2. Prometheus 添加监控目标

在 Prometheus 配置文件中添加监控目标,配置如下:

```
scrape_configs:
  - job_name: "Docker-Server"
    static_configs:
      - targets: ["192.168.1.72:8080"]
```

上述配置在"scrape_configs"部分添加了一个名为"Docker-Server"的作业,其中添加了一个监控目标"192.168.1.72:8080",这是 cAdvisor Exporter 的访问地址。

配置完成后,执行"docker exec -it prometheus kill -HUP 1"命令重新加载配置文件。

3. Grafana 导入仪表盘

Grafana 导入仪表盘的步骤与上一个导入步骤相同,输入仪表盘 ID "7362",导入完成后,将看到仪表盘界面,如图 14-9 所示。

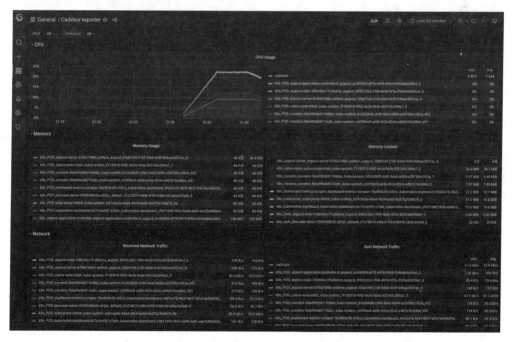

图 14-9　cAdvisor 仪表盘

通过这个仪表盘,可以直观地观察这台 Docker 主机上容器的性能指标,包括 CPU 利用率、内存利用率、网络接口流量等。这些性能指标有助于用户了解 Docker 容器运行状态，并及时发现潜在的性能问题。

14.4.3 监控 MySQL 服务器

MySQL Server Exporter 用于采集和暴露目标 MySQL 实例的性能指标。

1. 安装 MySQL Server Exporter

在官网（https://prometheus.io/download/#mysqld_exporter）上下载 MySQL Server Exporter 的安装包，对其进行解压并将其移动到"/usr/local/node_exporter"目录下：

```
[root@localhost ~]# tar zxvf mysqld_exporter-0.15.0.linux-amd64.tar.gz
[root@localhost ~]# mv mysqld_exporter-0.15.0.linux-amd64 /usr/local/mysqld_exporter
```

使用 Systemd 管理 mysqld_exporter 程序，创建服务文件：

```
[root@localhost ~]# vi /usr/lib/systemd/system/mysqld_exporter.service
[Unit]
Description=node_exporter
[Service]
ExecStart=/usr/local/mysqld_exporter/mysqld_exporter
--config.my-cnf=/usr/local/mysqld_exporter/.my.cnf
ExecReload=/bin/kill -HUP $MAINPID
KillMode=process
Restart=on-failure
[Install]
WantedBy=multi-user.target
```

在 mysqld_exporter 启动时添加 "--config.my-cnf" 参数，用于指定连接 MySQL 的配置文件，包括 IP 地址、用户名和密码。为了提高安全性，隐藏该配置文件，即在文件名前面加 "."。配置文件内容如下：

```
[client]
host = 192.168.1.72
port = 3306
user = root
password = 123456
```

启动并设置开机启动：

```
[root@localhost ~]# systemctl start mysqld_exporter
[root@localhost ~]# systemctl enable mysqld_exporter
```

MySQL Server Exporter 默认监听 9104 端口。假设这台主机的 IP 地址是 "192.168.1.72"，

可以通过浏览器访问"http://192.168.1.72:9104/metrics"以查看采集的指标数据。

2. Prometheus 添加监控目标

在 Prometheus 配置文件中添加监控目标，配置如下：

```
scrape_configs:
  - job_name: "MySQL-Server"
    static_configs:
      - targets: ["192.168.1.72:9104"]
```

上述配置在"scrape_configs"部分添加了一个名为"MySQL-Server"的作业，其中添加了一个监控目标"192.168.1.72:9104"，这是 MySQL Server Exporter 的访问地址。

配置完成后，执行"docker exec -it prometheus kill -HUP 1"命令重新加载配置文件。

3. Grafana 导入仪表盘

Grafana 导入仪表盘，输入仪表盘 ID "7362"，导入完成后，将看到仪表盘界面，如图 14-10 所示。

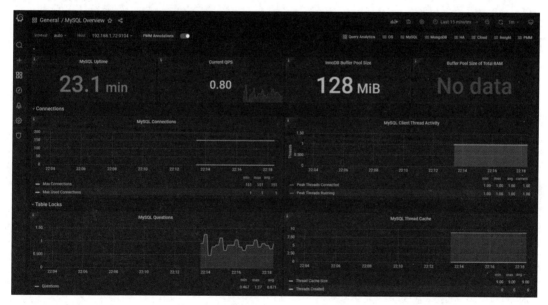

图 14-10　MySQL Server Exporter 仪表盘

通过这个仪表盘，用户可以直观地观察这个 MySQL 实例的性能指标，包括 InnoDB 缓存池大小、连接数、查询数、表锁、网络流量等。这些性能指标有助于用户了解 MySQL 实例运行状态，并及时发现潜在的性能问题。

14.4.4 监控应用程序

对于常见的操作系统或服务，用户可以通过官方或社区提供的 Exporter 来采集指标数据。而对于自主开发的应用程序，则需要自主开发专用的 Exporter 或者集成到应用程序中，无论选择哪种方式，通常都需要使用 Prometheus 客户端库来暴露符合 Prometheus 的指标数据格式。

Prometheus 提供了多种编程语言的客户端库，可以在官方文档（https://prometheus.io/docs/instrumenting/clientlibs）中找到你使用的编程语言。

1. 应用程序集成 Prometheus 客户端库

假设有一个 Python Flask 开发的网站（仓库地址为 https://gitee.com/zhenliangli/flask-web-demo），现在需要通过 Prometheus 监控该网站的 HTTP 请求情况。为了实现这一目标，使用 Prometheus 客户端库收集和暴露指标数据。

首先，安装 Prometheus 客户端库：

```
[root@localhost ~]# pip install prometheus_client
```

接着，在源代码目录中创建一个名为 "prometheus_metrics.py" 的文件，代码如下：

```python
from prometheus_client import start_http_server, Counter, Gauge

# 创建一个 Counter 类型的指标，用于统计 HTTP 访问次数
http_requests_total = Counter('flask_app_http_requests_total','HTTP 请求总数')
# 创建一个 Gauge 类型的指标，用于统计每个页面的当前并发数
page_concurrent_requests = Gauge('flask_app_page_concurrent_requests','当前每个页面的并发请求数', ['path'])

# 自增函数，用于自增指标 "http_requests_total" 的值
def increment_http_requests():
    http_requests_total.inc()

# 自增函数，用于自增指标 "page_concurrent_requests" 的值
def increment_page_concurrent_requests(path):
    page_concurrent_requests.labels(path=path).inc()

# 自减函数，用于自减指标 "page_concurrent_requests" 的值
def decrement_page_concurrent_requests(path):
    page_concurrent_requests.labels(path=path).dec()
```

```
# 启动客户端库中的指标服务器，监听 8001 端口，默认以"/metrics"接口暴露指标
def start_prometheus_server(port=8001):
    start_http_server(port, addr='0.0.0.0')
```

Prometheus 定义了四种指标类型，用于收集和暴露不同类型的指标数据，如下所示。

- ☑ Counter（计数器）：是一种递增的指标类型（只能增加，不能减少），用于统计某个事件发生的次数。常见的应用场景包括 HTTP 请求的数量、任务执行次数等。
- ☑ Gauge（测量仪）：是一种可变的指标类型（可上下浮动），用于表示任意时刻的数值。常见的应用场景包括内存使用量、当前连接数等。
- ☑ Histogram（直方图）：用于度量和统计数据样本的分布情况，它将样本分配到多个桶中，并统计每个桶中的样本数量。常见的应用场景包括请求响应时间分布、API 调用时间分布等。
- ☑ Summary（摘要）：与 Histogram 类似，但 Summary 通过指定分数位来提供摘要信息，而不是将样本分配到多个桶中。它适用于了解分布的不同百分位数的场景。

然后，在原有代码文件 main.py 中使用编写的 prometheus_metrics 模块。修改后的代码如下：

```
from flask import Flask, request, render_template
import time
import prometheus_metrics as metrics

# 创建一个应用程序对象
app = Flask(__name__)

# 在请求处理之前执行
@app.before_request
def before_request():
    # 请求前增加请求数
    metrics.increment_http_requests()
    # 请求前增加页面并发数量
    metrics.increment_page_concurrent_requests(request.path)

# 在请求处理之后执行
@app.after_request
def after_request(response):
    # 请求后减少页面并发数量
    metrics.decrement_page_concurrent_requests(request.path)
    return response

# 首页的路由与处理函数
@app.route('/')
def index():
```

```
        time.sleep(0.5)  # 模拟处理逻辑的耗时
        # 返回模板文件
        return render_template("index.html")

    # 关于页面的路由与处理函数
    @app.route('/about')
    def about():
        time.sleep(0.5)
        return render_template("about.html")

    if __name__ == "__main__":
        # 启动指标服务器
        metrics.start_prometheus_server()
        # 启动 Flask 内置 Web 服务器
        app.run(host="0.0.0.0", port=80)
```

部分代码解释如下。

- ☑ @app.before_request 装饰器：在每次请求之前执行 "before_request" 函数，用于增加 "increment_http_requests" 和 "increment_page_concurrent_requests" 指标的值。
- ☑ @app.after_request 装饰器：在每次请求之后执行 "after_request" 函数，用于减少 "increment_page_concurrent_requests" 指标的值。
- ☑ metrics.start_prometheus_server()：启动指标服务器。

最后，在源代码目录中执行 "python main.py" 命令以启动 Flask 应用。

Flask 应用启动后，可以通过 curl 工具访问 "http://127.0.0.1:8001/metrics" 以查看采集的指标数据，结果如下：

```
# HELP flask_app_http_requests_total HTTP 请求总数
# TYPE flask_app_http_requests_total counter
flask_app_http_requests_total 0.0
# HELP flask_app_http_requests_created HTTP 请求总数
# TYPE flask_app_http_requests_created gauge
flask_app_http_requests_created 1.7048078518029435e+09
# HELP flask_app_page_concurrent_requests 当前每个页面的并发请求数
# TYPE flask_app_page_concurrent_requests gauge
```

可以使用 "ab" 工具模拟并发访问，以便观察指标数据的变化。例如执行 "ab -c 10 -n 1000 http://127.0.0.1/about" 命令，向 "/about" 页面发起 1000 个请求，最大并发数为 10 个。

2. Prometheus 添加监控目标

在 Prometheus 配置文件中添加监控目标，配置如下：

```
- job_name: "Web-Flask"
```

第 14 章　基于 Prometheus+Grafana 的监控平台

```
    static_configs:
      - targets: ["192.168.1.71:8001"]
```

在 Web UI 中，将看到这个监控目标，如图 14-11 所示。

Endpoint	State	Labels	Last Scrape	Scrape Duration	Error
http://192.168.1.71:8001/metrics	UP	instance="192.168.1.71:8001" job="Web-Flask"	13.62s ago	4.804ms	

Web-Flask (1/1 up) show less

图 14-11　监控目标

3．Grafana 制作仪表盘

根据指标数据制作仪表盘：Create→Add a new panel→进入面板配置界面，在右侧设置标题为"HTTP 请求总数变化速率"，在下方的 Query 中输入 PromQL 查询语句"rate(flask_app_http_requests_total{job="Web-Flask"}[2m])"，用于计算最近 2 min 内指标的变化速率。面板配置如图 14-12 所示。

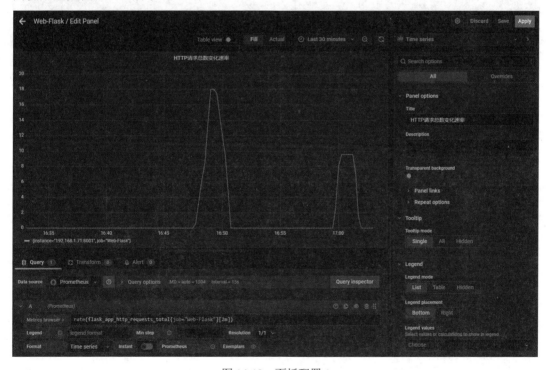

图 14-12　面板配置 1

面板配置完成后，单击右上角的 Apply 按钮进行保存。

同样方式，再添加一个关于"flask_app_page_concurrent_requests"指标的面板。在面板配置界面中，将标题设置为"页面 HTTP 请求并发数"，在下方的 Query 中输入 PromQL 查询语句"flask_app_page_concurrent_requests"。面板配置如图 14-13 所示。

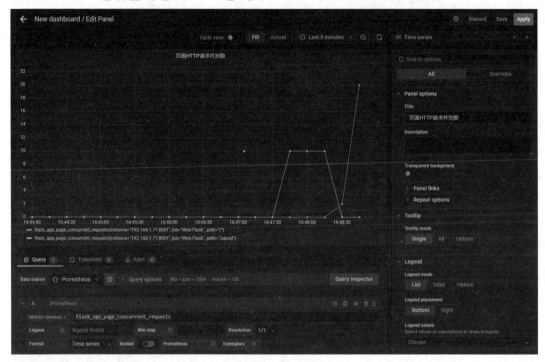

图 14-13　面板配置 2

配置完成后，单击右上角的 Apply 按钮进行保存，将看到刚创建的两个面板，单击右上角的 Save dashboard 按钮保存为仪表盘，并命名为"Web-Flask"。Web-Flask 仪表盘界面如图 14-14 所示。

通过这个仪表盘，可以直观地观察网站的 HTTP 请求总数变化速率和页面 HTTP 请求并发数，这有助于了解网站的访问情况。

小结：通过以上监控案例，我们熟悉了 Prometheus+Grafana 监控系统的工作流程，如图 14-15 所示。

Prometheus 定期从监控目标暴露的 HTTP 指标接口中获取最新的指标数据并将其存储到本地。Grafana 通过调用 Prometheus API 执行图表中定义的 PromQL 查询语句，以获取相应的数据并将其展示在图表中，这样用户就可以通过仪表盘来观察整个系统的运行情况。

第 14 章　基于 Prometheus+Grafana 的监控平台

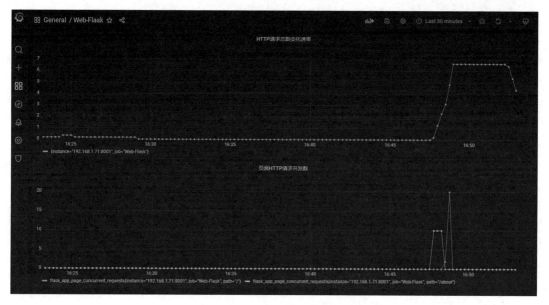

图 14-14　Web-Flask 仪表盘界面

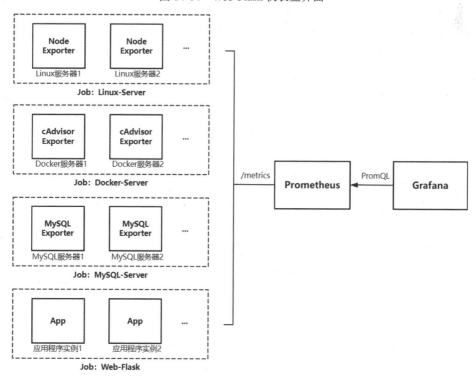

图 14-15　Prometheus+Grafana 监控系统的流程

14.5 Alertmanager 告警通知

自动化告警是监控系统中至关重要的一环，它可以在发现问题时立即通知相关负责人，使他们能够快速响应并采取相应的措施。

Prometheus 的告警通知是由 Alertmanager 组件负责处理，而 Prometheus 则负责评估告警规则，一旦触发告警，它就会将告警事件推送给 Alertmanager，如图 14-16 所示。

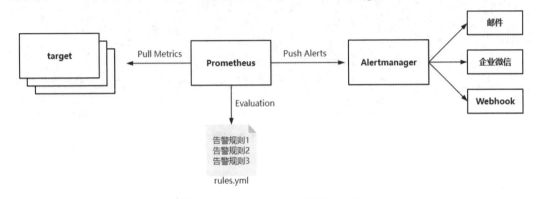

图 14-16　Prometheus 告警工作流程

Alertmanager 是一款强大的告警工具，支持多种通知渠道，包括邮件、企业微信、Webhook 等。此外，Alertmanager 还具备出色的告警收敛机制，它可以将一些相关的告警进行合并或聚合，以避免过多的重复通知，减少不必要的干扰。

14.5.1　部署 Alertmanager

使用 Docker 创建 Alertmanager 容器：

```
[root@localhost ~]# docker run -d \
--name=alertmanager \
--net=monitoring \
-v /etc/alertmanager:/etc/alertmanager \
-p 9093:9093 \
prom/alertmanager:latest
```

在执行命令之前，需要确保宿主机上已存在配置文件（/etc/alertmanager/alertmanager.yml），该配置文件内容如下：

```
global:
```

```
  resolve_timeout: 5m
  smtp_smarthost: 'smtp.163.com:25'
  smtp_from: 'baojingtongzhi@163.com'
  smtp_auth_username: 'baojingtongzhi@163.com'
  smtp_auth_password: 'XXXXXX'
  smtp_require_tls: false
route:
  receiver: 'default-receiver'
  group_by: [alertname]
  group_wait: 1m
  group_interval: 5m
  repeat_interval: 30m
receivers:
- name: 'default-receiver'
  email_configs:
  - to: '962510244@qq.com'
    send_resolved: true
```

上述配置各部分的含义如下。

- ☑ global：定义全局配置和告警渠道（如 SMTP、WeChat）的默认配置。
    - ➢ resolve_timeout：告警恢复超时时间。如果在超时时间内没有收到上次告警，系统就会发送告警通知。
    - ➢ smtp 开头的字段：发件邮箱相关信息，包括 SMTP 服务器地址、邮箱账号和密码等。
- ☑ route：定义告警的路由规则，决定哪些告警将被发送到哪个接收者。
    - ➢ receiver：指定下面"receivers"中定义的接收者名称。
    - ➢ group_by：告警分组。这里值是"alertname"，表示根据告警名称进行分组，即将相同告警名称的告警一起发送。
    - ➢ group_wait：一组告警的等待时间。如果在此时间内有新的告警，则将其添加到同一组中。
    - ➢ group_interval：一组告警之间发送通知的间隔时间，即在发送一组告警通知之后等待多长时间才能发送下一次通知。
    - ➢ repeat_interval：在发送重复通知之前等待的时间。
- ☑ receivers：定义告警通知的接收者，可以定义多个接收者，每个接收者可以是不同类型的告警渠道（如邮箱、企业微信）。
    - ➢ name：接收者名称。
    - ➢ email_configs：基于邮箱通知。在里面指定接收的邮箱地址，以及启用告警恢复通知（send_resolved）。

在浏览器中访问"http://<宿主机 IP 地址>:9093"，将看到首页，如图 14-17 所示。

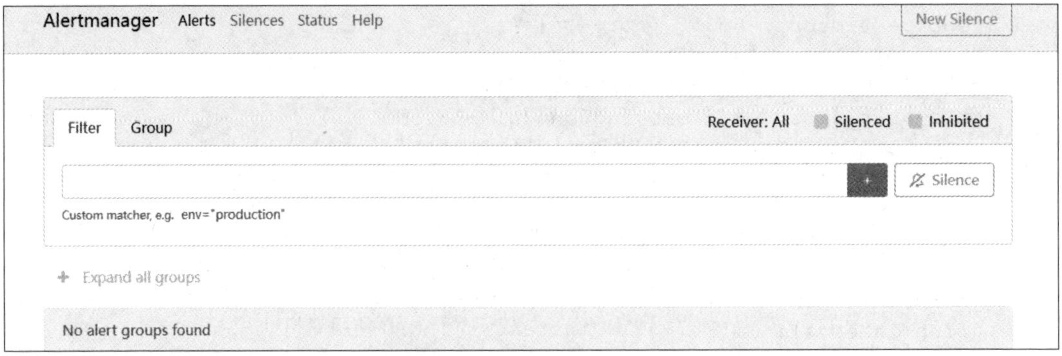

图 14-17　Alertmanager Web UI

14.5.2　Prometheus 指向 Alertmanager

在 Prometheus 配置文件中指定 Alertmanager 的访问地址，配置如下：

```
alerting:
  alertmanagers:
    - static_configs:
      - targets:
        - 192.168.1.73:9093
```

Prometheus 重新加载配置使其生效。

14.5.3　定义告警规则

为监控目标定义告警规则，以告知 Prometheus 在什么条件下生成告警事件，并通过 Alertmanager 发送告警通知。在 Prometheus 配置文件中指定告警规则文件的路径，配置如下：

```
rule_files:
  - "rules/*.yml"
```

在上述配置中，"rules/*.yml" 表示告警规则文件被存储在 rules 目录下的以 ".yml" 为后缀的文件中。这是一个相对路径，默认为/etc/prometheus 目录。

1．CPU、内存、硬盘使用率过高告警

Linux 服务器的资源利用率是一个关键的性能指标，过高的使用率可能会导致系统响应变慢、服务中断，从而影响用户体验和系统的稳定性。因此，需要定义告警规则，当 CPU、内存和硬盘分区的使用率超过 80%时触发告警。

在/etc/prometheus/rules 目录下创建一个名为 "linux-server.yml" 的告警规则文件，内容如下：

```yaml
groups:
  - name: Linux-Server
    rules:
      - alert: HighCPUUsage
        expr: 100 - (avg(irate(node_cpu_seconds_total{mode="idle"}[2m])) by (instance) * 100) > 80
        for: 2m
        labels:
          severity: warning
        annotations:
          summary: "{{ $labels.instance }} CPU 使用率超过 80%"
          description: "{{ $labels.instance }} CPU 使用率超过 80%，当前值: {{ $value }}"
      - alert: HighMemoryUsage
        expr: 100 - (node_memory_MemFree_bytes+node_memory_Cached_bytes+node_memory_Buffers_bytes) / node_memory_MemTotal_bytes * 100 > 80
        for: 2m
        labels:
          severity: warning
        annotations:
          summary: "{{ $labels.instance }} 内存使用率超过 80%"
          description: "{{ $labels.instance }} 内存使用率超过 80%，当前值: {{ $value }}"

      - alert: HighDiskSpaceUsage
        expr: 100 - (node_filesystem_free_bytes{fstype=~"ext4|xfs"} / node_filesystem_size_bytes{fstype=~"ext4|xfs"} * 100) > 80
        for: 2m
        labels:
          severity: warning
        annotations:
          summary: "{{ $labels.instance }} {{ $labels.mountpoint }} 分区使用率超过 80%"
          description: "{{ $labels.instance }} {{ $labels.mountpoint }} 分区使用率超过 80%，当前值: {{ $value }}"
```

上述配置定义了一个告警规则组"Linux-Server"，其中包含三个规则，规则中各字段的含义如下：

- ☑ alert：告警名称。
- ☑ expr：查询表达式，用于评估在什么条件下触发告警。
- ☑ for：触发告警的时间条件。例如值为"2m"，表示在 2 min 内，如果表达式在这个时间段内持续满足条件，则会触发告警；如果表达式在这个时间段内不再满足条件，则告警将被解除。
- ☑ labels：告警事件附加的标签。这里添加一个标签"severity: warning"，用于表示告警的严重程度。

- ☑ annotations：告警事件的注释信息，以便在告警通知中提供更多的上下文和描述。

2．MySQL 连接数过高告警

MySQL 实例的连接数是一个关键的性能指标，过高的连接数可能会对数据库性能产生负面影响，导致查询延迟、锁竞争等问题。因此，定义一个告警规则，当 MySQL 实例的连接数达到最大连接数的 80%时触发告警。

在 rules 目录下创建一个名为"mysql.yml"的告警规则文件，内容如下：

```
groups:
  - name: MySQL-Server
    rules:
      - alert: HighMySQLConnections
        expr:mysql_global_status_threads_connected/mysql_global_variables_max_connections*100>80
        for: 2m
        labels:
          severity: warning
        annotations:
          summary: "{{ $labels.instance }} MySQL 连接数超过 80%"
          description: "{{ $labels.instance }} MySQL 连接数超过 80%，当前值：{{ $value }}"
```

上述配置定义了一个告警规则组"MySQL-Server"，其中包含一个规则，该规则通过计算最大连接数指标"mysql_global_variables_max_connections"与当前连接数指标"mysql_global_status_threads_connected"的百分比，从而得出连接数的使用率。如果该使用率达到最大连接数的 80%，则触发告警。

3．监控目标无法连接告警

以上告警规则是建立在 Prometheus 能够抓取到最新指标数据的前提下。如果监控目标无法连接，例如出现网络故障、服务器故障等情况，将无法触发告警。因此，定义一个告警规则，当监控目标无法连接时触发告警。

在 rules 目录下创建一个名为"general.yml"的告警规则文件，内容如下：

```
groups:
- name: General
  rules:
  - alert: InstanceDown
    expr: up == 0
    for: 1m
    labels:
      severity: critical
```

```
annotations:
  summary: "{{ $labels.instance }} 连接失败"
  description: "{{ $labels.instance }} 连接失败，可能是服务器故障！"
```

在上述表达式中，"up"是一个内置的指标，表示监控目标的存活状态。当值为"1"时，表示监控目标无法连接；当值为"0"时，表示监控目标存活状态。

4．Web UI 查看告警规则

单击 Web UI 导航栏中的 Alerts 按钮，查看已定义的告警规则，如图 14-18 所示。

图 14-18　告警规则

可以看到，定义的三个告警规则组均已显示。

告警规则分为以下三种状态。

- ☑　Inactive（非活动状态）：告警规则触发条件不满足，表示目前没有任何问题。
- ☑　Pending（挂起状态）：告警规则触发条件满足，但尚未达到"for"字段指定的时间。如果规则中"for"字段未设置或设置为 0，则跳过该阶段。
- ☑　Firing（触发状态）：一旦告警规则达到触发条件，告警规则状态就会从"Pending"转为"Firing"，表示告警事件正在推送给 Alertmanager。

5．验证与测试

最后，测试告警规则是否按预期执行并接收到相应的通知。

为了触发告警，使用 stress 工具对监控目标的 CPU 进行压测，使其使用率达到高峰。在监控目标的主机上执行"stress --cpu 4"命令，等待约 1 min，告警规则状态从"Inactive"

转为"Pending";继续等待约 2 min,告警规则状态从"Pending"转为"Firing";继续等待约 1 min,接收者将收到告警通知邮件,邮件内容如图 14-19 所示。

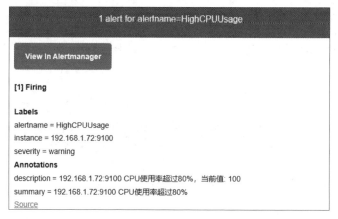

图 14-19　告警邮件内容

从触发告警到接收到告警通知,需要约 3 min,这个时间主要取决于 Prometheus 告警规则中的"for"字段和 Alertmanager 配置文件中的"group"相关字段。适当地减少这些值可以缩短接收到告警通知的时间。

"for"字段的设计目的是避免因某种原因(如网络抖动)而导致的误报,并通过在指定时间内评估多次抓取的值来确定是否最终触发,以提高告警的准确性。分组机制的目的是将同一时间内的多个同类告警合并为一个通知,以减少通知次数。

如果在 5 min 内不再满足告警规则的触发条件,那么将发送告警恢复邮件,邮件内容如图 14-20 所示。

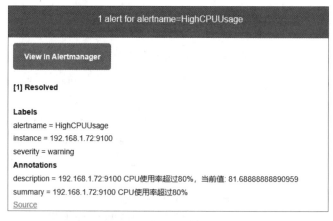

图 14-20　告警恢复邮件内容

14.5.4　企业微信告警通知

企业微信是一款主流的通信办公软件，使其作为告警通知的接收者，相较于传统的邮件通知具有显著的优势和效果。在较新版本的 Alertmanager 中，已支持企业微信告警通知。

企业微信告警通知的配置步骤如下。

1．创建应用

登录企业微信官网（https://work.weixin.qq.com），在管理后台的导航栏中，单击应用管理→应用→创建应用，配置如下。

- ☑ 应用 logo：选择一个图片作为应用标识。
- ☑ 应用名称：这里输入"Prometheus"。
- ☑ 应用介绍：可选，这里输入"监控告警通知"。
- ☑ 可见范围：选择接收告警通知的群组。

创建应用的具体配置如图 14-21 所示。

图 14-21　创建应用

2．获取 AgentId 和 Secret

创建应用后，查看应用的详情，从中获取"AgentId"和"Secret"，如图 14-22 所示。

图 14-22　应用详情

注意：这是调用企业微信 API 的凭据，需要妥善保存。

3．获取企业 ID

获取企业 ID：导航栏→我的企业→企业信息→企业 ID。

4．Alertmanager 配置企业微信

在 Alertmanager 配置文件中添加接收者，配置如下：

```
receivers:
- name: 'default-receiver'
  email_configs:
  - to: 'user1@aliangedu.cn,user2@aliangedu.cn'
    send_resolved: true
  wechat_configs:
  - corp_id: 'xxxxxx'
    agent_id: 'xxxxxx'
    api_secret: 'xxxxxx'
    to_party: 'x'
    send_resolved: true
```

在上述配置中，需要将以下字段替换为实际值。
- corp_id：企业 ID。
- agent_id：应用的 AgentId。
- api_secret：应用的 Secret。
- to_party：部门 ID，多个部门使用竖线"|"进行分割。部门 ID 获取方式为通讯录→选中部门名称→更多。

配置完成后，执行"docker exec -it alertmanager kill -HUP 1"命令重新加载配置文件。

5．验证与测试

最后，测试告警规则是否按预期执行并接收到相应的通知。同样使用 stress 工具对监

控目标的 CPU 进行压测，使其使用率达到高峰。等待 3 min 左右，接收者将收到企业微信告警通知消息，内容如图 14-23 所示。

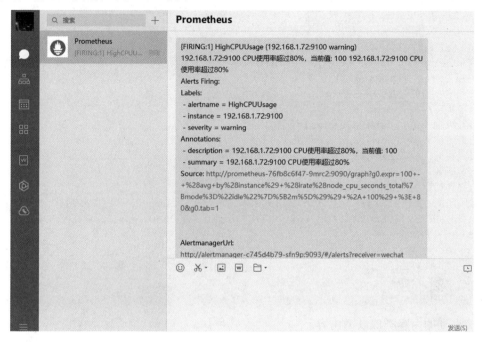

图 14-23　企业微信告警通知内容

14.5.5　自定义告警内容模板

通过以上告警内容，读者可能会发现告警内容格式不是很直观。因此，通常会自定义告警内容，以更直观的方式呈现出关键信息，提高可读性和识别性。

首先，在/etc/alertmanager 目录下创建一个名为 "message.tmpl" 的模板文件，内容如下：

```
{{ define "customMessage" }}
{{- if gt (len .Alerts.Firing) 0 -}}
{{- range $index, $alert := .Alerts -}}
{{- if eq $index 0 }}
------ 告警问题 ------
告警状态：{{ .Status }}
告警级别：{{ .Labels.severity }}
告警名称：{{ .Labels.alertname }}
故障实例：{{ .Labels.instance }}
告警概要：{{ .Annotations.summary }}
告警详情：{{ .Annotations.description }}
故障时间：{{ (.StartsAt.Add 28800e9).Format "2006-01-02 15:04:05" }}
```

```
------ END ------
{{- end }}
{{- end }}
{{- end }}

{{- if gt (len .Alerts.Resolved) 0 -}}
{{- range $index, $alert := .Alerts -}}
{{- if eq $index 0 }}
------ 告警恢复 ------
告警状态: {{ .Status }}
告警级别: {{ .Labels.severity }}
告警名称: {{ .Labels.alertname }}
恢复实例: {{ .Labels.instance }}
告警概要: {{ .Annotations.summary }}
告警详情: {{ .Annotations.description }}
故障时间: {{ (.StartsAt.Add 28800e9).Format "2006-01-02 15:04:05" }}
恢复时间: {{ (.EndsAt.Add 28800e9).Format "2006-01-02 15:04:05" }}
------ END ------
{{- end }}
{{- end }}
{{- end }}
{{- end }}
```

接收到的内容类似以下内容：

```
------ 告警问题 ------
告警状态: firing
告警级别: warning
告警名称: HighCPUUsage
故障实例: 192.168.1.72:9100
告警概要: 192.168.1.72:9100 CPU 使用率超过 80%
告警详情: 192.168.1.72:9100 CPU 使用率超过 80%，当前值: 95
故障时间: 2024-01-10 23:44:36
------ END ------
```

接着，在 Alertmanager 配置文件中定义 "templates" 字段指定该模板文件的路径，配置如下：

```
templates:
 - '/etc/alertmanager/message.tmpl'
```

然后，在接收者配置中指定模板名称，配置如下：

```
receivers:
- name: 'default-receiver'
  email_configs:
```

```
    - to: 'user1@aliangedu.cn,user2@aliangedu.cn'
      send_resolved: true
      html: '{{ template "customMessage" . }}'
  wechat_configs:
    - corp_id: 'xxxxxx'
      agent_id: 'xxxxxx'
      api_secret: 'xxxxxx'
      to_party: 'x'
      send_resolved: true
      message: '{{ template "customMessage" . }}'
```

Alertmanager 重新加载配置文件以使其生效。

14.6　Prometheus 监控 Kubernetes

Prometheus 实现了与 Kubernetes 的无缝集成，通过其强大的服务发现功能可以轻松地自动化监控 Kubernetes 集群中的各种服务和应用程序。

14.6.1　Prometheus 服务发现简介

作业中的"static_configs"字段是一种静态配置，允许直接指定监控目标的地址。这种静态配置方式适用于监控目标数量较少且不经常变化的场景。当监控目标数量较大或经常变化时，使用服务发现（Service Discovery）机制更为灵活，能够自动适应动态变化的监控目标，如图 14-24 所示。

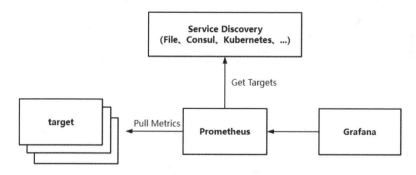

图 14-24　服务发现

Prometheus 支持多种服务发现方式，包括但不限于：

- ☑　file：从配置文件中自动发现和添加监控目标。
- ☑　consul：从 Consul 中自动发现和添加监控目标。

- ☑ kubernetes：从 Kubernetes API 中自动发现和添加监控目标，如 Service、Pod 等，确保监控目标始终与集群中的状态保持一致。
- ☑ EC2：从 AWS API 中自动发现 EC2 并添加监控目标。

Kubernetes 服务发现支持发现多种资源类型，包括：

- ☑ node：从集群中发现节点并将其添加为监控目标。
- ☑ service：从集群中发现 Service 并将其添加为监控目标，主要用于监控 Service 的可用性。
- ☑ pod：从集群中发现 Pod 并将其添加为监控目标，主要用于监控 Pod 中的应用程序。
- ☑ endpoints 和 endpointslice：从 Service 的 Endpoints 对象中发现 Pod 并将其添加为监控目标。
- ☑ ingress：从集群中发现 Ingress 并将其添加为监控目标，主要用于监控 Ingress 的可用性和 HTTP 处理性能。

14.6.2　Kubernetes 关注的指标

Kubernetes 关注的指标如表 14-1 所示。

表 14-1　Kubernetes 关注的指标

监 控 目 标	关 注 指 标
Node	☑ CPU 利用率 ☑ 内存利用率 ☑ 硬盘利用率 ☑ 网络流量
Pod	☑ CPU 利用率 ☑ 内存利用率 ☑ 网络流量
资源对象	☑ 工作负载类控制器资源对象的副本状态 ☑ Pod 运行和非运行数量 ☑ 其他资源状态
Service 和 Ingress	☑ 可用性 ☑ HTTP 请求时间、延迟、成功率等
K8s 组件（etcd、apiserver、scheduler、controller-manager、kubelet、kube-proxy、coredns、ingress-controller）	☑ 运行状态 ☑ 工作性能
Pod 中的应用程序	自主开发的指标接口

通过这些指标，可以全面了解集群的状态、性能、资源利用率和应用程序等方面，有助于及时发现潜在问题、优化资源分配，以确保集群的稳定性和可靠性。

14.6.3 在 Kubernetes 中搭建 Prometheus 监控系统

在前面，Prometheus 监控系统是使用 Docker 容器搭建的。为了方便管理，现在将 Prometheus 监控系统部署到 Kubernetes 集群中。读者可以在仓库地址（https://gitee.com/zhenliangli/kubernetes-book）中获取相关的资源文件。资源文件清单如表 14-2 所示。

表 14-2　资源文件清单

文 件 名	说　明
prometheus.yaml	部署 Prometheus，包括 Deployment、PersistentVolumeClaim、Service 和 RBAC 相关资源
prometheus-config.yaml	Prometheus 的配置文件，通过 ConfigMap 进行存储
prometheus-rules.yaml	Prometheus 的告警规则，通过 ConfigMap 进行存储
grafana.yaml	部署 Grafana，包括 Deployment、PersistentVolumeClaim 和 Service 资源
alertmanager.yaml	部署 Alertmanager，包括 Deployment、PersistentVolumeClaim 和 Service 资源
alertmanager-config.yaml	Alermanager 的配置文件，通过 ConfigMap 进行存储
alertmanager-message-tmpl.yaml	Alertmanager 的告警内容模板，通过 ConfigMap 进行存储
node-exporter.yaml	部署 Node Exporter，通过 DaemonSet 进行管理
kube-state-metrics.yaml	部署 kube-state-metrics，包括 Deployment、Service、ConfigMap 和 RBAC 相关资源
blackbox-exporter.yaml	部署 Blackbox Exporter，包括 Deployment 和 Service 资源

部署 Prometheus、Alermanager 和 Grafana：

```
[root@k8s-master ~]# kubectl create ns monitoring
[root@k8s-master ~]# kubectl apply \
 -f prometheus.yaml \
 -f prometheus-config.yaml \
 -f prometheus-rules.yaml \
 -f alertmanager.yaml \
 -f alertmanager-config.yaml \
 -f alertmanager-message-tmpl.yaml \
 -f grafana.yaml
```

查看 Pod 和 Service 对象：

```
[root@k8s-master ~]# kubectl get po,svc -n monitoring
NAME                              READY   STATUS    RESTARTS   AGE
alertmanager-c745d4b79-m8zvh      1/1     Running   0          4m57s
grafana-5468bc98dc-d8fb9          1/1     Running   0          4m57s
prometheus-76fb8c6f47-pkbs5       1/1     Running   0          4m57s
```

```
NAME                       TYPE        CLUSTER-IP       EXTERNAL-IP     PORT(S)
AGE
    service/alertmanager   NodePort    10.97.7.207      <none>
9093:30093/TCP    4m57s
    service/grafana        NodePort    10.96.171.36     <none>
3000:30030/TCP    4m57s
    service/prometheus     NodePort    10.108.202.192   <none>
9090:30090/TCP    4m57s
```

可以通过以下地址访问它们。

- ☑ Prometheus UI：http://<节点 IP 地址>:30090。
- ☑ Grafana UI：http://<节点 IP 地址>:30030。
- ☑ Alertmanager UI：http://<节点 IP 地址>:30093。

访问 Grafana UI 并登录，添加 Prometheus 作为数据源：Configuration→Add data source→Prometheus，进入数据源配置界面，在 HTTP 部分的 URL 中输入 Prometheus 的访问地址 "http://prometheus.monitoring.svc.cluster.local:9090"，单击 Save&test 按钮保存并测试。

14.6.4 监控 Node

为了监控主机的资源利用率，通常会在目标主机上部署 Node Exporter，并通过静态配置方式添加监控目标。监控集群中的节点也是同样的道理，而且使用 DaemonSet 管理 Node Exporter 会更加方便。收集 Node Exporter 指标流程如图 14-25 所示。

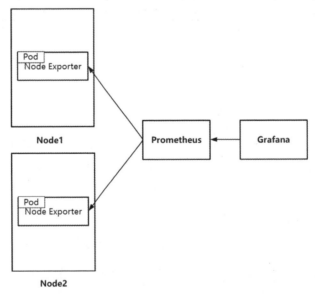

图 14-25　收集 Node Exporter 指标流程

1. 部署 Node Exporter

部署 Node Exporter：

```
[root@k8s-master ~]# kubectl apply -f node-exporter.yaml
[root@k8s-master ~]# kubectl get pod -l app=node-exporter -n monitoring
NAME                      READY   STATUS    RESTARTS   AGE
node-exporter-gqmw4       1/1     Running   0          69s
node-exporter-r6glj       1/1     Running   0          69s
node-exporter-tmxbd       1/1     Running   0          69s
```

可以通过访问"http://<节点 IP 地址>:9100/metrics"来查看采集的指标数据。

2. 配置服务发现

在 Prometheus 配置文件（prometheus-config.yaml）中添加服务发现，自动发现这些 Pod 并将其添加为监控目标，配置如下：

```
scrape_configs:
  - job_name: kubernetes-pods
    kubernetes_sd_configs:
    - role: pod
      api_server: https://kubernetes.default.svc
      tls_config:
        ca_file: /var/run/secrets/kubernetes.io/serviceaccount/ca.crt
        insecure_skip_verify: true
      authorization:
        type: Bearer
        credentials_file: /var/run/secrets/kubernetes.io/serviceaccount/token
```

上述配置添加了一个名为"kubernetes-pods"的作业，并使用 Kubernetes 服务发现（kubernetes_sd_configs），其中各字段含义如下：

- ☑ role：指定发现的资源类型，这里值为"pod"，表示发现 Pod 并将其添加为监控目标。
- ☑ api_server：指定 Kubernetes API 的地址。这里值为"https://kubernetes.default.svc"，即 Kubernetes 的 Service 地址。
- ☑ tls_config：TLS 相关配置。
  - ➢ ca_file：指定连接 Kubernetes API 的 CA 证书路径。
  - ➢ insecure_skip_verify：是否启用对 Kubernetes API 证书的验证。
- ☑ authorization：授权相关配置。
  - ➢ type：指定授权类型，这里值为"Bearer"，表示使用 Token 认证。
  - ➢ credentials_file：指定 Token 文件的路径。

需要了解的是，"api_server""tls_config"和"authorization"的默认值与上述配置的一致，因此这些字段可以省略。这里配置的目的是帮助大家理解 Prometheus 是如何连接 Kubernetes API 的。

配置完成后，重建 Pod 使其配置生效：

```
[root@k8s-master ~]# kubectl apply -f prometheus-config.yaml
[root@k8s-master ~]# kubectl rollout restart deployment prometheus -n monitoring
```

在 Web UI 中，可以看到集群中的所有 Pod 均被添加为监控目标，如图 14-26 所示。

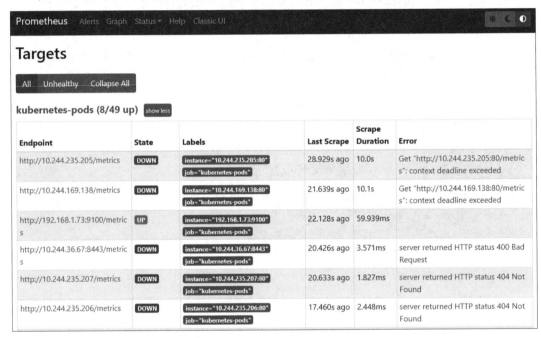

图 14-26　Web UI 监控目标

其中大部分 Pod 由于未配置指标接口，状态显示为"DOWN"，而 Node Exporter 的相关 Pod 已被成功监控。为了减少不必要的监控目标，可以利用标签重写功能，根据条件选择要保留的监控目标，配置如下：

```
- job_name: kubernetes-pods
  kubernetes_sd_configs:
  - role: pod
  relabel_configs:
  - action: keep
    regex: true
```

```
    source_labels:
    - __meta_kubernetes_pod_annotation_prometheus_io_scrape
```

上述配置添加了一个标签重写（relabel_configs），其中各字段的含义如下：
- ☑ action：动作，这里值为"keep"，表示仅保留符合条件的监控目标。
- ☑ regex：正则表达式，用于匹配"source_labels"标签的值。
- ☑ source_labels：源标签列表。

这段配置的作用是仅保留那些具有元标签"__meta_kubernetes_pod_annotation_prometheus_io_scrape"且值为"true"的 Pod，即 Pod 注解包含"prometheus.io/scrape: "true""的 Pod，以确保只有被声明 Prometheus 抓取的 Pod 才会被监控。因此，Node Exporter 的 Pod 需要添加注解"prometheus.io/scrape: "true""，配置如下：

```
apiVersion: apps/v1
kind: DaemonSet
metadata:
  name: node-exporter
spec:
  selector:
    matchLabels:
      app: node-exporter
  template:
    metadata:
      labels:
        app: node-exporter
      annotations:
        prometheus.io/scrape: "true"
...
```

此时，在 Web UI 中，可以看到只有 Pod 注解包含"prometheus.io/scrape: "true""的 Pod 被添加为监控目标，即 Node Exporter 的 Pod。

"prometheus.io/scrape"是标记 Prometheus 监控目标的一个标准键，用于表明自己是否被添加为监控目标。此外，还有一些标准键：
- ☑ prometheus.io/path：表明抓取的指标接口路径，默认是"/metrics"。
- ☑ prometheus.io/port：表明连接端口。
- ☑ prometheus.io/scheme：表明连接协议，默认是"http"。
- ☑ prometheus.io/probe：表明探测类型，可选值有"http"或"tcp"。

以上标准键的配置示例如下：

```
annotations:
  prometheus.io/scrape: "true"
  prometheus.io/scheme: "http"
```

```
      prometheus.io/path: "/metrics"
      prometheus.io/port: "9100"
```

为了使得 Prometheus 在连接监控目标时使用这些值，还需要利用标签重写功能将这些值替换默认值，配置如下：

```
  # 替换目标协议
  - action: replace          # 动作，表示执行的操作是标签值替换
    regex: (https?)          # 正则匹配源标签的值，这里表示匹配字符串 http 或 https
    source_labels:           # 源标签，Pod 注解是 "prometheus.io/scheme"
    - __meta_kubernetes_pod_annotation_prometheus_io_scheme
    target_label: __scheme__ # 目标标签，"__scheme__" 标签用于指定目标的协议，
默认是 http
  # 替换目标指标接口路径
  - action: replace
    regex: (.+)              # 匹配任意非空的字符串
    replacement: $1          # 替换内容，引用正则匹配的第一个分组
    source_labels:           # Pod 注解是 "prometheus.io/path"
    - __meta_kubernetes_pod_annotation_prometheus_io_path
    target_label: __metrics_path__  # 目标标签，"__metrics_path__" 标签用于指
定目标的指标接口路径，默认是 "/metrics"
  # 替换目标端口
  - action: replace
    regex: ([^:]+)(?::\d+)?;(\d+)  # 匹配字符串格式 "IP 地址:端口;新端口"
    replacement: $1:$2       # 引用正则匹配的第一个分组和第二个分组，即 IP 地址:新端口
    source_labels:           # 源标签（即默认地址:端口和 prometheus.io/port 的值）
    - __address__
    - __meta_kubernetes_pod_annotation_prometheus_io_port
    target_label: __address__  # 目标标签，"__address__" 标签用于指定目标的端口，
默认是 Pod 中容器声明的端口
```

在上述配置中，将 Pod 注解 "prometheus.io/scheme" "prometheus.io/path" 和 "prometheus.io/port" 的值分别替换为标签 "__scheme__" "__metrics_path__" 和 "__address__" 的值，以便根据 Pod 定义的注解正确连接监控目标。

3. Grafana 导入仪表盘

Grafana 导入仪表盘，输入仪表盘 ID "12633"，并将名称设置为 "Kubernetes 节点监控"，导入完成后将看到仪表盘界面，如图 14-27 所示。

通过这个仪表盘，可以直观地观察各个节点的性能指标，包括系统负载、CPU 利用率、内存利用率、硬盘利用率、网络接口流量等监控指标。这些性能指标有助于了解节点运行状态，并及时发现潜在的性能问题。

第 14 章 基于 Prometheus+Grafana 的监控平台

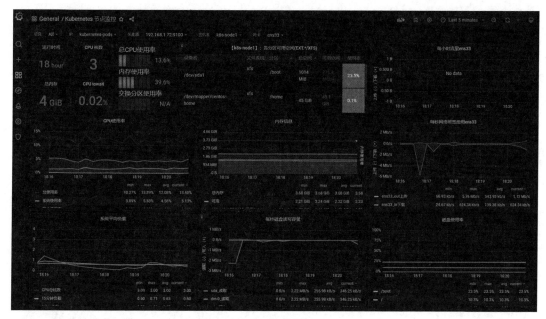

图 14-27　Node Exporter 仪表盘

4．定义告警规则

在 Prometheus 告警规则文件（prometheus-rules.yaml）中，告警规则如下：

```
[root@k8s-master ~]# vi prometheus-rules.yaml
apiVersion: v1
kind: ConfigMap
metadata:
  name: prometheus-rules
  namespace: monitoring
data:
  general.yml: |
    groups:
    - name: General
      # 无法连接监控目标
      rules:
      - alert: InstanceDown
        expr: up == 0
        for: 1m
        labels:
          severity: critical
        annotations:
          summary: "{{ $labels.instance }} 连接失败"
          description: "{{ $labels.instance }} 连接失败,可能是服务器故障!"
  node.yml: |
```

```yaml
    groups:
    - name: K8s-Node
      rules:
      # CPU使用率超过80%
      - alert: HighCPUUsage
        expr: 100 - (avg(irate(node_cpu_seconds_total{mode="idle"}[2m])) by (instance) * 100) > 80
        for: 2m
        labels:
          severity: warning
        annotations:
          summary: "{{ $labels.instance }} CPU 使用率超过80%"
          description: "{{ $labels.instance }} CPU 使用率超过 80%,当前值: {{ $value }}"
      # 内存使用率超过80%
      - alert: HighMemoryUsage
        expr: 100 - (node_memory_MemFree_bytes+node_memory_Cached_bytes+node_memory_Buffers_bytes) / node_memory_MemTotal_bytes * 100 > 80
        for: 2m
        labels:
          severity: warning
        annotations:
          summary: "{{ $labels.instance }} 内存使用率超过80%"
          description: "{{ $labels.instance }} 内存使用率超过 80%,当前值: {{ $value }}"
      # 硬盘分区使用率超过80%
      - alert: HighDiskSpaceUsage
        expr: 100 - (node_filesystem_free_bytes{fstype=~"ext4|xfs"} / node_filesystem_size_bytes{fstype=~"ext4|xfs"} * 100) > 80
        for: 2m
        labels:
          severity: warning
        annotations:
          summary: "{{ $labels.instance }} {{ $labels.mountpoint }} 分区使用率超过80%"
          description: "{{ $labels.instance }} {{ $labels.mountpoint }} 分区使用率超过 80%,当前值: {{ $value }}"
```

配置完成后,重建 Pod 使其配置生效:

```
[root@k8s-master ~] # kubectl apply -f prometheus-rules.yaml
[root@k8s-master ~] # kubectl rollout restart deployment prometheus -n monitoring
```

14.6.5 监控 Pod

为了监控 Docker 主机上容器的资源使用情况，通常会在目标主机上部署 cAdvisor Exporter，并通过静态配置方式添加监控目标。值得庆幸的是，cAdvisor 已经被内置在 kubelet 组件中，并通过 kubelet API 暴露 cAdvisor 采集的指标数据。用户无须再额外部署 cAdvisor，只需自动发现节点的 kubelet 并将其添加为监控目标即可。收集 cAdvisor 指标流程如图 14-28 所示。

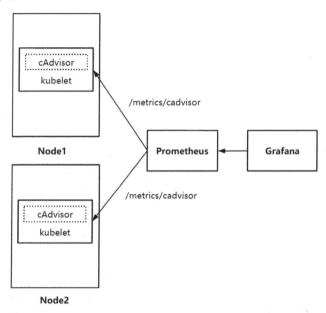

图 14-28　收集 cAdvisor 指标流程

1. 配置服务发现

在 Prometheus 配置文件中添加服务发现，配置如下：

```
- job_name: kubernetes-nodes-cadvisor
  kubernetes_sd_configs:
  - role: node
  scheme: https                                   # 指定连接监控目标的协议
  tls_config:
    ca_file: /var/run/secrets/kubernetes.io/serviceaccount/ca.crt
    insecure_skip_verify: true
  authorization:
    type: Bearer
    credentials_file: /var/run/secrets/kubernetes.io/serviceaccount/token
```

```
    relabel_configs:
    # 将节点标签重新映射标签
    - action: labelmap                               # 标签映射
      regex: __meta_kubernetes_node_label_(.+)       # 将元标签中键作为新标签的
键，值保持不变
    # 替换目标指标接口路径为/metrics/cadvisor
    - action: replace
      target_label: __metrics_path__
      replacement: /metrics/cadvisor
```

上述配置添加了一个名为"kubernetes-nodes-cadvisor"的作业并使用 Kubernetes 服务发现。通过标签重写功能，默认的指标接口路径被替换为"/metrics/cadvisor"，这是 cAdvisor 通过 kubelet API 暴露的指标接口。

Prometheus 重新加载配置后，在 Web UI 将看到每个节点 kubelet 被添加为监控目标，如图 14-29 所示。

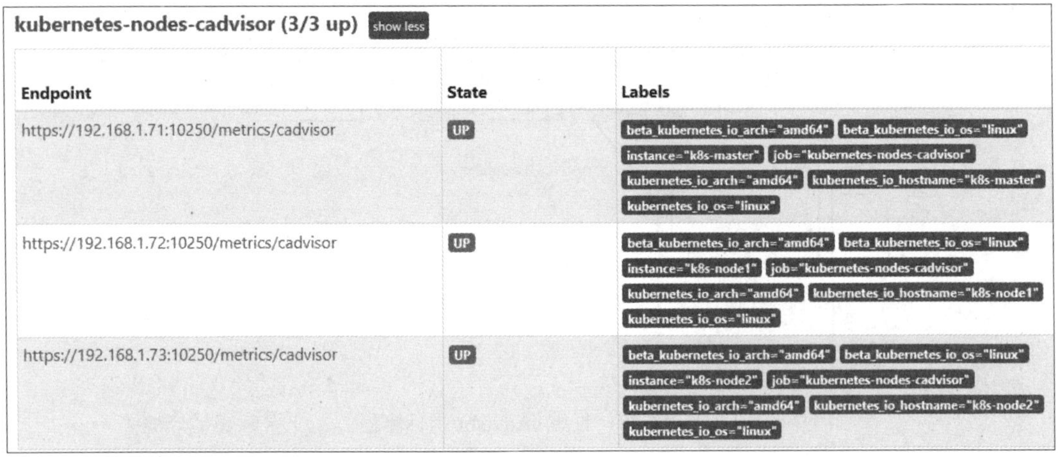

图 14-29　kubelet 监控目标

2．Grafana 导入仪表盘

由于 Grafana 仪表盘共享库中没有适合的仪表盘，因此这里从本地导入制作好的仪表盘文件"Kubernetes-Pod 监控.json"。在导入仪表盘界面后，单击 Upload JSON file 按钮选择该文件，然后单击 Import 按钮导入该文件，导入完成后，将看到仪表盘界面，如图 14-30 所示。

通过这个仪表盘，可以直观地观察各个节点上 Pod 资源的使用情况，包括 CPU 利用率、内存利用率等。

第 14 章 基于 Prometheus+Grafana 的监控平台

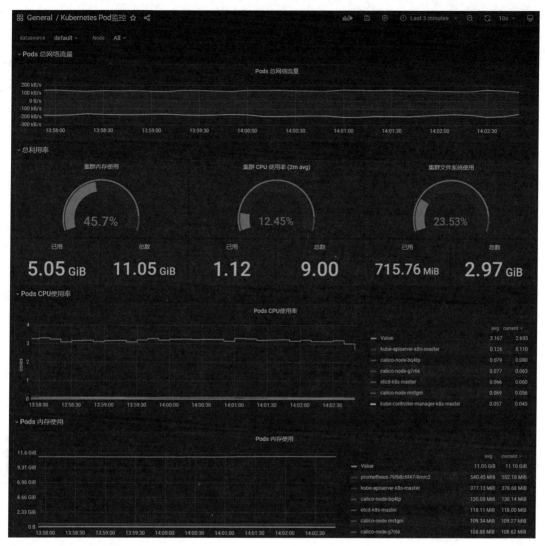

图 14-30 仪表盘

3. 定义告警规则

在 Prometheus 告警规则文件中，告警规则如下：

```
[root@k8s-master ~]# vi prometheus-rules.yaml
...
  pod.yml: |
    groups:
    - name: K8s-Pod
      rules:
```

```yaml
    # Pod CPU 使用率超过节点的 80%
    - alert: PodHighCPUUsage
      expr: |
        sum(rate(container_cpu_usage_seconds_total{pod!=""}[3m]) * 100) by (pod, namespace) > 80
      for: 2m
      labels:
        severity: warning
      annotations:
        summary: "{{ $labels.namespace }} | {{ $labels.pod }} CPU 使用率超过 80%"
        description: "{{ $labels.namespace }} 命名空间下名为 {{ $labels.pod }} 的 Pod CPU 使用率超过节点的 80%，当前值: {{ $value }}"
    # Pod 内存使用率超过限制(limits.memory)的 80%
    - alert: PodHighMemoryUsage
      expr: |
        sum(container_memory_rss{pod!=""}) by(pod, namespace) /
        sum(container_spec_memory_limit_bytes{pod!=""}) by(pod, namespace) * 100 != +inf > 80
      for: 2m
      labels:
        severity: warning
      annotations:
        summary: "{{ $labels.namespace }} | {{ $labels.pod }} 内存使用率超过 80%"
        description: "{{ $labels.namespace }} 命名空间下名为 {{ $labels.pod }} 的 Pod 内存使用率超过限制的 80%，当前值: {{ $value }}"
[root@k8s-master ~]# kubectl apply -f prometheus-rules.yaml
```

Prometheus 重新加载配置后，在 Web UI 将看到这些告警规则。

14.6.6 监控资源对象

kube-state-metrics（简称 KSM）是一个由 Kubernetes 社区维护的 Exporter，用于从 Kubernetes 中导出资源对象状态的指标，如 Deployment、DaemonSet、Pod 等。收集 KSM 指标的工作流程如图 14-31 所示。

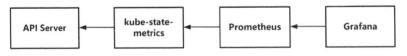

图 14-31　收集 KSM 指标的工作流程

第 14 章 基于 Prometheus+Grafana 的监控平台

1. 部署 KSM

部署 KSM：

```
[root@k8s-master ~]# kubectl apply -f kube-state-metrics.yaml
```

由于前面已经配置了 Pod 资源类型的服务发现，在 Pod 运行后，服务发现会自动将该 Pod 添加为监控目标。

2. Grafana 导入仪表盘

在导入仪表盘界面中，输入仪表盘 ID "13332"，并将名称设置为 "Kubernetes 资源监控"，导入完成后，你将看到仪表盘界面，如图 14-32 所示。

图 14-32　仪表盘

通过这个仪表盘，可以直观地观察集群中资源对象状态，包括 Pod 资源分配、节点数量、工作负载资源状态、Pod 状态、PVC 状态等。

3. 定义告警规则

在 Prometheus 告警规则文件中，告警规则如下：

```
[root@k8s-master ~]# vi prometheus-rules.yaml
...
  pod-status.yml: |
    groups:
    - name: K8s-Pod-Status
      rules:
      # Pod 重启
      - alert: PodRestart
        # 如果在过去 5 min 内指标的值增量大于 1，则表达式成立
        expr: increase(kube_pod_container_status_restarts_total[5m]) > 1
        for: 5m
        labels:
          severity: warning
        annotations:
          summary: "{{ $labels.namespace }} | {{ $labels.pod }} 重启"
          description: "{{ $labels.namespace }} 命名空间下名为 {{ $labels.pod }} 的 Pod 发生重启！"
      # Pod 非运行状态
      - alert: PodNotRunning
        expr: sum(kube_pod_status_phase{phase=~"Pending|Unknown|Failed"}) by (pod, namespace) > 0
        for: 5m
        labels:
          severity: critical
        annotations:
          summary: "{{ $labels.namespace }} 命名空间下 Pod {{ $labels.pod }} 处于非运行状态"
          description: "{{ $labels.namespace }} 命名空间下名为 {{ $labels.pod }} 的 Pod 处于非运行状态超过 5 min！"

[root@k8s-master ~]# kubectl apply -f prometheus-rules.yaml
```

Prometheus 重新加载配置以使其生效。

14.6.7　监控 Service 和 Ingress 对象

Blackbox Exporter 是一个由 Prometheus 社区维护的 Exporter，用于探测和监控网络服务的可用性和性能，包括 HTTP、HTTPS、TCP、ICMP 等。它非常适合监控 Service 和 Ingress 对象。收集 Blackbox Exporter 指标的工作流程如图 14-33 所示。

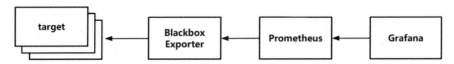

图 14-33 收集 Blackbox Exporter 指标的工作流程

1. 部署 Blackbox Exporter

部署 Blackbox Exporter：

```
[root@k8s-master ~]# kubectl apply -f blackbox-exporter.yaml
```

Pod 运行后，服务发现会自动将该 Pod 添加为监控目标。

2. 配置服务发现

在 Prometheus 配置文件中添加服务发现，配置如下：

```yaml
- job_name: kubernetes-services
  kubernetes_sd_configs:
  - role: service
  params:
    module: [http_2xx]
  metrics_path: /probe  # 指定 Blackbox 的接口路径
  relabel_configs:
  # 保留声明监控的 Service
  - action: keep
    regex: http
    source_labels:
    - __meta_kubernetes_service_annotation_prometheus_io_probe
  # 替换 __param_target 的值为 __address__ 的值
  - action: replace
    source_labels:
    - __address__
    target_label: __param_target
  # 替换 __param_target 的值为 instance 的值
  - action: replace
    source_labels:
    - __param_target
    target_label: instance
  # 指定 Blackbox 的 Service 地址
  - action: replace
    target_label: __address__
    replacement: blackbox-exporter:9115
- job_name: kubernetes-ingresses
  kubernetes_sd_configs:
```

```yaml
  - role: ingress
    metrics_path: /probe
    params:
      module: [http_2xx]
    relabel_configs:
    - action: keep
      regex: http
      source_labels:
      - __meta_kubernetes_ingress_annotation_prometheus_io_probe
    - action: replace
      regex: (.+);(.+);(.+)
      replacement: ${1}://${2}${3}
      source_labels:
        [
          __meta_kubernetes_ingress_scheme,
          __address__,
          __meta_kubernetes_ingress_path,
        ]
      target_label: __param_target
    - action: replace
      source_labels:
      - __param_target
      target_label: instance
    - action: replace
      target_label: __address__
      replacement: blackbox-exporter:9115
```

上述配置添加了两个名为"kubernetes-services"和"kubernetes-ingresses"的作业,并使用了service和ingress类型自动发现Service和Ingress对象并将其添加为监控目标。

3. Grafana 导入仪表盘

在导入仪表盘界面中,输入仪表盘ID"13659",并将名称设置为"Kubernetes Service 与 Ingress 监控",导入完成后,将看到仪表盘。此时,仪表盘可能没有数据,因为集群中还没有声明监控的 Service 或 Ingress。

4. 定义告警规则

在 Prometheus 告警规则文件中,告警规则如下:

```
[root@k8s-master ~]# vi prometheus-rules.yaml
...
  probe.yml: |
    groups:
    - name: K8s-Service-Ingress
      rules:
```

```yaml
      # 探测失败
      - alert: BlackboxProbeFailed
        expr: probe_success == 0
        for: 1m
        labels:
          severity: critical
        annotations:
          summary: "{{ $labels.instance }} Blackbox 探测失败"
          description: "{{ $labels.instance }} Blackbox 探测失败,可能是服务
故障!"
      # HTTP 状态码非 200~400
      - alert: BlackboxProbeHttpFailure
        expr: probe_http_status_code <= 199 OR probe_http_status_code >= 400
        for: 0m
        labels:
          severity: critical
        annotations:
          summary: "{{ $labels.instance }} Blackbox HTTP 探测失败"
          description: "{{ $labels.instance }} Blackbox HTTP 探测失败,状态
码非 200-400,当前值: {{ $value }}"
      # HTTP 请求时间超过 1 s
      - alert: BlackboxProbeHttpSlow
        expr: avg_over_time(probe_http_duration_seconds[2m]) > 1
        for: 2m
        labels:
          severity: warning
        annotations:
          summary: "{{ $labels.instance }} Blackbox HTTP 请求慢"
          description: "{{ $labels.instance }} Blackbox HTTP 请求时间超过 1
秒! 当前值: {{ $value }}"

[root@k8s-master ~]# kubectl apply -f prometheus-rules.yaml
```

Prometheus 重新加载配置使其生效。

14.6.8 监控集群中应用程序

在 14.4.4 节中,通过将 Prometheus 客户端库集成到源代码中,成功地实现了采集和暴露指标数据的目标。现在将这个应用程序部署到 Kubernetes 集群中,使用 Prometheus 自动发现相关的 Pod 并将其添加为监控目标。

部署应用程序并声明监控:

```yaml
apiVersion: apps/v1
kind: Deployment
```

```yaml
metadata:
  name: flask-app
spec:
  replicas: 3
  selector:
    matchLabels:
      app: flask
  template:
    metadata:
      labels:
        app: flask
      annotations:
        prometheus.io/scrape: "true"      # 声明监控 Pod
        prometheus.io/port: "8001"
    spec:
      containers:
      - image: lizhenliang/flask-app-metrics:latest
        name: web
---
apiVersion: v1
kind: Service
metadata:
  name: flask-app
  annotations:
    prometheus.io/probe: "http"           # 声明监控 Service
spec:
  ports:
  - name: http
    port: 80
    targetPort: 80
  selector:
    app: flask
---
apiVersion: networking.k8s.io/v1
kind: Ingress
metadata:
  name: flask-app
  annotations:
    prometheus.io/probe: "http"           # 声明监控 Ingress
spec:
  ingressClassName: nginx
  rules:
  - host: flask.aliangedu.cn
    http:
      paths:
      - path: /
```

第 14 章 基于 Prometheus+Grafana 的监控平台

```
      pathType: Prefix
      backend:
        service:
          name: flask
          port:
            number: 80
```

创建相关资源后,可以看到相关的 Pod、Service 和 Ingress 已被添加为监控目标,如图 14-34 所示。

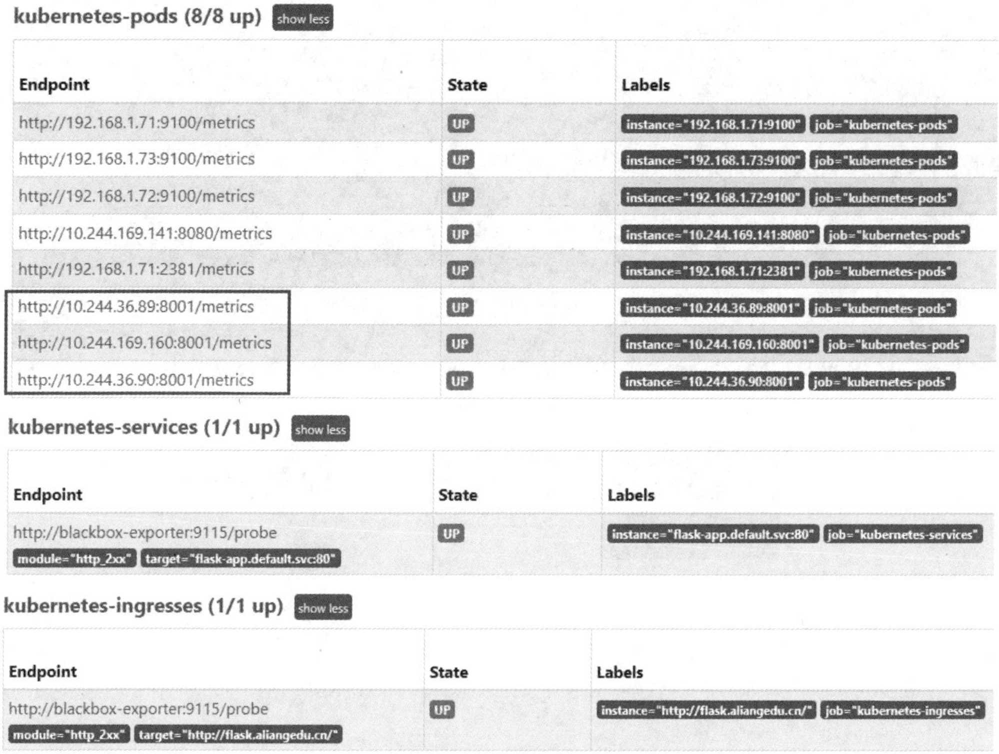

图 14-34 监控目标

然后查看"Kubernetes Service 与 Ingress 监控"仪表盘,可以看到数据展示正常,如图 14-35 所示。

通过这个仪表盘,可以直观地观察 Service 和 Ingress 的可用性和 HTTP 性能,包括存活状态、响应时间等。

在图 14-35 中,实例"http://flask.aliangedu.cn/"状态为"DOWN",这是因为该域名暂未解析,所以 Blackbox 探测失败。同时 Prometheus 会触发告警,用户将收到告警通知,如图 14-36 所示。

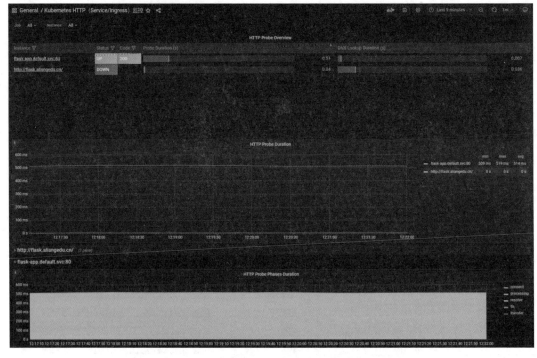

图 14-35 仪表盘

图 14-36 告警通知内容

14.6.9 监控 Kubernetes 组件

Kubernetes 组件默认均提供了指标接口（/metrics），用于暴露组件的运行状态和性能。各组件指标接口信息如表 14-3 所示。

表 14-3　各组件指标接口信息

组件名称	端口	协议	指标
etcd	2381	http	请求数量、延迟、存储空间等
kube-apiserver	6443	https	请求数量、请求延迟等
kube-controller-manager	10257	https	各个控制器的同步次数、工作队列等
scheduler	10259	https	调度决策数量、延迟等
kubelet	10250	https	启动的 Pod/容器总数、运行 Pod/容器的数量等
kube-proxy	10249	http	同步代理规则的总次数、同步代理规则的延迟等
coredns	9153	http	请求数量、转发 DNS 请求数量等
ingress 控制器	10254	http	客户端请求总数、连接数、CPU/内存使用等

只需使用 Prometheus 服务发现将这些添加为监控目标即可完成对它们的监控。

1．etcd 组件监控

对于使用 kubeadm 工具搭建的 Kubernetes 集群，etcd 组件默认以静态 Pod 方式将其部署在 Master 节点上。通过它的静态 Pod 资源文件"/etc/kubernetes/manifests/etcd.yaml"，可以得到以下信息：

- ☑ 部署在 kube-system 命名空间中。
- ☑ Pod 标签带有"component=etcd"。
- ☑ 指标接口服务监听本地 2381 端口。
- ☑ Pod 以 hostNetwork 模式运行，共享宿主机网络命名空间。

综上所述，可以在 Master 节点上通过 curl 工具访问"http://127.0.0.1:2381/metrics"来查看 Etcd 的指标数据。

指标接口服务默认监听"127.0.0.1"，为了实现外部可以抓取数据，需要将监听地址修改为"0.0.0.0"，即在 Pod 资源文件中，将"--listen-metrics-urls"参数的值改为"http://0.0.0.0:2381"。

在 Prometheus 配置文件中添加服务发现，配置如下：

```
- job_name: kubernetes-etcd
  kubernetes_sd_configs:
  - role: endpoints
  relabel_configs:
  # 仅保留 kube-system 命名空间中名为 etcd 的 Service
  - action: keep
    regex: kube-system;etcd
    source_labels:
    - __meta_kubernetes_namespace
    - __meta_kubernetes_service_name
```

上述配置添加了一个名为"kubernetes-etcd"的作业，然后使用了 endpoints 类型自动发现 Endpoints 对象关联的 Pod 并将其添加为监控目标。在此过程中，仅保留 kube-system 命名空间中名为 "etcd" 的 Service。

需要注意的是，使用 endpoints 类型的前提需要存在 Service，而默认情况下不会创建 etcd。因此，为它创建一个名为 "etcd" 的 Service，配置如下：

```yaml
apiVersion: v1
kind: Service
metadata:
  name: etcd
  namespace: kube-system
spec:
  ports:
  - name: metrics
    port: 2381
    targetPort: 2381
  selector:
    component: etcd
```

创建完成后，你将在 Web UI 中看到 etcd Pod 的监控目标，如图 14-37 所示。

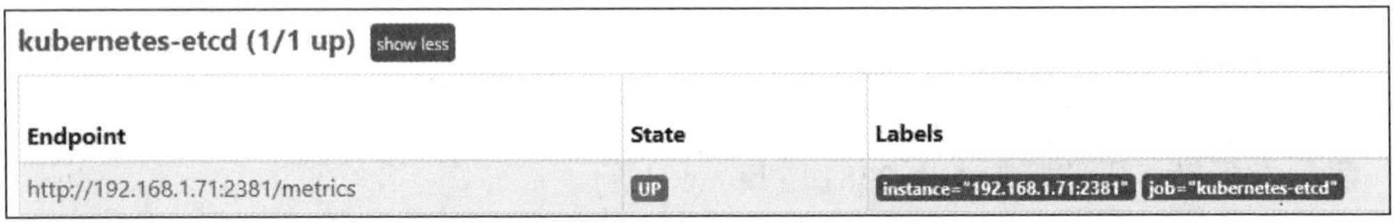

图 14-37　监控目标

etcd 关注的指标清单如表 14-4 所示。

表 14-4　etcd 关注的指标清单

指　　标	类　　型	说　　明
etcd_server_has_leader	Gauge	成员是否有 Leader。1 表示有，0 表示没有
etcd_server_is_leader	Gauge	该成员是否是 Leader。1 表示是，0 表示不是
etcd_server_leader_changes_seen_total	Counter	成员过去一段时间切换 Leader 的次数
etcd_mvcc_db_total_size_in_bytes	Gauge	数据库的总大小
etcd_mvcc_db_total_size_in_use_in_bytes	Gauge	数据库实际使用大小
etcd_debugging_mvcc_keys_total	Gauge	Key 总数

通过这些指标，可以进一步定义告警规则和创建 Grafana 仪表盘。

2．kube-apiserver 组件监控

kube-apiserver 组件与 etcd 部署方式一样，但它已经创建了 Service，因此直接使用 endpoints 类型的服务发现即可，配置如下：

```
  - job_name: kubernetes-apiserver
    kubernetes_sd_configs:
    - role: endpoints
    scheme: https
    tls_config:
      ca_file: /var/run/secrets/kubernetes.io/serviceaccount/ca.crt
      insecure_skip_verify: true
    authorization:
      type: Bearer
      credentials_file: /var/run/secrets/kubernetes.io/serviceaccount/token
    relabel_configs:
    # 仅保留default命名空间中名为kubernetes的Service
    - action: keep
      regex: default;kubernetes
      source_labels:
      - __meta_kubernetes_namespace
      - __meta_kubernetes_service_name
```

上述配置添加了一个名为"kubernetes-apiserver"的作业,该作业会自动发现与 Endpoints 对象关联的 Pod 并将其添加为目标监控,仅保留"default"命名空间中名为"kubernetes"的 Service。

kube-apiserver 组件关注的指标清单如表 14-5 所示。

表 14-5 kube-apiserver 组件关注的指标清单

指标	类型	说明
apiserver_request_total	Counter	所有请求的总数
apiserver_request_duration_seconds_sum	Histogram	请求的总处理时间
apiserver_request_duration_seconds_bucket	Histogram	请求处理时间的分布情况
apiserver_request_duration_seconds_count	Histogram	请求的次数

3. kube-controller-manager 组件监控

kube-controller-manager 组件同样使用静态 Pod 方式进行部署。默认监听"127.0.0.1",为了外部可以抓取数据,需要将监听地址修改为"0.0.0.0",即在 Pod 资源文件"/etc/kubernetes/manifests/kube-controller-manager.yaml"中,将"--bind-address"参数的值改为"0.0.0.0"。

添加一个名为"kubernetes-controller-manager"的作业,配置如下:

```
  - job_name: kubernetes-controller-manager
    kubernetes_sd_configs:
    - role: endpoints
    scheme: https
```

```
    tls_config:
      ca_file: /var/run/secrets/kubernetes.io/serviceaccount/ca.crt
      insecure_skip_verify: true
    authorization:
      type: Bearer
      credentials_file: /var/run/secrets/kubernetes.io/serviceaccount/token
    relabel_configs:
    # 仅保留kube-system命名空间中名为kube-controller-manager的Service
    - action: keep
      regex: kube-system;kube-controller-manager
      source_labels:
      - __meta_kubernetes_namespace
      - __meta_kubernetes_service_name
```

在kube-system命名空间创建一个名为"kube-controller-manager"的Service，配置如下：

```
apiVersion: v1
kind: Service
metadata:
  name: kube-controller-manager
  namespace: kube-system
spec:
  ports:
  - name: metrics
    port: 10257
    targetPort: 10257
  selector:
    component: kube-controller-manager
```

kube-controller-manager组件关注的指标清单如表14-6所示。

表14-6　kube-controller-manager组件关注的指标清单

指标	类型	说明
workqueue_adds_total	Counter	工作队列处理Adds事件的数量
workqueue_depth	Gauge	工作队列当前队列深度
workqueue_queue_duration_seconds_sum	Histogram	工作队列所有任务的总执行时间
workqueue_queue_duration_seconds_bucket	Histogram	工作队列任务执行时间的分布情况
workqueue_queue_duration_seconds_count	Histogram	工作队列任务的次数

4. kube-scheduler组件监控

kube-scheduler与kube-controller-manager组件操作类似，在Pod资源文件"/etc/kubernetes/manifests/kube-scheduler.yaml"中，将"--bind-address"参数的值改为"0.0.0.0"。

添加一个名为"kubernetes-scheduler"的作业，配置如下：

```
- job_name: kubernetes-scheduler
  kubernetes_sd_configs:
  - role: endpoints
  scheme: https
  tls_config:
    ca_file: /var/run/secrets/kubernetes.io/serviceaccount/ca.crt
    insecure_skip_verify: true
  authorization:
    type: Bearer
    credentials_file: /var/run/secrets/kubernetes.io/serviceaccount/token
  relabel_configs:
  # 仅保留 kube-system 命名空间中名为 kube-scheduler 的 Service
  - action: keep
    regex: kube-system;kube-scheduler
    source_labels:
    - __meta_kubernetes_namespace
    - __meta_kubernetes_service_name
```

在 kube-system 命名空间中创建一个名为"kube-scheduler"的 Service：

```
apiVersion: v1
kind: Service
metadata:
  name: kube-scheduler
  namespace: kube-system
spec:
  ports:
  - name: metrics
    port: 10259
    targetPort: 10259
  selector:
    component: kube-scheduler
```

kube-scheduler 组件关注的指标清单如表 14-7 所示。

表 14-7　kube-scheduler 组件关注的指标清单

指　　标	类　型	说　　明
scheduler_pending_pods	Gauge	Pending 状态的 Pod 数量
scheduler_scheduler_cache_size	Gauge	调度器缓存 Pod、AssumedPod 和 Node 的数量
scheduler_pod_scheduling_duration_seconds_sum	Histogram	Pod 调度的总处理时间

续表

指 标	类 型	说 明
scheduler_pod_scheduling_duration_seconds_bucket	Histogram	Pod 调度时间的分布情况
scheduler_pod_scheduling_duration_seconds_count	Histogram	Pod 调度的次数

5. kubelet 组件监控

添加一个名为"kubernetes-nodes-kubelet"的作业，配置如下：

```
- job_name: kubernetes-nodes-kubelet
  kubernetes_sd_configs:
  - role: node
  scheme: https
  tls_config:
    ca_file: /var/run/secrets/kubernetes.io/serviceaccount/ca.crt
    insecure_skip_verify: true
  authorization:
    type: Bearer
    credentials_file: /var/run/secrets/kubernetes.io/serviceaccount/token
```

kubelet 组件关注的指标清单如表 14-8 所示。

表 14-8 kubelet 组件关注的指标清单

指 标	类 型	说 明
kubelet_running_pods	Gauge	运行 Pod 的数量
kubelet_running_containers	Gauge	运行容器的数量
process_cpu_seconds_total	Counter	Kubelet 进程使用的 CPU 时间总量
process_virtual_memory_bytes	Gauge	Kubelet 进程使用的虚拟内存量，单位为字节
process_virtual_memory_max_bytes	Gauge	Kubelet 进程可以使用的最大虚拟内存，单位为字节

1) kube-proxy 组件监控

kube-proxy 组件默认监听本地，配置存储在 ConfigMap 对象中。用户可以通过执行"kubectl edit configmap kube-proxy -n kube-system"命令编辑配置，从而将"metricsBindAddress: """修改为"metricsBindAddress: "0.0.0.0""，然后执行"kubectl rollout restart ds/kube-proxy -n kube-system"命令重建 Pod 以使其生效。

添加一个名为"kubernetes-kube-proxy"的作业，配置如下：

```
- job_name: kubernetes-kube-proxy
  kubernetes_sd_configs:
  - role: endpoints
  relabel_configs:
```

```
  # 仅保留kube-system命名空间中名为kube-proxy的Service
  - action: keep
    regex: kube-system;kube-proxy
    source_labels:
    - __meta_kubernetes_namespace
    - __meta_kubernetes_service_name
```

在kube-system命名空间中创建一个名为"kube-proxy"的Service：

```
apiVersion: v1
kind: Service
metadata:
  name: kube-proxy
  namespace: kube-system
spec:
  ports:
  - name: metrics
    port: 10249
    targetPort: 10249
  selector:
    k8s-app: kube-proxy
```

kube-proxy组件关注的指标清单如表14-9所示。

表14-9 kube-proxy组件关注的指标清单

指 标	类 型	说 明
kubeproxy_sync_proxy_rules_iptables_total	Gauge	管理iptables规则的总数
process_cpu_seconds_total	Counter	kube-proxy进程使用的CPU时间总量
process_virtual_memory_bytes	Gauge	kube-proxy进程使用的虚拟内存量，单位为字节
process_virtual_memory_max_bytes	Gauge	kube-proxy进程可以使用的最大虚拟内存，单位为字节

2）CoreDNS组件监控

添加一个名为"kubernetes-kube-dns"的作业，配置如下：

```
- job_name: kubernetes-coredns
  kubernetes_sd_configs:
  - role: endpoints
  relabel_configs:
  # 仅保留kube-system命名空间中名为kube-dns的Service
  - action: keep
    regex: kube-system;kube-dns;metrics
    source_labels:
```

```
    - __meta_kubernetes_namespace
    - __meta_kubernetes_service_name
    - __meta_kubernetes_endpoint_port_name
```

CoreDNS 组件关注的指标清单如表 14-10 所示。

表 14-10　CoreDNS 组件关注的指标清单

指　标	类　型	说　明
coredns_dns_requests_total	Counter	DNS 请求的总数
coredns_dns_request_duration_seconds_sum	Histogram	DNS 请求的总处理时间
coredns_dns_request_duration_seconds_bucket	Histogram	DNS 请求处理时间到分布情况
coredns_dns_request_duration_seconds_count	Histogram	DNS 请求的次数
coredns_forward_requests_total	Counter	转发 DNS 请求的总数
coredns_forward_request_duration_seconds_sum	Histogram	转发 DNS 请求的总处理时间
coredns_forward_request_duration_seconds_bucket	Histogram	转发 DNS 请求处理时间的分布情况
coredns_forward_request_duration_seconds_count	Histogram	转发 DNS 请求的次数

3）Ingress 控制器组件监控

添加一个名为"kubernetes-ingress-controller"的作业，配置如下：

```
- job_name: kubernetes-ingress-controller
  kubernetes_sd_configs:
  - role: endpoints
  relabel_configs:
  # 仅保留 ingress-nginx 命名空间中名为 ingress-nginx-controller 的 Service
  - action: keep
    regex: ingress-nginx;ingress-nginx-controller;metrics
    source_labels:
    - __meta_kubernetes_namespace
    - __meta_kubernetes_service_name
    - __meta_kubernetes_endpoint_port_name
```

执行"kubectl edit svc ingress-nginx-controller -n ingress-nginx"命令编辑 Service 配置，然后添加一个名为"metrics"的端口规则，配置如下：

```
apiVersion: v1
kind: Service
metadata:
  name: ingress-nginx-controller
  namespace: ingress-nginx
spec:
  ports:
  - appProtocol: http
    name: http
```

```
      port: 80
      protocol: TCP
      targetPort: http
    - appProtocol: https
      name: https
      port: 443
      protocol: TCP
      targetPort: https
    - name: metrics
      port: 10254
      targetPort: 10254
```

Ingress Controller 组件关注的指标清单如表 14-11 所示。

表 14-11　Ingress Controller 组件关注的指标清单

指　　标	类　　型	说　　明
nginx_ingress_controller_nginx_process_requests_total	Counter	Nginx 进程处理的请求总数
nginx_ingress_controller_nginx_process_connections	Gauge	Nginx 进程的当前连接数量
nginx_ingress_controller_success	Counter	成功处理请求的数量
nginx_ingress_controller_nginx_process_cpu_seconds_total	Counter	Nginx 进程使用的 CPU 时间总量
nginx_ingress_controller_nginx_process_virtual_memory_bytes	Gauge	Nginx 进程使用的虚拟内存量，单位为字节
nginx_ingress_controller_nginx_process_resident_memory_bytes	Gauge	Nginx 进程使用的常驻内存量，单位为字节

14.7　本章小结

本章讲解了如何基于 Prometheus+Grafana 构建一套监控平台。通过在 Prometheus 配置监控目标和告警规则，实现了对系统和服务的全面监控和告警通知。同时，通过 Grafana 进行数据可视化和仪表盘展示，为用户提供了直观的监控信息。这一套监控系统不仅提供了性能可观测性，还为运维人员在故障排查、性能调优、容量规划等方面提供了数据支撑。

第 15 章 基于 ELK Stack 的日志管理平台

日志对于调试问题和故障排查起着至关重要的作用。然而,随着服务器数量的不断增加和业务的多样化,这给日志管理带来了新的挑战:
- ☑ 日志分散:一个应用程序被部署到多台服务器上,每台服务器上部署多个应用程序,增加了定位日志的难度。
- ☑ 不易提取关键信息:当需要分析日志时,通常使用文本处理工具(如 awk、sed)实现,但它们没那么便捷和高效。
- ☑ 缺少可视化:日志不仅仅用于故障排查,还可以提炼出更有价值的数据,如访问量、用户活跃地区等,以便观察业务的访问情况。

为了应对这些问题,引入日志管理系统是一种有效的解决方案。

15.1 ELK Stack 简介

ELK Stack 是一个开源的日志管理工具技术栈,由三个核心组件组成。
- ☑ Elasticsearch(E):Elasticsearch 是一个分布式搜索引擎,用于存储、搜索和分析日志数据。
- ☑ Logstash(L):Logstash 是一个数据收集、转换和传输工具,用于收集各种来源的日志数据,并对其进行预处理和格式化,然后发送到 Elasticsearch。
- ☑ Kibana(K):Kibana 是一个数据可视化系统,用于查询、分析和可视化存储在 Elasticsearch 中的日志数据。

ELK Stack 具有出色的灵活性和可扩展性,广泛应用于日志分析、系统性能分析、安全事件分析等场景。ELK Stack 架构如图 15-1 所示。

在图 15-1 中,Logstash 扮演着两种角色:日志采集器和数据处理管道。在作为日志采集器时,其任务是采集本机上的各种日志文件,如系统日志、应用程序日志等,然后将这些日志数据发送到 Logstash(此时为数据处理管道角色)。

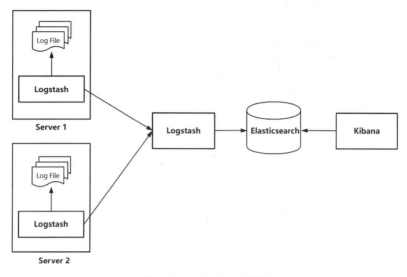

图 15-1　ELK Stack 架构

Logstash 资源开销相对较高，尤其是当日志量比较大时，这主要是由于其强大的功能和采用 Java 语言进行开发。为了降低资源开销和简化架构，许多用户倾向于选择使用 Fluentd 作为日志采集器，并将其直接发送到 Elasticsearch，从而形成了 EFK（Elasticsearch，Fluentd，Kibana）的概念。

Fluentd 是一个开源的数据采集、转换和传输工具，相较于 Logstash，它更为轻量级。另外，它在一定程度上可替代 Logstash，可以轻松胜任日志采集和简单的处理任务。EFK 架构如图 15-2 所示。

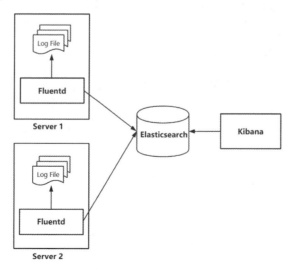

图 15-2　EFK 架构

随着 ELK Stack 的发展，官方推出了 Beats 套件（详见官网 https://www.elastic.co/cn/beats），其中包括多个轻量级数据采集工具，这些工具专为特定用途设计，例如用于日志采集的 Filebeat、用于采集系统和服务指标的 Metricbeat、用于采集网络数据包的 Packetbeat 等。Beats 套件的引入，进一步增强了 ELK Stack，为用户提供了更多的选择，以满足不同场景下的数据采集需求。

15.2 部署 Elasticsearch 和 Kibana

使用 Docker 创建 Elasticsearch 容器：

```
[root@localhost ~]# docker network create logging
[root@localhost ~]# docker run -d \
 --name=elasticsearch \
 --net=logging \
 -v elasticsearch-data:/usr/share/elasticsearch/data \
 -e "discovery.type=single-node" \
 -e "xpack.security.enabled=false" \
 -p 9200:9200 \
 docker.elastic.co/elasticsearch/elasticsearch:8.10.2
```

Elasticsearch 服务可以通过地址 "http://<宿主机 IP 地址>:9090" 进行访问。例如，查看健康状态：

```
[root@localhost ~]# curl http://127.0.0.1:9200/_cat/health
1693608015 22:40:15 docker-cluster green 1 1 0 0 0 0 0 - 100.0%
```

使用 Docker 创建 Kibana 容器：

```
[root@localhost ~]# docker run -d \
 --name=kibana \
 --net=logging \
 -e ELASTICSEARCH_HOSTS=http://elasticsearch:9200 \
 -e I18N_LOCALE=zh-CN \
 -p 5601:5601 \
 docker.elastic.co/kibana/kibana:8.10.2
```

在浏览器中访问 "http://<宿主机 IP 地址>:5601"，将看到 Kibana 欢迎页面，如图 15-3 所示。

这里单击"自己浏览"，进入首页。

第 15 章 基于 ELK Stack 的日志管理平台

图 15-3　Kibana 欢迎页面

15.3　Nginx 日志收集案例

假设有一台 Nginx 服务器，访问日志存储在 /var/log/nginx/access.log 文件中。现在需要将这些日志收集到 ELK 日志系统中进行集中管理和可视化搜索。

15.3.1　部署 Filebeat

首先，在 Nginx 服务器上部署 Filebeat 日志采集器。Filebeat 支持多种安装方式，包括 Docker、RPM 和二进制。如果目标主机已经安装 Docker，则建议使用 Docker 部署；反之，使用 RPM 或二进制方式更方便。

这里采用 RPM 方式进行部署，在官网（https://www.elastic.co/cn/downloads/past-releases）上下载 Filebeat 安装包，并将其放到服务器上进行安装：

```
[root@localhost ~]# rpm -ivh filebeat-8.10.2-x86_64.rpm
```

在 Filebeat 配置文件（/etc/filebeat/filebeat.yml）中添加采集日志配置，配置如下：

```
filebeat.inputs:
- type: log
  enabled: true
  paths:
    - /var/log/nginx/access.log
  fields:
    project: ms
    app: nginx

setup.template.name: "ms-nginx"
setup.template.pattern: "ms-nginx-*"
output.elasticsearch:
  hosts: ["http://192.168.1.73:9200"]
  index: "ms-nginx-%{+yyyy.MM.dd}"
```

上述配置中各字段的含义如下。
- ☑ filebeat.inputs：定义 Filebeat 的输入，可以包含多个输入配置。
  - ➢ type：输入类型，这里值为"log"，表示日志。
  - ➢ enabled：是否启用该输入配置。
  - ➢ paths：日志文件路径，可以包含多个路径。
  - ➢ fields：自定义字段，可以将额外的信息附加到日志事件中，以便在 Elasticsearch 中进行检索。这里"project=ms"表示项目名称，"app=nginx"表示应用程序名称。
- ☑ setup.template.name：定义在 Elasticsearch 中创建的模板名称。这里值为"ms-nginx"，表示创建的模板名称为"ms-nginx"。
- ☑ setup.template.pattern：定义模板应用的索引名称。这里值为"ms-nginx-*"，表示该模板将应用于所有以"ms-nginx-"开头的索引。
- ☑ output.elasticsearch：定义 Filebeat 的输出，这里将日志数据发送到 Elasticsearch。
  - ➢ hosts：指定 Elasticsearch 的访问地址。
  - ➢ index：指定写入的索引名称。这里值为"ms-nginx-%{+yyyy.MM.dd}"，表示索引名称为"ms-nginx-<年月日>"。

配置完成后，启动并设置开机启动：

```
[root@localhost ~]# systemctl start filebeat
[root@localhost ~]# systemctl enable filebeat
```

15.3.2 Kibana 查看索引

在 Kibana 界面上查看 Elasticsearch 创建的索引：Management→Stack Management→数

据→索引管理→数据流，如图 15-4 所示。

图 15-4　索引管理

数据流是一种新的数据模型，用于更高效地组织和管理时间序列数据，隐藏底层索引细节。每个数据流可以包含多个索引，当请求数据流时，系统会自动将请求路由到后端索引。

15.3.3　创建数据视图

创建数据视图，展示索引中的数据：Management→Stack Management→Kibana→数据视图→创建数据视图，输入名称和索引模式，然后选择时间戳字段。配置如图 15-5 所示。

图 15-5　创建数据视图

单击"保存数据视图到 Kibana"按钮进行创建。单击导航栏"Discover",将看到数据视图的日志数据,如图 15-6 所示。

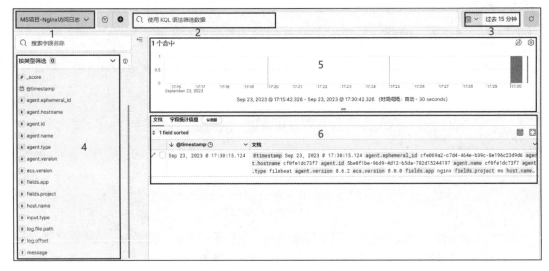

图 15-6　展示日志数据

在图 15-6 中,编号 1~6 所示部分的作用如下。

- ☑　编号 1:选择数据视图。
- ☑　编号 2:输入 KQL 来筛选日志数据。
- ☑　编号 3:查询的时间范围。
- ☑　编号 4:文档中的字段。其中以"fileds"开头的字段是由 Filebeat 自定义的,而其他字段则是由 Filebeat 默认添加的。整条日志存储在"message"字段中,单击该字段可查看具体的日志内容。
- ☑　编号 5:日志时间的分布情况。
- ☑　编号 6:查询结果。

KQL(kibana query language)是 Kibana 中使用的查询语言,用于在 Elasticsearch 中执行搜索和筛选操作。例如搜索包含"error"字符串的日志,输入:

```
error
```

这将在所有可用字段内进行搜索。如果只想在"message"字段中搜索包含"error"字符串的日志,输入:

```
message: "error"
```

KQL 的更多用法详见 https://www.elastic.co/guide/en/kibana/8.9/kuery-query.html。

15.4 数据处理管道 Logstash

如果想搜索 HTTP 状态码为"500"的日志,应该输入"message: 500",这将搜索出所有包含"500"字符串的日志,即使日志中不是真正的 HTTP 状态码,这样会达不到预期要求。为了实现精确搜索,可以使用 Logstash 作为数据处理管道,将日志内容根据用途拆分为多个字段,然后基于这些字段进行精确搜索。增加 Logstash 后的 ELK 架构如图 15-7 所示。

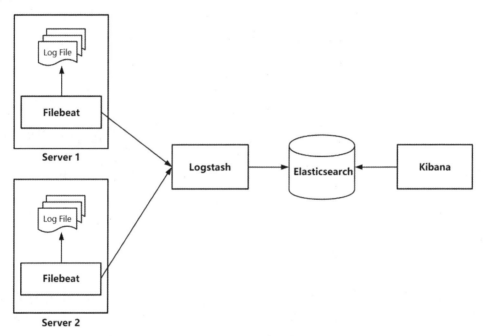

图 15-7 增加 Logstash 后的 ELK 架构

15.4.1 部署 Logstash

使用 Docker 创建 Logstash 容器:

```
[root@localhost ~]# docker run -d \
--name=logstash \
--net=logging \
-v /etc/logstash/logstash.yml:/usr/share/logstash/config/logstash.yml \
```

```
-v /etc/logstash/conf.d:/usr/share/logstash/config/conf.d \
-p 5044:5044 \
docker.elastic.co/logstash/logstash:8.10.2
```

在执行上述命令之前，需要确保宿主机上已存在 Logstash 配置文件（/etc/logstash/logstash.yml），该配置文件内容如下：

```
# 监听地址
http.host: "0.0.0.0"
# 指定处理数据的规则文件路径
path.config: /usr/share/logstash/config/conf.d/*.conf
# 配置文件改变时是否进行自动加载
config.reload.automatic: true
```

/etc/logstash/conf.d 目录用于存储 Logstash 数据处理规则文件，这些规则文件名以 ".conf" 为后缀，其内容结构如下：

```
input {

}
filter {

}
output {

}
```

上述结构中的各部分含义如下：

- ☑ input（输入）：定义 Logstash 从哪里获取数据。它可以是文件、TCP 流、Redis 等来源。不同的输入源使用不同的插件，例如 Beats 插件用于接收 Beats 套件中采集器发送的数据、Redis 插件用于读取 Redis 中的数据。
- ☑ filter（过滤）：定义输入数据的处理规则。它可以是数据解析、筛选、删除等操作。它支持多种过滤插件，例如用于解析 JSON 格式的数据的 JSON、用于正则匹配数据的 Grok、用于重命名/添加/删除/修改字段的 Mutate 等。
- ☑ output（输出）：定义数据应该发送到哪里。它可以是 Elasticsearch、文件等目的地。它支持多种输出插件，如 Elasticsearch、File、InfluxDB、MongoDB 等。

这个基础结构构成了 Logstash 数据处理管道，以满足不同日志数据的处理需求，如图 15-8 所示。

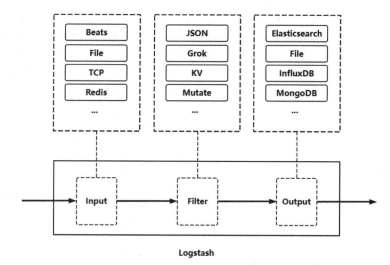

图 15-8　Logstash 数据处理管道

15.4.2　定义数据处理规则

在定义 Logstash 数据处理规则之前，需要确认要处理的日志格式。Nginx 访问日志默认格式如下：

```
$remote_addr - $remote_user [$time_local] "$request" $status $body_bytes_sent "$http_referer" "$http_user_agent" "$http_x_forwarded_for"
```

访问日志条目示例如下：

```
127.0.0.1 - - [24/Sep/2023:03:59:55 +0800] "GET / HTTP/1.1" 200 4833 "-" "curl/7.29.0" "-"
```

这是一条标准的 HTTP 访问日志，其中包含客户端 IP、访问时间、请求路径、HTTP 状态码等信息，并且它们在日志中的位置是固定的。结合这个日志格式和 ELK 架构，在 /etc/logstash/conf.d 目录下创建一个名为"nginx.conf"的文件，配置如下：

```
input {
  beats {
    host => "0.0.0.0"
    port => 5044
  }
}
filter {
  grok {
    match => {
```

```
        "message" => '%{IP:remote_addr} - %{USERNAME:remote_user}
\[%{HTTPDATE:time_local}\] \"%{WORD:http_method} %{URIPATH:request_uri}
HTTP/%{NUMBER:http_version}\" %{NUMBER:http_status} %{NUMBER:body_bytes_sent}
\"%{DATA:http_referer}\" \"%{DATA:http_user_agent}\"'
    }
  }
}
output {
  elasticsearch {
    hosts => ["http://192.168.1.73:9200"]
    index => "ms-nginx-%{+YYYY.MM.dd}"
    action => "create"
  }
}
```

上述配置各部分含义如下：

- ☑ input：使用 Beats 插件作为输入源，用于接收来自 Filebeat 发送的日志数据，监听 5044 端口。
- ☑ filter：使用 Grok 插件对 "message" 字段的日志进行正则解析。其中 "%{}" 语法用于引用预定义的 Grok 模式（正则表达式），冒号左边为模式名称，右边为字段名称，模式匹配的数据会被存储在相应的字段中。对于特殊符号，如双引号，需要使用 "\" 进行转义。

Logstash 内置了丰富的 Grok 模式，以减少用户编写复杂的正则表达式。可以通过以下命令查看内置的 Grok 模式：

```
docker exec logstash cat /usr/share/logstash/vendor/bundle/jruby/2.6.0/
gems/logstash-patterns-core-4.3.4/patterns/legacy/grok-patterns
```

此外，Kibana 还提供了一个 Grok 调试功能：Management→Stack Management→开发工具→Grok Debugger，可用于验证 Grok 匹配模式的正确性。

- ☑ output：使用 elasticsearch 插件作为输出，将处理后的日志数据发送到 Elasticsearch，索引名为 "ms-nginx-<年月日>"。

如果日志来源分为多个项目，如 "MS" 项目和 "EC" 项目，则可以在 "output" 阶段使用条件进行判断，并可以根据日志中的字段（标记日志来源的字段）将日志存放到不同的索引中，配置示例如下：

```
output {
  # MS 项目-Nginx 日志
  if [fields][project] == "ms" and [fields][app] == "nginx" {
    elasticsearch {
      hosts => ["http://192.168.1.73:9200"]
```

```
        index => "ms-nginx-%{+YYYY.MM.dd}"
        action => "create"
    }
# EC 项目-Nginx 日志
} else if [fields][project] == "ec" and [fields][app] == "nginx" {
    elasticsearch {
        hosts => ["http://192.168.1.73:9200"]
        index => "ec-nginx-%{+YYYY.MM.dd}"
        action => "create"
    }
# 未知日志（未匹配上面条件）
} else {
    elasticsearch {
        hosts => ["http://192.168.1.73:9200"]
        index => "unknown-%{+YYYY.MM}"
        action => "create"
    }
  }
}
```

通过这样的配置，属于"MS"项目的 Nginx 日志将被写入名为"ms-nginx-<年月日>"的索引中，而属于"EC"项目的 Nginx 日志将被写入名为"ec-nginx-<年月日>"的索引中。这有助于创建相应的数据视图，以便更清晰地区分它们。

15.4.3 配置 Filebeat 发送到 Logstash

将 Filebeat 的输出从 Elasticsearch 改为 Logstash，修改后的配置文件（/etc/filebeat/filebeat.yml）内容如下：

```
filebeat.inputs:
- type: log
  enabled: true
  paths:
    - /var/log/nginx/access.log
  fields:
    project: ms
    app: nginx

output.logstash:
  hosts: ["192.168.1.73:5044"]
```

在"output.logstash"配置中指定 Logstash 地址和 Beats 插件监听的 5044 端口。然后

执行"systemctl restart filebeat"命令重启服务以使其生效。

在 Kibana 界面查看数据视图，将看到已经拆分的字段，如图 15-9 所示。

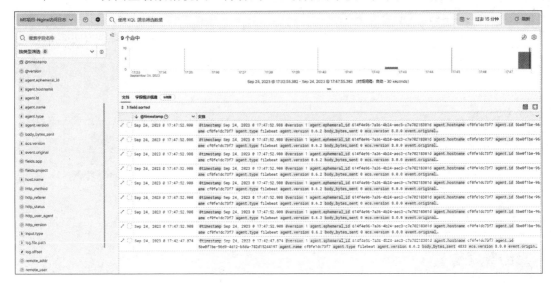

图 15-9　数据视图

此时，可以使用 KQL 根据这些字段进行精确搜索。例如，搜索 HTTP 状态码大于 500 的日志，输入如下：

```
http_status > 500
```

搜索 HTTP 请求方法为 GET，并且 HTTP 状态码为 404 的日志，输入如下：

```
http_method: GET AND http_status: 404
```

15.5　Kibana 仪表板

Kibana 仪表板（dashboard）是一个强大的功能，它提供了多样化的可视化类型，以满足不同的数据分析和可视化需求，有助于更好地理解日志数据。

为 Nginx 访问日志创建一个仪表板，包含以下五个可视化。

- ☑　PV（page views）统计：展示页面的访问次数，以便评估网站页面整体访问量。
- ☑　PV 趋势图：展示页面访问次数的变化趋势，更直观地识别网站访问的高峰期和低谷期。
- ☑　客户端 IP TOP10：展示访问频繁的前 10 个客户端 IP 地址，以便发现潜在恶意访问的客户端。
- ☑ URI TOP10：展示访问频繁的前 10 个 URI，以便了解哪些页面最受欢迎，并进一步优化用户体验。
- ☑ HTTP 状态码分布：展示 HTTP 状态码的分布情况，以便评估网站的健康状态并及时发现潜在问题。

15.5.1　PV 统计

创建仪表板：Analytics→Dashboard→创建仪表板→创建可视化，进入创建可视化界面，如图 15-10 所示。

图 15-10　创建可视化界面

该界面上方的"垂直堆积条形图"是一个下拉列表，支持多种可视化类型，如表格、条形图、折线图、面积图等，右侧用于对选中的可视化类型进行配置。

选择可视化类型为"旧版指标"，如图 15-11 所示。

在右侧指标部分单击"添加或拖放字段"，进入配置窗口→选择函数为"计数"→在外观部分将名称设置为"数量"→单击"关闭"→单击右上角的"保存并返回"，将回到仪表板界面。旧版指标的可视化效果如图 15-12 所示。

单击面板左上角的"[无标题]"，将名称设置为"PV 统计"。

图 15-11 可视化类型为"旧版指标"

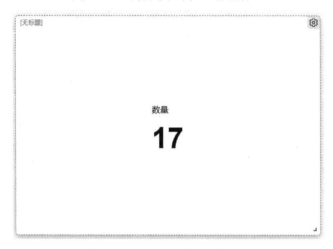

图 15-12 旧版指标的可视化效果

15.5.2 PV 趋势图

单击"创建可视化",选择可视化类型为"垂直条形图",如图 15-13 所示。
右侧配置如下。

- ☑ 水平轴（X 轴）：单击"添加或拖放字段",进入配置窗口→选择字段为"@timestamp"→在外观部分将名称设置为"时间"→单击"关闭"。
- ☑ 垂直轴（Y 轴）：单击"添加或拖放字段",进入配置窗口→选择函数为"计数"→在外观部分将名称设置为"数量"→单击"关闭"→单击右上角的"保存并返回",将回到仪表板界面。垂直条形图的可视化效果如图 15-14 所示。

第 15 章 基于 ELK Stack 的日志管理平台

图 15-13 可视化类型为"垂直条形图"

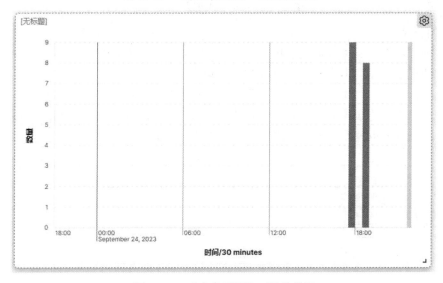

图 15-14 垂直条形图的可视化效果

单击面板左上角的"[无标题]",将名称设置为"PV 趋势图"。

15.5.3 客户端 IP TOP10

单击"创建可视化",选择可视化类型为"表",如图 15-15 所示。

图 15-15 可视化类型为"表"

右侧配置如下。

- ☑ 行：单击"添加或拖放字段"，进入配置窗口→选择字段为"remote_addr"→在外观部分设置名称为"客户端 IP"→单击"关闭"。
- ☑ 指标：单击"添加或拖放字段"，进入配置窗口→函数选择为"计数"→在外观部分将名称设置为"数量"→单击"关闭"→单击右上角的"保存并返回"，将回到仪表板界面。表的可视化效果如图 15-16 所示。

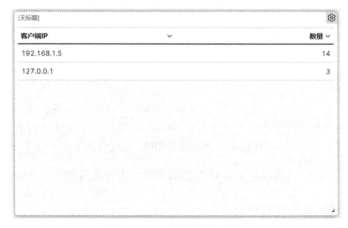

图 15-16 表的可视化效果

单击面板左上角的"[无标题]"，将名称设置为"客户端 IP TOP10"。

15.5.4　URI TOP10

单击"创建可视化",选择可视化类型为"表"。右侧配置如下。
- ☑ 行:单击"添加或拖放字段",进入配置窗口→选择字段为"request_uri"→在外观部分将名称设置为"访问路径"→单击"关闭"。
- ☑ 指标:单击"添加或拖放字段",进入配置窗口→选择函数为"计数"→在外观部分将名称设置为"数量"→单击"关闭"→单击右上角的"保存并返回",将回到仪表板界面。表的可视化效果如图 15-17 所示。

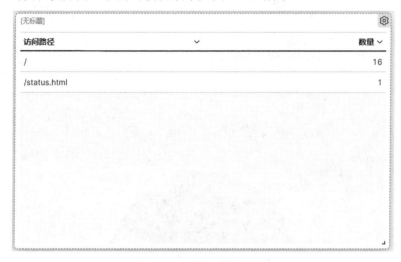

图 15-17　表的可视化效果

单击面板左上角的"[无标题]",将名称设置为"URI TOP10"。

15.5.5　HTTP 状态码分布

单击"创建可视化",选择可视化类型为"饼图",如图 15-18 所示。
右侧配置如下。
- ☑ 切片依据:单击"添加或拖放字段",进入配置窗口→选择字段为"http_status"→在外观部分将名称设置为"HTTP 状态码"→单击"关闭"。
- ☑ 指标:单击"添加或拖放字段",进入配置窗口→选择函数为"计数"→在外观部分将名称设置为"百分比"→单击"关闭"→单击右上角的"保存并返回",将回到仪表板界面。饼图的可视化效果如图 15-19 所示。

图 15-18　可视化类型为"饼图"

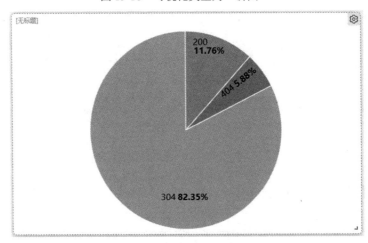

图 15-19　饼图的可视化效果

单击面板左上角的"[无标题]",将名称设置为"HTTP 状态码分布"。

至此,相关可视化类型已配置完成。单击右上角的"保存",将仪表盘名称设置为"MS 项目访问概览"。仪表板效果如图 15-20 所示。

通过这个仪表板,可以直观地了解网站的访问情况、用户行为等关键信息。

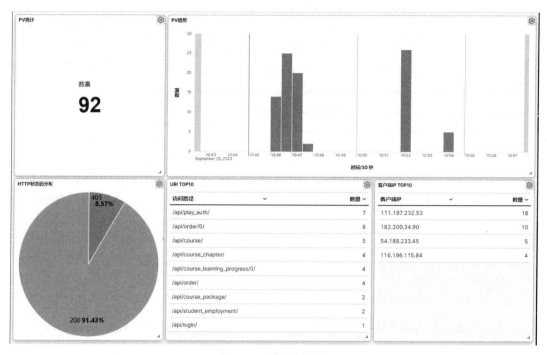

图 15-20　仪表板效果

15.6　收集 Kubernetes 集群中的应用日志

15.6.1　如何收集这些日志

应用程序的日志通常是写到标准输出和标准错误或日志文件中。对于标准输出和标准错误的日志，可以执行"kubectl logs"命令进行查看，对于日志文件，需要执行"kubectl exec"命令进入 Pod 中进行查看。

实际上，"kubectl logs"命令查看的 Pod 日志是由容器运行时管理的。当执行"kubectl logs"命令时，API Server 会向 Kubelet 发送获取日志的请求，随后 Kubelet 与容器运行时进行通信，获取容器的标准输出和标准错误并将其响应给 API Server。例如，在 Docker 容器运行时环境中，容器的标准输出和标准错误日志被存储在主机的"/var/lib/docker/containers/<容器 ID>/<容器 ID>-json.log"文件中。因此，如果想收集 Kubernetes 集群中的所有 Pod 日志，只需在每个节点上部署一个 Filebeat，将主机目录"/var/lib/docker/containers"挂载到容器中，收集该目录下所有以"-json.log"为后缀的文件即可，如图 15-21 所示。

容器的标准输出和标准错误日志在主机上可见，这使得日志采集变得更加方便。相比之下，日志文件存储在 Pod 中，在主机上不可见，这增加了日志采集的难度。不过，我们可以使用 hostPath 卷或 emptyDir 卷将 Pod 中的日志目录暴露到主机上以达到相同的效果。此外，我们还可以采用 Pod 边车模式，在 Pod 中添加一个 Filebeat 容器，并使用 emptyDir 卷来共享日志目录，以便 Filebeat 能够读取到日志文件，如图 15-22 所示。

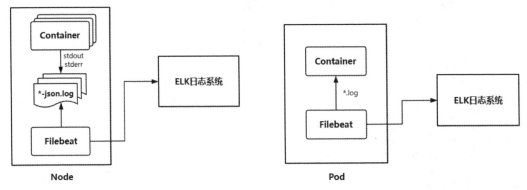

图 15-21　Filebeat 收集容器日志　　　　图 15-22　边车模式

综上所述，在 Pod 中采集日志文件有多种方式，这些方式的优缺点如表 15-1 所示。

表 15-1　Pod 中日志文件的采集方式的优缺点

方　式	优　　点	缺　　点
hostPath 卷	☑ 可自定义节点上的日志目录 ☑ 日志文件持久化存储在节点上 ☑ 每个节点只需部署一个日志采集器，资源开销小	多个 Pod 如果被分配到同一个节点上，则可能会被写入同一日志文件中。这需要额外的配置来区分
emptyDir 卷	每个节点只需部署一个日志采集器，资源开销小	☑ 固定的日志目录。默认路径为 "/var/lib/kubelet/pods/<Pod-UID>/volumes/kubernetes.io~empty-dir/<Volume-Name>" ☑ 日志文件的生命周期与 Pod 的生命周期保持一致，一旦 Pod 被销毁，相应的日志文件就会被删除
边车模式	日志采集器可以根据不同的应用程序进行灵活的配置	每个 Pod 都运行一个日志采集器，这会导致更多的资源开销

15.6.2　在 Kubernetes 中搭建 ELK 日志系统

我们之前使用 Docker 容器搭建了 ELK 日志系统。为了方便管理，现在将其部署到 Kubernetes 集群中。读者可以从仓库（地址为 https://gitee.com/zhenliangli/kubernetcs-book）

中获取相关的资源文件。资源文件清单如表 15-2 所示。

表 15-2 资源文件清单

文 件 名	说 明
elasticsearch.yaml	部署 Elasticsearch，包括 Deployment、PersistentVolumeClaim 和 Service 资源
logstash.yaml	部署 Logstash，包括 Deployment 和 Service 资源
logstash-config.yaml	Logstash 的数据规则文件，通过 ConfigMap 进行存储
kibana.yaml	部署 Kibana，包括 Deployment 和 Service 资源
filebeat-pod-stdout.yaml	部署 Filebeat，通过 DaemonSet 进行管理

部署 Elasticsearch、Logstash 和 Kibana：

```
[root@k8s-master ~]# kubectl create ns logging
[root@k8s-master ~]# kubectl apply \
 -f elasticsearch.yaml \
 -f logstash.yaml \
 -f logstash-config.yaml \
 -f kibana.yaml
```

查看创建的 Pod 和 Service：

```
[root@k8s-master ~]# kubectl get pod,svc -n logging
NAME                                         READY   STATUS    RESTARTS   AGE
pod/elasticsearch-79c897648b-bj5tp           1/1     Running   0          9m7s
pod/kibana-6d8c474987-4fcz4                  1/1     Running   0          9m7s
pod/logstash-6d586767b9-2j5wv                1/1     Running   0          9m6s

NAME                    TYPE        CLUSTER-IP       EXTERNAL-IP   PORT(S)            AGE
service/elasticsearch   ClusterIP   10.98.182.53     <none>        9200/TCP           9m7s
service/kibana          NodePort    10.105.213.245   <none>        5601:30601/TCP     9m7s
service/logstash        ClusterIP   10.105.78.252    <none>        5044/TCP           9m6s
```

在浏览器中访问"http://<节点 IP 地址>:30601"，将看到 Kibana 欢迎界面。

15.6.3 收集 Pod 日志

根据前面思路，我们使用 DaemonSet 来管理 Filebeat，并使用 hostPath 卷将主机目录"/var/lib/docker/containers/"挂载到 Pod 中，这样 Filebeat 就可以读取所有容器的标准输出和标准错误日志。Filebeat 配置如下：

```
filebeat.inputs:
  - type: log
    paths:
      - /var/lib/docker/containers/*/*-json.log
    fields:
      type: container-stdout
output.logstash:
  hosts: ['logstash:5044']
```

通过这样的配置，Filebeat 将采集集群中的所有 Pod 日志，并将其发送到 Logstash。

这会引发一个问题：由于日志中缺少能够标识来源的字段，如容器名称、Pod 名称、命名空间等，Logstash 无法将它们写入不同的索引中，因此难以准确地区分日志。为了解决这个问题，可以使用 Filebeat 提供的 Kubernetes 元数据处理器（add_kubernetes_metadata）。该处理器在采集每条日志后，会根据容器 ID 调用 Kubernetes API 以获取相关信息，如命名空间、Deployment 名称、Pod 名称等，并将这些信息添加到日志事件中。Filebeat 配置修改如下：

```
filebeat.inputs:
- type: container
  paths:
    - /var/lib/docker/containers/*/*-json.log
  processors:
    - add_kubernetes_metadata:
        host: ${NODE_NAME}
        matchers:
        - logs_path:
            logs_path: "/var/lib/docker/containers/"
  fields:
    type: container-stdout
```

上述配置中各字段的含义如下。

- ☑ type：输入类型。这里值为 "container"，表示输入类型为容器日志。
- ☑ paths：日志文件路径。这里将采集 "/var/lib/docker/containers" 目录下的所有以 "-json.log" 为后缀的日志文件。
- ☑ processors：在采集日志过程中使用的处理器。这里定义了一个 "add_kubernetes_metadata" 处理器，用于将 Kubernetes 元数据添加到日志中。
  - ➢ host：获取节点名称，其值引用环境变量 "${NODE_NAME}"，该变量在 Pod 中被定义。
  - ➢ matchers：匹配条件，这里表示日志文件路径为 "/var/log/containers/" 的日志使用该处理器。当配置多个日志文件路径时，可以通过这个功能排除不需要使用该处理器的日志,以提高处理效率。
- ☑ fields:自定义字段。这里添加了一个字段"type=container-stdout",用于标识日志类型。

Logstash 可以根据上述日志类型字段,将日志写入名为"k8s-pod-stdout-<年月日>"的索引中,将其他类型的日志写入名为"unknown-<年月日>"的索引中。Logstash 数据处理规则文件(logstash-config.yaml)配置如下:

```
input {
  beats {
    host => "0.0.0.0"
    port => 5044
  }
}
filter {}
output {
  if [fields][type] == "container-stdout" {
    elasticsearch {
      hosts => ["http://elasticsearch:9200"]
      index => "k8s-pod-stdout-%{+YYYY.MM.dd}"
      action => "create"
    }
  } else {
    elasticsearch {
      hosts => ["http://elasticsearch:9200"]
      index => "unknown-%{+YYYY.MM}"
      action => "create"
    }
  }
}
```

部署 Filebeat:

```
[root@k8s-master ~]# kubectl apply -f filebeat.yaml
[root@k8s-master ~]# kubectl get pods -l app=filebeat -n logging
NAME             READY   STATUS    RESTARTS   AGE
filebeat-274vf   1/1     Running   0          1m
filebeat-9hvrt   1/1     Running   0          1m
filebeat-h8fzd   1/1     Running   0          1m
```

在 Kibana 中查看 Elasticsearch 创建的索引,索引管理如图 15-23 所示。

基于这个索引创建数据视图,在该数据视图中,将看到所有 Pod 日志,如图 15-24 所示。

图 15-23　索引管理

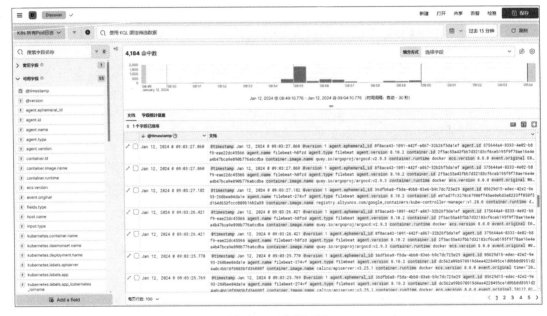

图 15-24　数据视图

在左侧的字段中，以"kubernetes"为前缀的字段均是由"add_kubernetes_metadata"处理器添加的，我们可以通过这些字段精确地搜索日志。例如搜索 DaemonSet 中名为"filebeat"的日志，输入如下：

```
kubernetes.daemonset.name: filebeat
```

同样，Logstash 可以根据这些字段将日志写入不同的索引中，以便创建不同的数据视图。例如，基于 Deployment 名称创建名为"k8s-<Deployment 名称>-<年月日>"的索引，配置示例如下：

```
output {
  if [fields][type] == "container-stdout" {
    if [kubernetes][deployment][name] {
      elasticsearch {
        hosts => ["http://elasticsearch:9200"]
        index => "k8s-%{[kubernetes][deployment][name]}-%{+YYYY.MM.dd}"
        action => "create"
      }
    } else {
      elasticsearch {
        hosts => ["http://elasticsearch:9200"]
        index => "k8s-pod-stdout-%{+YYYY.MM.dd}"
        action => "create"
      }
    }
  } else {
    elasticsearch {
      hosts => ["http://elasticsearch:9200"]
      index => "unknown-%{+YYYY.MM}"
      action => "create"
    }
  }
}
```

为 Pod 日志创建一个仪表板，包含以下五个可视化。

☑ 日志数量统计：选择可视化类型为"旧版指标"→在右侧"指标"中添加字段→选择函数为"计数"→设置名称为"数量"→保存并返回。

☑ 日志数量变化趋势：选择可视化类型为"堆积面积图"。
  ➢ 水平轴：添加字段→选择字段"@timestamp"→设置名称为"时间"→关闭。
  ➢ 垂直轴：添加字段→选择函数为"计数"→设置名称为"数量"→保存并返回。

☑ 命名空间日志数量统计：选择可视化类型为"表"。
  ➢ 行：添加字段→选择字段为"kubernetes.namespace.keyword"→值数目输入"20"→设置名称为"命名空间"→关闭。
  ➢ 指标：添加字段→选择函数为"计数"→设置名称为"数量"→保存并返回。

☑ Deployment 日志数量统计：选择可视化类型为"表"。
  ➢ 行：添加字段→选择字段为"kubernetes.deployment.name.keyword"→输入值数目"100"→设置名称为"Deployment 名称"→关闭。
  ➢ 指标：添加字段→选择函数为"计数"→设置名称为"数量"→保存并返回。

☑ Pod 日志数量统计：选择可视化类型为"表"。
  ➢ 行：添加字段→选择字段为"kubernetes.pod.name.keyword"→输入值数目"200"→设置名称为"Pod 名称"→关闭。
  ➢ 指标：添加字段→选择函数为"计数"→设置名称为"数量"→保存并返回。

单击右上角的"保存"，设置仪表盘名称为"Kubernetes 日志统计概览"。仪表板效果如图 15-25 所示。

图 15-25　仪表板效果

15.6.4　收集 Pod 中的日志文件

对于收集 Pod 中的日志文件，这里采用"hostPath 卷"的方式，将 Pod 中日志目录统一挂载到节点的"/data/logs"目录中。

1. 应用配置

假设使用 Deployment 部署一个 Tomcat 应用，并将节点上的"/data/logs"目录挂载到容器的日志目录"/usr/local/tomcat/logs"中，配置如下：

```
apiVersion: apps/v1
kind: Deployment
metadata:
  name: web-tomcat
spec:
  replicas: 3
```

```
  selector:
    matchLabels:
      app: tomcat
  template:
    metadata:
      labels:
        app: tomcat
    spec:
      containers:
      - image: tomcat
        name: web
        volumeMounts:
        - name: log
          mountPath: /usr/local/tomcat/logs
      volumes:
      - name: log
        hostPath:
          path: /data/logs
```

通过这样的配置,Tomcat 日志将被写入 Pod 所在节点的"/data/logs"目录下。

如果其中两个 Pod 被分配到同一节点上,那么两个 Pod 中的 Tomcat 日志会被写入同一个日志文件中。为了解决这个问题,我们可以使用"subPathExpr"字段基于环境变量来构造子路径,配置如下:

```
containers:
- image: tomcat
  name: web
  env:
  - name: NAMESPACE
    valueFrom:
      fieldRef:
        fieldPath: metadata.namespace
  - name: POD_NAME
    valueFrom:
      fieldRef:
        fieldPath: metadata.name
  volumeMounts:
  - name: log
    mountPath: /usr/local/tomcat/logs
    subPathExpr: $(NAMESPACE)_$(POD_NAME)_web
volumes:
- name: log
  hostPath:
    path: /data/logs
```

上述配置定义了两个环境变量，即"NAMESPACE"和"POD_NAME"，它们的值分别是命名空间和 Pod 名称。在"volumeMounts"部分中，添加了一个"subPathExpr"字段，以使用这两个变量动态生成子路径，子路径的格式为"<命名空间>_<Pod 名称>_<容器名称>"。在 Pod 所在的节点上，将看到以下子路径：

```
[root@k8s-node1 ~]# ls /data/logs/
default_web-tomcat-57cd7b9885-n4nh6_web
```

这样一来，每个应用程序都有独立的目录来存储日志文件，有效地避免了多个 Pod 日志被写入一个日志文件中的问题。此外，子路径清晰地反映出日志来源，为后续 Logstash 处理不同的应用程序日志提供了条件。

2. Filebeat 配置

在 Filebeat 配置文件（filebeat.yaml）中新增一个输入配置，配置如下：

```yaml
apiVersion: v1
kind: ConfigMap
metadata:
  name: filebeat-config
  namespace: logging
data:
  filebeat.yml: |-
    filebeat.inputs:
    # 采集所有容器的标准输出和标准错误
    - type: container
      paths:
        - /var/lib/docker/containers/*/*-json.log
      processors:
        - add_kubernetes_metadata:
            host: ${NODE_NAME}
            matchers:
            - logs_path:
                logs_path: "/var/lib/docker/containers/"
      fields:
        type: container-stdout
    # 采集所有容器中的日志文件
    - type: log
      paths:
        - /data/logs/*/*.log
      fields:
        type: container-logfile

    output.logstash:
      hosts: ['logstash:5044']
```

同时，我们需要将节点上的"/data/logs"目录挂载到容器的"/data/log"目录中，配置如下：

```yaml
volumeMounts:
- name: data-log
  mountPath: /data/logs
volumes:
- name: data-log
  hostPath:
    path: /data/logs
```

3．配置 Logstash

在 Logstash 数据处理规则文件（logstash-config.yaml）的"filter"部分中，使用 Grok 插件对日志文件路径进行正则解析，以提取命名空间、Deployment 名称、Pod 名称和容器名称作为独立字段，配置如下：

```yaml
apiVersion: v1
kind: ConfigMap
metadata:
  name: logstash-filter-config
  namespace: logging
data:
  k8s.conf: |
    input {
      beats {
        host => "0.0.0.0"
        port => 5044
      }
    }
    filter {
      # 根据日志路径，正则提取出命名空间、Deployment 名称和容器名称
      grok {
        match=>{"[log][file][path]"=> "/data/logs/(?<kubernetes.namespace>.*)_(?<kubernetes.deployment.name>.*)-(?<rs-random>[a-z0-9]{9,10}-[a-z0-9]{5})_(?<kubernetes.container.name>.*)/" }
      }
      # 生成 Pod 名称
      mutate {
        add_field=>["kubernetes.pod.name", "%{kubernetes.deployment.name}-%{rs-random}"]
        remove_field => ["rs-random"]
      }
    }
    output {
```

```
    if [fields][type] == "container-stdout" {
      elasticsearch {
        hosts => ["http://elasticsearch:9200"]
        index => "k8s-pod-stdout-%{+YYYY.MM.dd}"
        action => "create"
      }
    } else if [fields][type] == "container-logfile" {
      elasticsearch {
        hosts => ["http://elasticsearch:9200"]
        index => "k8s-pod-logfile-%{+YYYY.MM.dd}"
        action => "create"
      }
    } else {
      elasticsearch {
        hosts => ["http://elasticsearch:9200"]
        index => "unknown-%{+YYYY.MM}"
        action => "create"
      }
    }
  }
}
```

通过这样的配置，Pod 中日志文件的日志将被写入名为 "k8s-pod-logfile-<年月日>" 的索引中。在 Kibana 中查看 Elasticsearch 创建的索引，如图 15-26 所示。

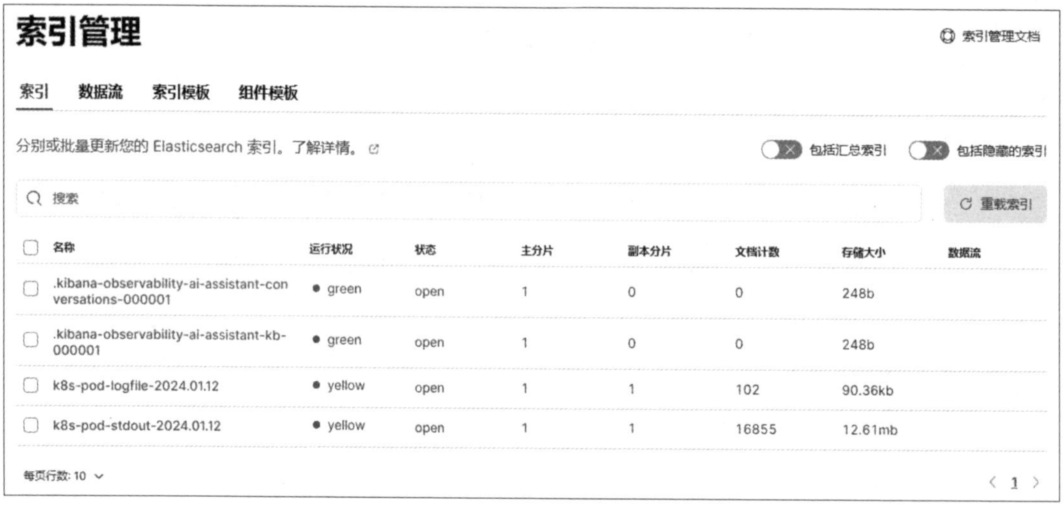

图 15-26　索引管理

基于这个索引创建数据视图，在该数据视图中，将看到所有 Pod 中日志文件的日志，如图 15-27 所示。

第 15 章 基于 ELK Stack 的日志管理平台

图 15-27 数据视图

在左侧字段中，以"kubernetes"为前缀的字段均是由 Logstash Grok 插件添加的，我们可以通过这些字段精确地搜索日志。例如搜索 Deployment 中名为"web-tomcat"的日志，输入如下：

```
kubernetes.deployment.name: web-tomcat
```

同样，我们可以根据这些字段将日志写入不同的索引和创建仪表板中。

15.7　本 章 小 结

本章讲解了如何基于 ELK Stack 构建一套日志管理平台。通过在目标主机上部署 Filebeat 收集日志文件，实现了对系统日志、业务日志和应用日志的集中管理与可视化展示。同时，通过 KQL 查询语言，可以灵活多维度地搜索关键日志。这一套日志系统为日志分析和故障排查提供了有力的支持。